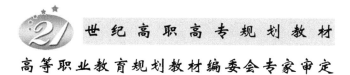

世纪高职高专规划教材

高等职业教育规划教材编委会专家审定

Windows Server 2008
网络操作系统配置与管理

主　编　李春辉　赵　锴　王立伟

北京邮电大学出版社
www.buptpress.com

内 容 简 介

本书从网络操作系统的实际应用出发,按照"项目导向,任务驱动"的教学改革思路进行教材的编写,是一本基于工作过程导向的工学结合的高职教材。

本书包含 10 个项目:第 1 章 Windows Server 2008 的安装与基本配置、第 2 章 域与活动目录管理、第 3 章 用户和组管理、第 4 章 文件资源管理、第 5 章 磁盘管理、第 6 章 配置与管理 DHCP 服务、第 7 章 配置与管理 DNS 服务、第 8 章 配置与管理 Web 服务、第 9 章 配置与管理 FTP 服务、第 10 章 配置与管理邮件服务。每个项目的后面都有相应的实训项目。

本书既可以作为高职高专计算机相关专业理论与实践一体化教材使用,也可以作为 Windows Server 2008 系统管理员和网络管理员的自学用书。

图书在版编目(CIP)数据

Windows Server 2008 网络操作系统配置与管理/李春辉,赵锴,王立伟主编. --北京:北京邮电大学出版社,2012.6(2018.7 重印)

ISBN 978-7-5635-2988-9

I. ①W… Ⅱ. ①李…②赵…③王… Ⅲ. ①服务器—操作系统(软件),Windows Server 2008 Ⅳ. ①TP316.86

中国版本图书馆 CIP 数据核字(2012)第 077729 号

书　　名:Windows Server 2008 网络操作系统配置与管理
主　　编:李春辉　赵　锴　王立伟
责任编辑:彭　楠
出版发行:北京邮电大学出版社
社　　址:北京市海淀区西土城路 10 号(邮编:100876)
发 行 部:电话:010-62282185　传真:010-62283578
E-mail:publish@bupt.edu.cn
经　　销:各地新华书店
印　　刷:北京九州迅驰传媒文化有限公司
开　　本:787 mm×1 092 mm　1/16
印　　张:17
字　　数:425 千字
版　　次:2012 年 6 月第 1 版　2018 年 7 月第 3 次印刷

ISBN 978-7-5635-2988-9　　　　　　　　　　　　　　　定　价:37.00 元

前　　言

目前,随着社会各个领域的信息化和网络化建设,国内各个领域的信息化部门及信息产业需要大量掌握网络技术、信息技术和网络系统管理的专门技术人员。在本书的编写过程中,充分考虑了"网络系统管理"课程的课程标准和编写要求,从 Windows 系统管理员的工作实际出发,针对 Intranet 建设和管理的实际需求,注重内容的先进性和实用性,结合作者多年来从事网络维护、管理、工程技术等方面的教学和实践经验,编辑、收录了大量先进的管理思想和实用技术。本书以培养高素质的应用型计算机网络人才为目标,从 Windows Server 2008 构建网络的实际应用和管理的需求出发,力争夯实专业知识基础的同时,加强应用技能培养,并注重综合素质的养成,使读者成为基础扎实、知识面广、实践能力强的实用型、工程化的 IT 职业人才。

本书在编写原则上,突出以职业能力为核心。本书的编写贯穿"以职业标准为依据,以企业需求为导向,以职业能力为核心"的理念,依据国家职业标准,结合企业实际、反映岗位需求,突出新知识、新技术、新工艺、新方法,注重职业能力培养。凡是职业岗位工作实际中要求掌握的知识和技能,均作详细讲解。

在使用功能上,注重服务于培训和技能鉴定。根据职业发展的实际情况和培训需求,本书力求体现职业培训的规律,反映职业技能鉴定考核的基本要求,满足培训对象参加鉴定考试的需要。

本书在编写过程中着力突出以下特色。

(1) 紧扣国家职业标准

国家职业标准源于生产一线、源于工作过程,具有以职业活动为导向、以职业能力为核心的特点。目前,我国正在积极推行职业院校"双证书"制度,要求职业院校毕业生在取得学历证书的同时应获得相应的职业资格证书。本书内容依据网络管理员所需具备的基本职业能力进行编写,突出职业特点和岗位特色。

(2) 基于工作过程导向的工学结合教材

本书集项目教学、拓展实训与工程案例为一体,按照"项目目标—相关知识—任务实施—拓展实训"的层次进行组织。本书以完成中小型企业建网、管网的任务为目标进行内容的组织与取舍,实用性强。本书内容源于实际工作经验,实训内容强调工学结合。在专业技能培养中突出实战化要求,贴近市场,贴近技术。所有实训项目均源于作者的工作经验和教学经验。实训项目重在培养读者分析和解决实际问题的能力。

(3) 紧跟行业技术发展

计算机网络技术发展很快,本书力求跟进当前主流技术和新技术,吸收了具有丰富实践经验的企业人员参与教材的编写过程,与企业行业紧密联系,使所有内容紧跟行业技术的发展。

本书包含 10 个项目:第 1 章 Windows Server 2008 的安装与基本配置、第 2 章 域与活动目录管理、第 3 章 用户和组管理、第 4 章 文件资源管理、第 5 章 磁盘管理、第 6 章 配置与管理 DHCP 服务、第 7 章 配置与管理 DNS 服务、第 8 章 配置与管理 WEB 服务、第 9 章 配置与管理 FTP 服务、第 10 章 配置与管理邮件服务。每个项目的后面都有相应的实训项目。通过本书的使用可以使读者掌握相关知识,学会相关技术,具备基本职业能力,能够独立完成使用 Windows 2008 网络操作系统对中小型网络的组建、应用、运行管理及维护等工作。

本书适合于应用型普通高等本科院校、高职院校计算机相关专业作为“网络操作系统配置与管理”课程的教材,也可以作为 Windows server 2008 系统管理员和网络管理员的自学用书。

本书作为教材使用时,建议按 56 学时进行组织。其中,第 1 章 4 学时、第 2 章 8 学时、第 3 章 4 学时、第 4 章 4 学时、第 5 章 6 学时、第 6 章 6 学时、第 7 章 6 学时、第 8 章 6 学时、第 9 章 6 学时、第 10 章 6 学时。

学习建议:(1)动手实践,手脑并用。读者在学习本书内容时,应采取“做中学”、“学中做”的学习方法,在教师的指导下,多动手实践,多思考,多分析。(2)归纳总结,举一反三。在学习过程中要善于归纳和总结,使所学知识构成知识链,同时要善于总结实践操作过程中的操作要领和规律,做到融会贯通,举一反三。

本书由德州职业技术学院李春辉、赵锴、王立伟老师合作编写,并得到刘伟主任和孟祥丽、王春莲老师的支持和帮助,在此表示感谢。但是由于作者水平有限,时间紧张,书中疏漏之处在所难免,望各位读者批评指正。本书在编写过程中参考了大量国内外文献,但由于篇幅有限,有一些未能列入,敬请谅解。在此对所引用参考文献的各位作者致以诚挚的谢意!

如果读者有建议或要求,可与编者联系。E-mail 地址:lchh0919@126.com。

编　者

目　　录

1

第 1 章　Windows Server 2008 的安装与配置

1．教学目标

（1）理解 Windows Server 2008 各个版本的特点及有关新特性。

（2）理解 Windows Server 2008 安装条件以及注意事项。

（3）掌握 Windows Server 2008 各种不同的安装模式。

（4）掌握 Windows Server 2008 基本工作环境的配置。

2．教学要求

知识要点	能力要求	关联知识
Windows Server 2008 的版本	Windows Server 2008 各版本的特点	Windows Server 2008 的功能
Windows Server 2008 的安装	光盘引导安装 Windows Server 2008	Windows Server 2008 的安装方式
更改计算机名	计算机名称的更改	计算机名称
TCP/IP 配置	设置 IPv4 网络配置	IPv4、IPv6
共享和发现设置	网络发现、文件共享、打印机共享、密码保护的共享的设置	共享和发现
服务器角色、角色服务和功能	角色和服务的添加和删除	服务器角色、角色服务
MMC 控制台	添加/删除管理单元	MMC 控制台概念、模式

3．重点难点

（1）Windows Server 2008 的安装。

（2）TCP/IP 配置。

（3）角色和服务的添加和删除。

（4）添加/删除管理单元。

Windows Server 2008 不仅是微软最新的服务器操作系统，更代表了下一代 Windows Server 的发展趋势，它不仅改善了用户操作界面，还继承了 Windows Server 2003 操作系统的各种优点，并在此基础上提供了重要的新功能和对原有功能的强大改进，促进应用程序、网络和 Web 服务从工作组向数据中心的转变。

Windows Server 2008 通过加强操作系统和保护网络环境提高了安全性，通过加快 IT 系统的部署与维护，使服务器和应用程序的合并与虚拟化更加简单，通过提供直观管理工具，使得网络管理人员的管理更加灵活。

Windows Server 2008 为网络服务器和网络基础结构奠定了很好的基础。而使用 Windows Server 2008,使得专业人员对其服务器和网络基础结构的控制能力更强。

1.1 Windows Server 2008 简介

Windows Server 2008 继承了 Windows Server 2003 服务器操作系统的诸多优点,同时还引进了多项新技术,如虚拟化应用、网络负载均衡、网络安全服务等。

Windows Server 2008 服务器操作系统与 Windows Server 2003 服务器操作系统相同,也开发了适应不同环境的多个版本,并且各版本之间有各自的优势。为了更好地学习该操作系统,首先介绍该操作系统的特点及各版本之间的区别。

1.1.1 Windows Server 2008 的功能

Windows Server 2008 主要用于虚拟化工作负载、支持应用程序和保护网络方面向组织提供最高效的平台。另外,它也为开发和可靠地承载 Web 应用程序和服务提供了一个安全、易于管理的平台。

1. 更强的控制能力

使用 Windows Server 2008,IT 专业人员能够更好地控制服务器和网络基础结构,从而可以将精力集中在处理关键业务需求上。例如,增强的脚本编写功能和任务自动化功能(Windows PowerShell 等)可帮助 IT 专业人员自动执行常见 IT 任务;通过服务器管理器进行的基于角色的安装和管理简化了在企业中管理与保护多个服务器角色的任务;增强的系统管理工具(性能和可靠性监视器)提供有关系统的信息,能够在潜在问题发生之前向 IT 人员发出警告等。

2. 增强的保护

Windows Server 2008 提供了一系列新的和改进的安全技术,这些技术增强了对操作系统的保护,为企业的运营和发展奠定了坚实的基础。Windows Server 2008 提供了减小内核攻击面的安全创新(如 Patch Guard),因而使服务器环境更安全、更稳定。

另外,通过保护关键服务器服务使之免受文件系统、注册表或网络中异常活动的影响,Windows 服务强化有助于提高系统的安全性。借助网络访问保护(NAP)、只读域控制器(RODC)、公钥基础结构(PKI)增强功能、Windows 服务强化、新的双向 Windows 防火墙和新一代加密支持,Windows Server 2008 操作系统中的安全性得到了增强。

3. 更大的灵活性

Windows Server 2008 的设计允许管理员通过修改其基础结构来适应不断变化的业务需求,同时保持了此操作的灵活性。它允许用户从远程位置(如远程应用程序和终端服务网关)执行程序,这一技术为移动工作人员增强了灵活性。例如,在 Windows Server 2008 中使用 Windows 部署服务(WDS)加速对系统的部署和维护。

Windows Server 2008 新增功能见表 1.1。

表 1.1　Windows Server 2008 新增功能

新增/更新功能	企业版	数据中心版	标准版	Web 版	安腾版
Internet Information Services 7.0	●	●	●	●	●
Hyper-V	●	●	●	○	○
网络存取保护(NAP)	●	●	●	○	○
AD Rights Management Services（RMS）	●	●	●	○	○
终端服务网关和 RemoteApp	●	●	●	○	○
Server Manager	●	●	●	●	●
Windows Deployment Services	●	●	●	○	○
服务器核心	●	●	●	●	○

1.1.2　Windows Server 2008 的版本

Windows Server 2008 在 32 位和 64 位计算机平台中分别提供了标准版、企业版、数据中心版、Web 服务器版和安腾版这 5 个版本的服务器操作系统。

1. Windows Server 2008 Standard Edition（Windows Server 2008 标准版）

Windows Server 2008 标准版,是最稳固的 Windows Server 操作系统,内建了强化 Web 和虚拟化功能,是专为增加服务器基础架构的可靠性和弹性而设计的,可节省时间并降低成本。它包含功能强大的工具,拥有更佳的服务器控制能力,可简化设定和管理工作,而且增强的安全性功能可以强化操作系统,协助保护数据和网络,为企业提供扎实且可高度信赖的基础服务架构。

Windows 2008 Server:标准版最大支持 4 路处理器,X86 版最多支持 4 GB 内存,而 64 位版最大可支持 64 GB 内存。

2. Windows Server 2008 Enterprise Edition（Windows Server 2008 企业版）

Windows Server 2008 企业版为满足各种规模的企业的一般用途而设计,可以部署业务关键性的应用程序。其所具备的从集和热新增(Hat-Add)处理器功能可协助改善可用性,而整合的身份识别管理功能可协助改善安全性,利用虚拟化授权权限整合应用程序则可减少基础架构的成本,因此 Windows Server 2008 能提供高度动态、可扩充的 IT 基础架构。

Windows Server 2008 企业版在功能类型上与标准版基本相同,只是支持更高硬件系统,同时具有更加优良的可伸缩性和可用性,并且添加了企业技术,如 Failover Clustering 与活动目录联合服务等。

Windows Server 2008 企业版最多可支持 8 路处理器,X86 版最多支持 64 GB 内存,而 64 位版最大可支持 2 TB 内存。

3. Windows Server 2008 Datacenter Edition（Windows Server 2008 数据中心版）

Windows Server 2008 数据中心版是为运行企业和任务所倚重的应用程序而设计的,可在小型和大型服务器上部署具业务关键性的应用程序及大规模的虚拟化。其所具备的从集和动态硬件分割功能,可改善可用性,支持虚拟化授权权限整合而成的应用程序,从而减少基础架构的成本。另外,Windows Server 2008 数据中心版还可以提供无限量的虚拟镜像应用。

Windows Server 2008 X86 数据中心版最多支持 32 路处理器和 64 GB 内存,而 64 位版最多支持 64 路处理器和 2 TB 内存。

4. Windows Server 2008 Web Server(Windows Server 2008 Web 服务器版)

Windows Server 2008 Web Server 专门为单一用途 Web 服务器而设计,它建立在 Web 基础架构功能之上,整合了重新设计架构的 IIS 7.0、ASP. NET 和 Microsoft . NET Framework,以便快速部署网页、网站、Web 应用程序和 Web 服务。

Windows Web server 2008 最多支持 4 路处理器,X86 版最多支持 4 GB 内存,而 64 位版最多支持 32 GB 内存。

5. Windows Server 2008 Itanium(Windows Server 2008 安腾版)

Windows Server 2008 安腾版专为 Intel Itanium 64 位处理器而设计,针对大型数据库、各种企业和自定义应用程序进行优化,可提供高可用性和扩充性,能符合高要求且具关键性的解决方案之需求。

Windows Server 2008 安腾版最多可支持 64 路处理器和最多 2 TB 内存。

除了以上 5 个版本,Windows Server 2008 在标准版、企业版和数据中心版的基础上还开发了两类版本系统:一类是不拥有虚拟化的 Hyper-V 技术的服务器,称为无 Hyper-V 版;另外一类是以命令行方式运行的 Server Core 版本,这种版本的服务器系统能够以更少的系统资源提供各种服务。

1.2 任务 1 Windows Server 2008 的安装

1.2.1 任务描述

全新安装 Windows Server 2008 操作系统,并正确设置安装过程中的各项信息。

1.2.2 任务分析

在服务器操作系统安装之前,根据不同的网络与硬件平台确定要安装的操作系统版本后,还应做好安装前的各项准备工作,正确地选择一种安装方式,同时能够应用各种不同的安装方法来启动安装程序,在安装过程中根据组建网络的需要输入必要的信息,独立地完成各种版本的安装过程。管理员应该逐步实现的任务环节如下。

(1) 硬盘分区。

(2) 密码设置。

(3) Windows Server 2008 的其他安装方式。

1.2.3 Windows Server 2008 的配置要求

在安装 Windows Server 2008 之前,首先需要知道计算机能否顺利运行 Windows Server 2008,除非使用 Windows 部署服务或者不从 CD-ROM 进入 Windows 预安装环境,否则需要使用 DVD-ROM 驱动器。

　　Windows Server 2008 除了具有光学介质和支持基本的 VGA 图形能力外,其他最低配置要求如表 1.2 所示。

表 1.2　Windows Server 2008 配置要求

硬件设备	操作系统要求
CPU	最小速度 1 千兆赫(GHz)32 位(X86)处理器或 1 千兆赫(GHz)64 位(X64)处理器,建议速度为 2 千兆赫(GHz)32 位(X86)或 64 位(X64)处理器,最佳速度为 3 千兆赫(GHz)32 位(X86)或 64 位(X64)处理器或更快
内存	最小 512 MB 内存,建议为 1 GB 内存,最佳为 2 GB 内存(完全安装)或 1 GB 内存(服务器核心安装)或更大
显存	128 MB 显存(最低)
可用磁盘空间	最小空间 8 GB,建议为 40 GB(完全安装)或 10 GB(服务器核心安装),最佳空间为 80 GB(完全安装)或 40 GB(服务器核心安装)或者更大空间
驱动器	DVD-ROM 驱动器
显示器和外围设备	超级 VGA(800×600)或更高分辨率显示器,键盘,Microsoft 鼠标或兼容的指针设备

1.2.4　Windows Server 2008 的安装

　　与以往的 Windows Server 版本相比,Windows Server 2008 的各方面性能均有很大程度的提高,但安装过程却大大简化了,只需几步简单操作即可轻松完成。

1. 光盘引导计算机

　　从光盘引导计算机,将计算机的 CMOS 设置为从光盘引导,将 Windows Server 2008 安装光盘置于光驱内并重新启动,计算机就会从光盘启动。如果硬盘内没有安装任何操作系统,便会直接启动到安装界面;如果硬盘内安装有其他操作系统,则会显示【Press any key to boot from CD……】的提示信息,此时请按任意键,从 DVD-ROM 启动,如图 1.1 所示。

2. 打开"安装 Windows"对话框

　　启动安装过程以后,显示如图 1.2 所示的【安装 Windows】对话框,首先需要选择安装语言、时间以及输入法等设置。

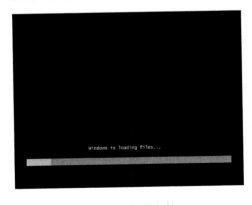

图 1.1　加载文件　　　　　　　　　图 1.2　【安装 Windows】对话框

3. 打开"立即安装"对话框

　　单击【下一步】按钮,显示如图 1.3 所示的对话框,提示是否现在立即安装 Windows

Server 2008。

4. 打开"选择要安装的操作系统"对话框

单击【现在安装】按钮，显示如图 1.4 所示的【选择要安装的操作系统】对话框，列表框中列出了可以安装的操作系统。这里选择【Windows Server 2008 Enterprise(完全安装)】，安装 Windows Server 2008 企业版。

图 1.3　现在安装界面　　　　　　　　　　　图 1.4　【选择要安装的操作系统】对话框

5. 打开"请阅读许可条款"对话框

单击【下一步】按钮，显示如图 1.5 所示的【请阅读许可条款】对话框，阅读许可条款，并且必须接受许可条款才可继续安装。

6. 打开"您想进行何种类型的安装?"对话框

选中【我接受许可条款】复选框接受许可条款，单击【下一步】按钮，显示如图 1.6 所示的【您想进行何种类型的安装?】对话框。其中，【升级】用于从 Windows Server 2003 升级到 Windows Server 2008，且如果当前计算机没有安装操作系统，该项不可用；而【自定义(高级)】用于全新安装。

图 1.5　【请阅读许可条款】对话框　　　　　　　图 1.6　选择安装类型

7. 打开"您想将 Windows 安装在何处?"对话框

单击【自定义(高级)】，显示如图 1.7 所示的【您想将 Windows 安装在何处?】对话框，用于当前计算机上硬盘的分区信息。现在，该硬盘尚未分区。如果服务器上安装有多块硬盘,则会依次显示为磁盘 0,磁盘 1。

8. 打开"驱动器选项(高级)"对话框

单击【驱动器选项(高级)】,显示如图 1.8 所示,可以对硬盘进行分区、格式化及删除已有分区等操作。

图 1.7　选择安装位置图　　　　　　　图 1.8　【驱动器选项(高级)】对话框

9. 创建第一个分区

对硬盘进行分区。单击【新建】按钮,在【大小】文本框中输入第一个分区的大小。

10. 第一个分区创建成功

单击【应用】按钮,完成第一个分区的创建,如图 1.9 所示。

11. 创建其他分区

选择【磁盘 0 未分配空间】,并单击【新建】按扭,将剩余空间再划分为其他分区,如图 1.10所示。按照此方法划分的分区,默认将全部为主分区。也可以将已划分的分区再进行分区、格式化等操作。

图 1.9　创建分区 1　　　　　　　　　图 1.10　创建分区 2

12. 开始安装

选择第一个分区来安装操作系统,单击【下一步】按钮,显示如图 1.11 所示的【正在安装Windows】对话框,开始复制文件并安装 Windows Server 2008。

13. 重启后界面

在安装过程中,系统会根据需要自动重新启动。安装完成后,显示如图 1.12 所示界面,要求第一次登录之前必须更改密码。

图 1.11 【正在安装 Windows】对话框   图 1.12 第一次登录之前必须更改密码

14．设置登录密码

单击【确定】按钮,显示如图 1.13 所示界面,用来设置密码。

15．密码更改成功

在【新密码】和【确认密码】文本框中输入密码,然后按 Enter 键,密码更改成功,如图 1.14所示。

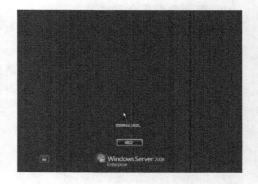

图 1.13 设置密码   图 1.14 密码更改成功

16．登录系统

单击【确定】按钮,显示如图 1.15 所示,需要用新设置的密码登录系统。

注意:在 Windows Server 2008 系统中,无论是管理员账户还是普通账户,都要求必须设置复杂性密码。除必须满足"至少 6 个字符"和"不包含 Administrator 或 Admin"的要求外,还至少满足以下条件:包含大写字母;包含小写字母;包含数字;包含非字母数字字符。

17．安装成功

在【密码】文本框中输入密码,按 Enter 键,即可登录到 Windows Server 2008 系统,并默认自动启动【初始配置任务】窗口,如图 1.16 所示。Windows Server 2008 系统安装完成。

| 图 1.15　登录系统 | 图 1.16　【初始配置任务】窗口 |

注意： Windows Server 2008 有多种安装方式，分别适用于不同的环境，选择合适的安装方式可以提高工作效率。除了上面介绍的常规的使用 DVD 启动安装方式以外，还有升级安装、远程安装及 Server Core 安装。

1. 升级安装

如果计算机中安装了 Windows Server 2003 等操作系统，则可以直接升级成 Windows Sevrer 2008，不需要卸载原来的 Windows 系统，而且升级后还可保留原来的配置。

在 Windows 状态下，将 Windows Server 2008 安装光盘插入光驱并自动运行，会显示"安装 Windows"界面。单击"现在安装"按钮，即可启动安装向导，当运行至"你想进行何种类型的安装"界面时，选择"升级"，即可升级到 Windows Server 2008。

表 1-3　**Windows Server 2008 升级安装要求**

当前系统版本	可升级到的 2008 版本
Windows Server 2003 R2 标准版 Windows Server 2003 标准版（SP1、SP2）	Windows Server 2008 标准版 Windows Server 2008 企业版
Windows Server 2003 R2 企业版 Windows Server 2003 企业版（SP1、SP2）	Windows Server 2008 企业版

2. 通过 Windows 部署服务远程安装

如果网络中已经配置了 Windows 部署服务，则通过网络远程安装也是一种不错的选择，但需要注意的是，采取这种安装方式必须确保计算机网卡具有 PXE（预启动执行环境）芯片，支持远程启动功能。否则，就需要使用 rbfg.exe 程序生成启动软盘来启动计算机进行远程安装。

3. Server Core 安装

Windows Server 2008 Server Core 是微软公司在 Windows Server 2008 中推出的革命性的功能部件，是不具备图形界面的纯命令行服务器操作系统，其只安装了部分应用和功能，因此会更加安全和可靠，同时降低了管理的复杂度。

1.3 任务 2 Windows Server 2008 的基本配置

1.3.1 任务描述

进行 Windows Server 2008 的初始配置任务，理解各项参数配置的含义，并且能够正确设置初始配置的各项信息。

1.3.2 任务分析

安装 Windows Server 2008 与其他 Windows 系统最大的区别就是，在安装过程中不会提示设置计算机名、网络连接信息等，因此所需时间大大减少。在安装完成后，应先设置一些基本配置，如计算机名、IP 地址、配置自动更新等。这些均可在"服务器管理器"中完成。

管理员应该逐步实现的任务环节如下。

（1）更改计算机名称。

（2）网络设置。

（3）服务器角色、角色服务和功能。

（4）MMC 控制台。

1.3.3 更改计算机名

Windows Server 2008 系统在安装过程中不需要设置计算机名，而是使用系统随机产生的计算机名。为了更好地标识和识别服务器，应设置为易记或有一定意义的计算机名。

1. 打开"服务器管理器"窗口

单击【开始】|【服务器管理器】，打开【服务器管理器】窗口，如图 1.17 所示。

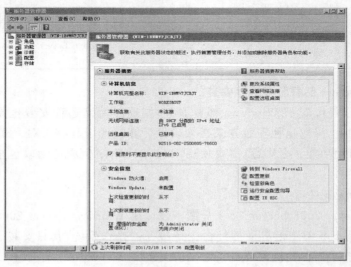

图 1.17 【服务器管理器】窗口

2. 打开"系统属性"对话框

在【计算机信息】区域中,单击【更改系统属性】链接,显示如图 1.18 所示的【系统属性】对话框。

3. 打开"计算机名/域更改"对话框

单击【更改】,显示如图 1.19 所示的【计算机名/域更改】对话框,在【计算机名】文本框中输入新的名称。在【工作组】文本框中可以更改计算机所处的工作组。

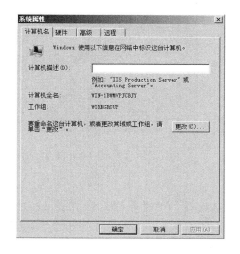

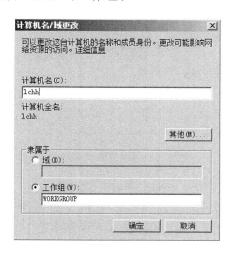

图 1.18　【系统属性】对话框　　　　　　　图 1.19　【计算机名/域更改】对话框

4. 应用更改提示

单击【确定】按钮,提示必须重新启动计算机才能应用更改。

5. 重启提示

单击【确定】按钮返回【系统属性】对话框,再单击【确定】按钮,提示必须重新启动计算机以应用更改。

6. 更改设置完成

单击【立即重新启动】按钮,即可重新启动系统并应用新的计算机名。若单击"稍后重新启动"则不会立即重启,稍后重启后应用更改。

1.3.4　网络设置

Windows Server 2008 安装完成以后,默认为自动获取 IP 地址。由于 Windows Server 2008 用来为网络提供服务,因此需要设置静态 IP 地址。另外,还可以配置网络发现、文件共享等功能,以实现与网络的正常通信。

1. 配置 TCP/IP

1) 打开"网络和共享中心"窗口

右击桌面任务托盘区域的网络连接图标,选择【网络和共享中心】选项,打开如图 1.20 所示的【网络和共享中心】窗口。

2) 打开"本地连接状态"对话框

单击【本地连接】右侧的【查看状态】连接，打开【本地连接状态】对话框，如图 1.21 所示。

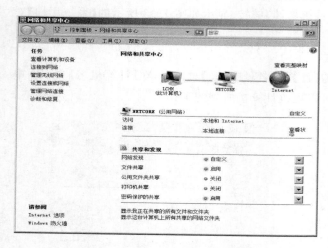

图 1.20 【网络和共享中心】窗口

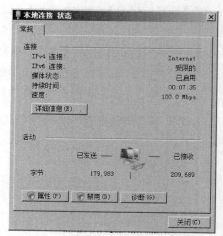

图 1.21 【本地连接状态】对话框

3）打开"本地连接属性"对话框

单击【属性】按钮，显示如图 1.22 所示的【本地连接属性】对话框。Windows Server 2008 中包含 IPv6 和 IPv4 两个版本的 Internet 协议，均默认安装。

注意：目前由于 IPv6 还没有被大范围应用，网络中仍以 IPv4 为主，因此在本书中讲解网络设置以 IPv4 为例。

4）打开"Internet 协议版本 4（TCP/IPv4）属性"对话框

在【此连接使用下列项目】选项框中选择【Internet 协议版本 4（TCP/IPv4）】，单击【属性】按钮，显示如图 1.23 所示的【Internet 协议版本 4（TCP/IPv4）属性】对话框。选中【使用下面的 IP 地址】单选按钮，分别输入 IP 地址、子网掩码、默认网关和 DNS 服务器。如果要通过 DHCP 服务器获取 IP 地址，则保留默认的【自动获得 IP 地址】。

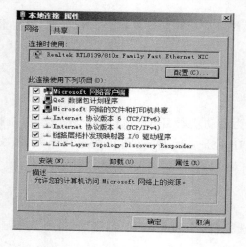

图 1.22 【本地连接属性】对话框

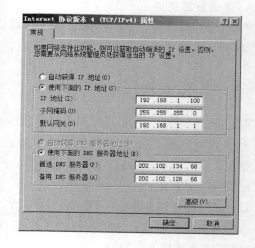

图 1.23 【TCP/IPv4 属性】对话框

5）设置完成

单击【确定】按钮,完成 TCP/IP 设置。

2．共享和发现设置

1）启用网络发现

网络发现功能用来控制局域网中计算机和设备的发现与隐藏。如果启用网络发现功能,在网络窗口,显示当前局域网中发现的计算机,也就是网络邻居。同时,其他计算机也可发现当前计算机。如果禁用网络发现功能,则既不能发现其他计算机,也不能被发现。不过,禁用网络发现功能时,其他计算机仍可以通过搜索或指定计算机名、IP 地址的方式访问到该计算机,但不会显示在其他用户的网络邻居中。

为了便于计算机之间的互相访问,可以启用此功能。在"网络和共享中心"窗口中单击【网络发现】右侧的下拉三角按钮,如图 1.24 所示,选择【启用网络发现】单选按钮,并单击【应用】按钮即可。

2）启用文件共享、公用文件夹共享

为实现为其他用户提供服务或访问其他计算机共享资源,可以通过启用或关闭文件共享功能。展开【文件共享】,如图 1.25 所示,选择【启用文件共享】单选按钮,并单击【应用】按钮,即可启用文件共享功能;展开【公用文件夹共享】,如图 1.26 所示,选择【启用文件共享】单选按钮,并单击【应用】按钮,即可启用公用文件夹共享功能。

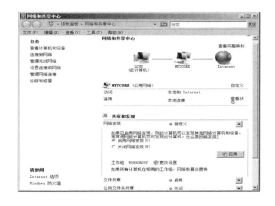

图 1.24　启用网络发现

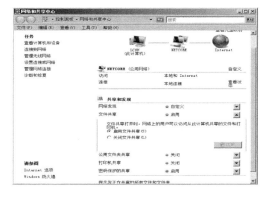

图 1.25　启用文件共享

注意:当您与其他人共享计算机上的公用文件夹时,他们能像在自己的计算机上那样打开和查看计算机上保存的文件。如果授予他们更改文件的权限,他们所做的任何更改都将更改您的计算机上的文件。

3）启用打印机共享

展开【打印机共享】,如图 1.27 所示,选择【启用打印机共享】单选按钮,并单击【应用】按钮,即可启用打印机共享功能。

4）启用密码保护的共享

展开【密码保护的共享】,如图 1.28 所示,选择【启用密码保护的共享】单选按钮,并单击【应用】按钮,即可启用密码保护的共享功能。

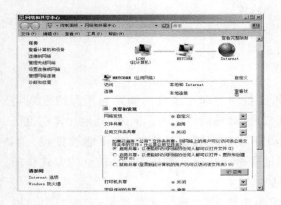

图 1.26　启用公用文件夹共享

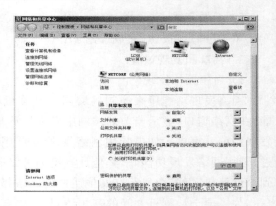

图 1.27　启用打印机共享

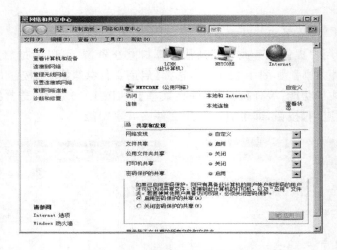

图 1.28　启用密码保护的共享

1.3.5　服务器角色、角色服务和功能

1. 角色

角色是出现在 Windows Server 2008 中的一个新概念，即服务器角色，或者指的是运行某一个特定服务的服务器角色。当一台服务器安装了某个服务后，其实就是赋予了这台服务器一个角色，这个角色的任务就是为应用程序、计算机或者整个网络环境提供该项服务。

服务器角色是软件程序的集合，在安装并正确配置之后，允许计算机为网络内的多个用户或其他计算机执行特定功能。

角色具有的共同特征如下。

角色描述计算机的主要功能、用途或使用。特定计算机可以专用于执行企业中常用的单个角色，如果多个角色在企业中均很少使用，则还可以执行多个角色。

角色允许整个组织中的用户访问由其他计算机管理的资源，如网站、打印机或存储在不同计算机上的文件。

角色通常包括自己的数据库，这些数据库可以对用户或计算机请求进行排队，或记录与角色相关的网络用户和计算机的信息。例如,Active Directory 域服务包括一个用于存储网络中所有计算机的名称和层次结构关系的数据库。

正确安装并配置之后,角色就会自动起作用,这样便允许安装这些角色的计算机使用有限的用户命令或管理执行指定的任务。

2. 角色服务

角色服务是提供角色功能的软件程序。安装角色时,可以选择角色为企业中的其他用户和计算机提供的角色服务。一些角色(如 DNS 服务器)只有一个功能,因此没有可用的角色服务。其他角色(如远程桌面服务)可以安装多个角色服务,这取决于企业的远程计算需要。

可以将角色视为对密切相关的互补角色服务的分组,在大多数情况下,安装角色意味着安装该角色的一个或多个角色服务。

3. 功能

功能是一些软件程序,这些程序虽然不直接构成角色,但可以支持或增强一个或多个角色的功能,或增强服务器的功能,而不管安装了哪些角色。例如,"故障转移群集"功能增强其他角色(如文件服务和 DHCP 服务器)的功能,方法是允许它们针对已增加的冗余和改进的性能加入服务器群集。

4. 添加角色

Windows Server 2008 去掉了"添加/删除 Windows 组件",所有角色、功能甚至用户账户都可以在"服务器管理器"中进行管理。Windows Server 2008 默认不会安装任何组件,只是一个提供用户登录的独立的网络服务器,用户需要根据自己的实际需要选择安装相关的网络服务。

1) 打开"服务器管理器"窗口

从【开始】菜单中打开【服务器管理器】窗口,如图 1.29 所示。

2) 打开"添加角色向导"对话框

单击【添加角色】,启动【添加角色向导】,显示如图 1.30 所示的【开始之前】对话框,提示此向导可以完成的工作,以及操作之前应注意的相关事项。

图 1.29　【服务器管理器】窗口　　　　　　　图 1.30　【开始之前】对话框

3) 打开"选择服务器角色"对话框

单击【下一步】按钮，显示如图 1.31 所示的【选择服务器角色】对话框，显示所有可以安装的服务角色。

4）选择服务器角色

选中了要安装的网络服务以后，单击【下一步】按钮，通常会显示该角色的简介信息。以安装打印服务为例，显示如图 1.32 所示的【打印服务简介】对话框。

图 1.31 【选择服务器角色】对话框   图 1.32 【打印服务简介】对话框

5）选择角色服务

单击【下一步】按钮，显示【选择角色服务】对话框，可以为该角色选择详细的组件，如图 1.33 所示。

6）开始安装

单击【下一步】按钮，显示如图 1.34 所示的【安装进度】对话框。

图 1.33 【选择角色服务】对话框   图 1.34 【安装进度】对话框

7）安装完成

单击关闭，安装完成，如图 1.35 所示。

 注意：服务器管理器允许管理员使用单个工具完成以下任务。

（1）查看和更改服务器上已安装的服务器角色及功能。

（2）执行与服务器的运行生命周期相关的管理任务。

（3）确定服务器状态，识别关键事件，分析并解决配置问题和故障。

5．添加服务

1）打开"服务器管理器"窗口

从【开始】菜单中打开【服务器管理器】窗口，如图 1.36 所示。

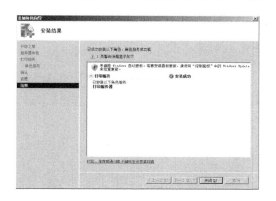

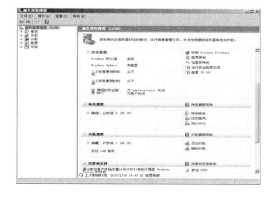

图 1.35　安装结果　　　　　　　　　图 1.36　【服务器管理器】窗口

2）打开添加功能向导

单击【添加功能】，启动【添加功能向导】，显示如图 1.37 所示的【选择功能】对话框，提示此向导可以完成的工作，以及操作之前应注意的相关事项。

3）选择功能

选中了要安装的网络服务以后，单击【下一步】按钮，通常会显示该角色的简介信息。以远程协助为例，显示如图 1.38 所示的【确认安装选择】对话框。

图 1.37　【选择功能】对话框　　　　　图 1.38　【确认安装选择】对话框

4）开始安装

单击【安装】，显示【安装进度】对话框，如图 1.39 所示。

5）安装完成

单击关闭，安装完成，如图 1.40 所示。

6．删除角色和服务

服务器角色的删除和添加角色一样都在"服务器管理器"窗口中完成。

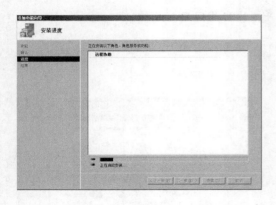

图 1.39 【安装进度】对话框   图 1.40 安装结果

1）打开"服务器管理器"窗口

在【服务器管理器】窗口中选择【角色】，显示已经安装的服务角色，如图 1.41 所示。

2）打开"删除服务器角色"对话框

单击【删除角色】链接，打开如图 1.42 所示的【删除服务器角色】对话框，取消想要删除的角色前的复选框并单击【下一步】按钮，即可开始删除。

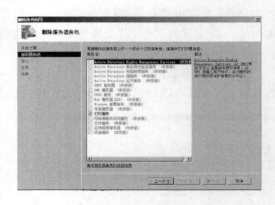

图 1.41 【服务器管理器】窗口   图 1.42 【删除服务器角色】对话框

注意：删除角色之前确认是否有其他网络服务或某些 Windows 功能需要调用当前服务，以免删除之后致使服务器瘫痪。

1.3.6 MMC 控制台

Microsoft 管理控制台（MMC）集成了可以用于管理网络、计算机、服务和其他系统组件的管理工具。将许多改进应用到 MMC 3.0 管理单元控制台中。

操作窗格位于管理单元控制台的右侧。根据树或结果窗格中当前选定的项，操作窗格列出用户可用的操作。若要显示或隐藏操作窗格，请在工具栏中单击"显示/隐藏操作窗格"按钮，该按钮与"显示/隐藏树"按钮类似。

新的"添加或删除管理单元"对话框可方便地添加、组织和删除管理单元。可以控制可用的扩展,以及是否要自动启用日后可以安装的管理单元。可以通过在树中嵌套和重新排列管理单元的方式对其进行组织。有关使用 MMC 3.0 的"添加或删除管理单元"对话框的详细信息,请参阅在 MMC 3.0 中添加、删除和组织管理单元及扩展。

MMC 3.0 可以通知在管理单元中可能导致 MMC 失败的错误,并提供多个选项用于响应这些错误。

1. 添加/删除管理单元

管理单元是 MMC 控制台的基本组件。只能在控制台中使用管理单元,而不能脱离控制台运行管理单元。MMC 支持以下两种类型的管理单元:独立管理单元和管理单元扩展。可以将独立管理单元(通常称为管理单元)添加到控制台中,而无须预先添加其他项目。总是将管理单元扩展(通常称为扩展)添加到树中已存在的管理单元或其他管理单元扩展。启用管理单元的扩展时,这些扩展操作由管理单元控制的对象,如计算机、打印机、调制解调器或其他设备。

可以将单个或多个管理单元以及其他项添加到控制台。此外,可以将一个特定管理单元的多个实例添加到同一个控制台,以便管理各个计算机或修复损坏的控制台。每次向控制台添加新的管理单元实例时,在配置该管理单元之前,该管理单元的所有变量都按默认值设置。添加管理单元的步骤如下。

1) 打开"MMC"窗口

单击【开始】,在【运行】文本框中单击,键入 mmc,然后按 Enter 键。

2) 打开"添加/删除管理单元"窗口

在打开的 MMC 3.0 控制台的【文件】菜单上,单击【添加/删除管理单元】,显示如图 1.43 所示。

3) 添加管理单元

在"可用的管理单元"列表中突出显示需要添加的管理单元,然后单击"添加"将该管理单元添加到"选定管理单元"列表中,如图 1.44 所示。通过单击管理单元,然后阅读对话框底部"描述"框中的内容来查看任一列表中管理单元的简短描述。某些管理单元可能没有提供描述。通过在"选定管理单元"列表中单击管理单元,然后单击"上移"或"下移"来更改管理单元控制台中管理单元的顺序。

图 1.43　控制台窗口

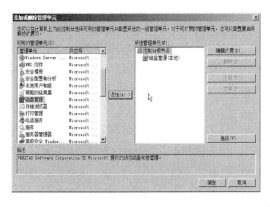

图 1.44　添加/删除管理单元窗口

4）选择管理单元管理的计算机

根据要添加的管理单元的不同,可能会出现新的对话框。例如,选择"服务"管理单元后,需要回答管理单元是管理本地计算机上的服务还是远程计算机上的服务。如图 1.45 所示。

5）删除管理单元

通过在"选定管理单元"列表中单击管理单元,然后单击"删除"按钮来删除管理单元。

6）添加管理单元成功

添加完毕后,单击"确定"按钮,新添加的管理单元将出现在控制台树中。

7）保存 MMC

在"文件"菜单中选择"保存"或者"另存为"可以把控制台进行保存,如图 1.46 所示。下次直接双击控制文件打开控制台,原先添加的管理单元仍旧存在,可以用来进行计算机的管理工作。

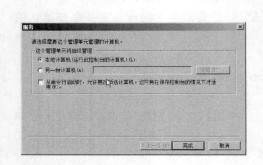

图 1.45　选择本地服务还是远程服务

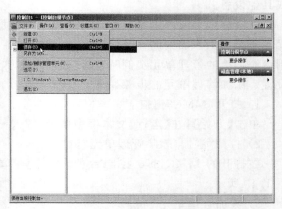

图 1.46　保存窗口

2. MMC 模式

如果想创建一个控制台给一个普通用户使用,而不想给予他在控制台中添加或者删除管理单元的权利,这种情况可以通过管理控制台模式来实现。控制台中有 4 种管理模式。

（1）作者模式——启用管理单元控制台的完全自定义功能,包括添加或删除管理单元、创建新窗口、创建收藏夹和任务板,以及访问"自定义视图"对话框和"选项"对话框的选项。用户为自己或他人创建自定义控制台文件时通常使用此模式。最后的管理单元控制台通常以此表中的一种用户模式保存。

（2）用户模式——完全访问:除用户无法添加或删除管理单元、无法更改管理单元控制台选项、无法创建收藏夹和任务板以外,此模式的功能与作者模式相同。

（3）用户模式——受限访问,多窗口:仅提供对保存控制台文件时树中可见部分的访问权限。用户可以创建新窗口,但不能关闭任何现有窗口。

（4）用户模式——受限访问,单窗口:仅提供对保存控制台文件时树中可见部分的访问权限。用户无法创建新窗口。

1.4　小　结

本章包含 Windows Server 2008 的简介和基本功能、Windows Server 2008 的版本介绍、安装 Windows Server 2008 的配置要求、Windows Server 2008 的不同安装方式,重点介绍了从 CD-ROM 启动的最基本安装方式,还介绍了 Windows Server 2008 的基本设置:更改计算机名、网络设置、服务器角色、角色服务和功能、MMC 控制台。

1.5　项目实训　Windows Server 2008 的安装与基本配置

1.　实训目标

(1) 了解 Windows Server 2008 各种不同的安装方式,能根据不同的情况正确选择不同的方式来安装 Windows Server 2008 操作系统。

(2) 熟悉 Windows Server 2008 安装过程以及系统的启动与登录。

(3) 掌握 Windows Server 2008 的各项初始配置任务。

2.　实训环境

1) 硬件

3 台及以上的计算机(计算机配置要求 CPU 最低 1.4 GHz,X64 和 X86 系列均有一台及以上数量,内存不小于 1 GB,硬盘剩余空间不小于 10 GB,有光驱和网卡),其中一台计算机上已经安装 Windows Server 2003 企业版。

2) 软件

Windows Server 2008 安装光盘。

3.　实训要求

在 3 台计算机上完成下述操作。

(1) 3 台计算机设置为从 CD-ROM 上启动系统。

(2) 在第一台计算机(X86 系列)上,将 Windows Server 2008 安装光盘插入光驱,从 CD-ROM 引导,并开始全新的 Windows Server 2008 安装,要求如下。

① 安装 Windows Server 2008 企业版,系统分区的大小为 20 GB,管理员密码为 Lchh991 * 。

② 对系统进行如下初始配置:计算机名称为 server1,工作组为 work。

③ 设置 TCP/IP 协议,其中要求使用 TCP/IPv4 协议,服务器的 IP 地址为 192.168.1.1,子网掩码为 255.255.255.0,网关设置为 192.168.1.254,DNS 地址为 202.102.128.68、202.102.134.68。

④ 启用 Windows 自动更新。

⑤ 启用远程桌面和防火墙。

⑥ 在控制台中添加"计算机管理"、"磁盘管理"和"DNS"这三个管理单元。

(3) 在第二台计算机上(X64 系列),将 Windows Server 2008 安装光盘插入光驱,从

CD -ROM 引导,并开始全新的 Windows Server 2008 安装,要求如下。

① 安装 Windows Server 2008 企业版,系统分区的大小为 20 GB,管理员密码为 Lchh731 * 。

② 对系统进行如下初始配置:计算机名称为 server2,工作组为 work;

③ 设置 TCP/IP 协议,其中要求使用 TCP/IPv4 协议,服务器的 IP 地址为 192.168.1.2,子网掩码为 255.255.255.0,网关设置为 192.168.1.254,DNS 地址为 202.102.128.68、202.102.134.68。

④ 启用 Windows 自动更新。

⑤ 启用防火墙。

⑥ 在控制台中添加"计算机管理"、"服务管理器"和"服务"这三个管理单元。

(4) 分别查看第一台和第二台计算机上"添中角色"和"添加功能"向导以及控制面板,找出两台计算机不同的地方。

(5) 在第三台计算机上进行升级安装操作,要求如下。

① 升级安装 Windows Server 2008 企业版,管理员密码为 Wccd991 * 。

② 对系统进行如下初始配置:计算机名称为 server3,工作组为 work。

③ 设置 TCP/IP 协议,其中要求使用 TCP/IPv4 协议,服务器的 IP 地址为 192.168.1.3,子网掩码为 255.255.255.0,网关设置为 192.168.1.254,DNS 地址为 202.102.128.68、202.102.134.68。

④ 启用 Windows 自动更新。

⑤ 在控制台中添加"设备管理器"、"共享文件夹"和"打印服务"这三个管理单元。

4. 实训评价

实训评价表					
内　　容			评　　价		
学习目标		评价项目	3	2	1
职业能力	能熟练、正确地安装 Windows Server 2008	安装 Windows Server 2008			
	能熟练、正确地升级安装 Windows Server 2008	升级安装 Windows Server 2008			
	能熟练、正确地对 Windows Server 2008 进行基本设置	Windows Server 2008 基本设置			
通用能力	交流表达的能力				
	与人合作的能力				
	沟通能力				
	组织能力				
	活动能力				
	解决问题的能力				
	自我提高的能力				
	革新、创新的能力				
综合评价					

1.6　习　题

1. 填空题

（1）Windows Server 2008 常见的版本有＿＿＿＿＿、＿＿＿＿＿、＿＿＿＿＿、＿＿＿＿＿、
＿＿＿＿＿。

（2）Windows Server 2008 只能安装在＿＿＿＿＿文件系统的分区中。

（3）安装 Windows Server 2008 时，内存不低于＿＿＿＿＿，硬盘的可用空间不低
于＿＿＿＿。

（4）MMC 的模式有＿＿＿＿＿＿＿、＿＿＿＿＿＿＿、＿＿＿＿＿＿＿、＿＿＿＿＿＿＿。

2. 选择题

（1）在 Windows Server 2008 系统中进入控制台的命令是（　　　）。

A. CMD　　　　　　B. MMC　　　　　C. AUTOEXEC　　　　D. TTY

（2）下面（　　）不是 Windows Server 2008 的新特性。

A. Server Core　　B. Hyper-V　　　C. Power Shell　　　　D. Active Directory

（3）现有一台装有 Windows Server 2003 R2 标准版、文件系统是 NTFS、无任何分区的
服务器，现要求对该服务器进行 Windows Server 2008 企业版的安装，保留原数据，但不保
留原操作系统，应（　　　），才能满足要求。

A. 在安装过程中进行全新安装并格式化磁盘

B. 做成双引导，不格式化磁盘

C. 重新分区进行全新安装

D. 对原操作系统进行升级安装，不格式化磁盘

3. 简答题

（1）Windows Server 2008 有哪几个版本？各个版本的特点是什么？

（2）Windows Server 2008 中密码规则是什么？

（3）Windows Server 2008 中角色的特点是什么？

第 2 章　域 与 活 动 目 录 管 理

1. 教学目标

（1）理解活动目录的知识、结构和应用特点。

（2）掌握 Windows Server 2008 域控制器的安装与配置。

（3）掌握客户机登录 Windows Server 2008 域的配置。

（4）掌握 Windows Server 2008 活动目录的管理。

2. 教学要求

知识要点	能力要求	关联知识
工作组	基于工作组组建网络资源管理	工作组的特点
活动目录	活动目录的安装	活动目录特性
域	四种不同域的安装	域的特点
客户端	客户端加入域成为客户机或成员服务器	客户机的要求
活动目录用户和计算机	基于活动目录进行用户和计算机的管理	AD 用户和组的特性
活动目录域和信任关系	创建和管理不同域的信任关系	信任关系特点
活动目录站点和服务	使用站点和服务	站点和服务特性

3. 重点难点

（1）本地用户账户。

（2）域用户账户。

（3）账户属性。

大中型企业的计算机网络，通常不再采用对等式模式的网络，而采用 C/S 模式的网络，并基于 B/S 模式来实施网络应用系统。在单域、域树、域林等多种网络的组织结构中，企业只有规划一个合理的网络结构，才能很好地管理与使用网络。活动目录是域的核心，通过活动目录可以将网络中各种完全不同的对象以相同的方式组织到一起。活动目录不但更有利于网络管理员对网络的集中管理，方便用户查找对象，同时加强了网络的安全与资源访问权限管理，使得企业网络的安全性大大增强。

Windows Server 2008 提供了功能强大的域与活动目录管理功能，通过集中式的用户和资源管理，实现 Intranet 和 Internet 的高效安全管理。

2.1　Windows Server 2008 活动目录概述

2.1.1　工作组

工作组（Work Group）就是将不同的计算机按功能分别列入不同的组中，以方便管理。

在一个网络内,可能有几百台计算机,如果这些计算机不进行分组,那么"网上邻居"上的计算机很难进行管理。为解决该问题,Microsoft Windows 操作系统引用了"工作组"的概念。例如,一个企业会划分为人事部、市场营销部、技术研发部、行政管理部、事业开发部等多个部门,将每台计算机都加入自己对应部门的工作组中,如果员工需要访问网上邻居的资源,在打开网上邻居后,看到的是以部门名称组织的多个工作组,这就好比现实中部门办公室的门牌,很方便就能找到自己需要的计算机资源。

在安装非家庭版本的 Microsoft Windows 操作系统时,工作组名一般默认为 WORK-GROUP,用户可以根据需要更改工作组名称。从资源访问的角度,在或不在同一工作组没有分别,只是相对而言,同一个工作组计算机相互交换信息的频率更高。所以,打开"网上邻居",首先看到的是所在工作组计算机,如果要访问其他工作组的计算机,必须打开"整个网络",找到并打开需要的工作组,打开需要的计算机与之进行信息交换。计算机更改工作组名称后,可以退出某个工作组或加入同一 IP 网络上的任何工作组。

1. 实现网络共享的必要条件

在 Windows Server 2008 系统中要启用网络发现功能,否则将无法找到网络中的任何"邻居"主机,也不会被其他的"邻居"主机发现,为了可以启用网络发现功能,同时可以正常相互提供共享资源,必须保证以下服务启用和相应的网络功能。

1) Function Discovery Resource Publication 服务

发布该计算机以及连接到该计算机的资源,以便能够在网络上发现这些资源。如果该服务被停止,将不再发布网络资源,网络上的其他计算机将无法发现这些资源。

2) SSDP Discovery 服务

发现了使用 SSDP 发现协议的网络设备和服务,如 UPnP 设备。同时还公告了运行在本地计算机上的 SSDP 设备和服务。如果停止此服务,基于 SSDP 的设备将不会被发现。如果禁用此服务,任何显式依赖于它的服务都将无法启动。

3) UPnP Device Host 服务

允许 UPnP 设备宿主在此计算机上。如果停止此服务,则所有宿主的 UPnP 设备都将停止工作,并且不能添加其他宿主设备。如果禁用此服务,则任何显式依赖于它的服务都将无法启动。

4) Computer Browser 服务

维护网络上计算机的更新列表,并将列表提供给计算机指定浏览。如果服务停止,列表不会被更新或维护。如果服务被禁用,任何直接依赖于此服务的服务将无法启动。

5) Worksation 服务

使用 SMB 协议创建并维护客户端网络与远程服务器之间的连接。如果此服务已停止,这些连接将无法使用。如果此服务已禁用,任何明确依赖它的服务将无法启动。

6) Server 服务

支持此计算机通过网络的文件、打印和命名管道共享。如果服务停止,这些功能不可用。如果服务被禁用,任何直接依赖于此服务的服务将无法启动。

7) "Microsoft 网络客户端"网络功能

允许您的计算机访问 Microsoft 网络上的资源,在网络连接属性上必须安装该协议才能访问其他计算机的共享资源。

8）"Microsoft 网络的文件和打印机共享"网络功能

允许其他计算机使用 Microsoft 网络访问计算机上的资源,在网络连接属性上必须安装该协议才能将本地资源共享,以提供给其他计算机共享。

2. 启用网络发现

在 Windows Server 2008 服务器上,执行【开始】|【控制面板】|【网络和共享中心】命令,显示"网络和共享中心"窗口,如图 2.1 所示。单击【网络发现】后的下拉箭头按钮,单击【启用网络发现(U)】单选按钮,单击【应用】按钮,完成网络发现的启用,这样系统就可以在网络上寻找并显示邻居主机。

3. 启用关联服务

在 Windows Server 2008 服务器上,执行【开始】|【管理工具】|【服务】命令,显示"服务"窗口,如图 2.2 所示。单击【标准】选项,双击没有启用的服务,如 SSDP Discovery 服务,如图 2.3 所示,设置启动类型【自动】和服务状态【启动】即可,其他服务的启用依此法执行。

图 2.1　网络和共享中心

图 2.2　服务

4. 启用或安装关联网络功能

在 Windows Server 2008 服务器上,执行【开始】|【控制面板】|【网络和共享中心】命令,显示"网络和共享中心"窗口,如图 2.1 所示,单击【管理网络连接】,弹出如图 2.4 所示的"网络

图 2.3　服务属性设置

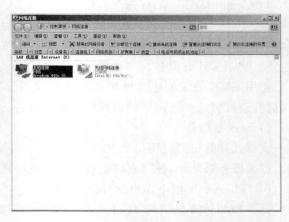

图 2.4　网络连接

连接"窗口,右击【本地连接】|【属性】,弹出如图 2.5 所示的本地连接属性对话框,如果存在【Microsoft 网络客户端】和【Microsoft 网络的文件和打印机共享】,则选中这两个复选框。如果不存在,单击【安装】按钮,在如图 2.6 所示的"选择网络功能类型"对话框中,单击【客户端】|【添加】按钮,在弹出的如图 2.7 所示的"选择网络客户端"对话框中,单击选中【Microsoft 网络客户端】,单击【确定】按钮安装该网络功能。

在如图 2.6 所示的"选择网络功能类型"对话框中,单击【服务】|【添加】按钮,在弹出的如图 2.8 所示的"选择网络服务"对话框中单击选中【Microsoft 网络的文件和打印机共享】,单击【确定】按钮安装该网络功能。

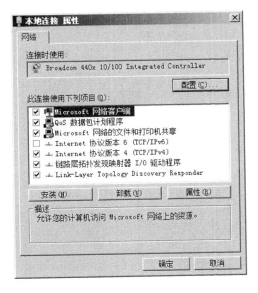

图 2.5　本地连接属性

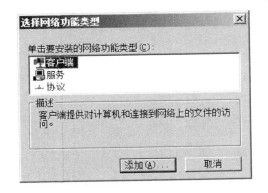

图 2.6　选择网络功能类型

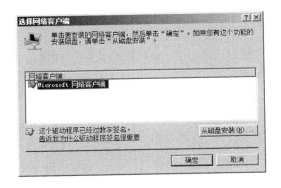

图 2.7　Microsoft 网络客户端

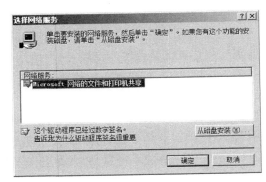

图 2.8　Microsoft 网络的文件和打印机共享

2.1.2　域

域(Domain)是一个有安全边界的计算机集合,在两个独立的域中,一个域中的用户无法访问另一个域中的资源,在对等网模式下,任何一台计算机只要接入网络,其他计算机都可以访问共享资源,如共享上网等。在由 Windows 构成的对等网中,数据的传输是非常不安全的。在 C/S 式网络中,资源集中存放在一台或者几台服务器上,如果只有一台服务器,那么在服务器上为每一位员工建立一个账户即可,用户只需登录该服务器就可以使用服务器中的资源;如果资源分布在多台服务器上,如图 2.9 所示,要在每台服务器上分别为每一员工建立一个账户(共 $M \times N$ 个),用户需要在每台服务器上(共 M 台)登录,这就失去了集中用户管理的优势。

如图 2.10 所示,服务器和用户的计算机都在同一域中,用户在域中只要拥有一个账户,用账户登录后即取得一个身份,有了该身份便可以在域中漫游,访问域中任一台服务器上的资源。在每一台存放资源的服务器上不需要为每一用户创建账户,而只需要把资源的访问权限分配给用户在域中的账户即可。

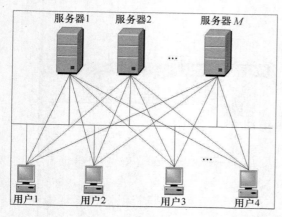

图 2.9 资源分布在多台服务器上   图 2.10 域模式

在域模式下,至少有一台服务器负责每一台接入网络的计算机和用户的验证工作,相当于一个单位的门卫一样,称为"域控制器"(Domain Controller,DC),它包含了由这个域的账户、密码、属于这个域的计算机等信息构成的数据库。当计算机接入网络时,域控制器首先要鉴别这台计算机是否加入该域,用户使用的登录账号是否存在,密码是否正确。如果信息有一项不正确,域控制器就会拒绝该用户登录计算机。

随着网络的不断发展,企业网络规模发展到有几万个用户甚至更多时,域控制器存放的用户数据量很大,如果用户频繁登录,域控制器可能不堪重负。如图 2.11 所示,在实际的应用中,在网络中划分多个域,每个域的规模控制在一定的范围内,同时也是出于管理上的要求,将大的网络划分成小的网络,网络管理员管理自己域的账户。

然而一个域的用户常常有访问另一个域的资源的需要。为了解决用户跨域访问资源的问题,可以在域之间引入信任,有了信任关系,域 A 的用户想要访问域 B 中的资源,让域 B 信任域 A 就行了。

Windows Server 2008 域的信任关系分为可传递、不可传递、单向、双向等。

如图 2.12 所示,图中上半部分两个域是单向的信任关系,箭头指向被信任的域,即域 A 信任域 B,域 A 称为信任域,域 B 称为被信任域,域 B 的用户可以访问域 A 中的资源,但域 A 的用户不能访问域 B 中的资源;图中下半部分两个域是双向的信任关系,域 A 和域 B 相互信任,域 A 和域 B 的用户可以相互访问对方域的资源。

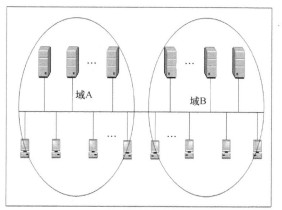

图 2.11 多域模式

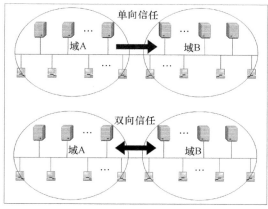

图 2.12 信任关系

信任关系有可传递和不可传递之分:如果 A 信任 B,B 又信任 C,同时信任关系可传递,A 就信任 C;如果信任关系不可传递,A 就不信任 C。

2.1.3 域树

大型企业可能有几万的用户、上千的服务器以及上百个域,资源的访问常常可能跨越很多域。在 Windows NT 4.0 中,域的信任关系是不可传递的。考虑在一个网络中有多个域的情况,如果要实现多个域中的用户跨域访问资源,必须创建多个双向信任关系:$n(n-1)/2$。如图 2.13 所示,A、B、C、D、E 域均被看成独立的域,所以信任关系被看成是不可传递的,而实际上 A、B、C、D、E 域在同一企业网络中,很可能 A 是 B 的主管单位,B 是 C 的主管单位。

从 Windows Server 2000 起,域树(Domain Tree)开始出现,如图 2.14 所示。域树中的域以树状结构组成,最上层的域是该域树的根域(如 xyz.com),根域下有两个子域(如 sd.xyz.com 和 hn.xyz.com)两个子域下又有自己的子域。

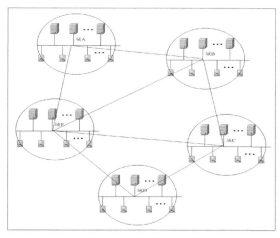

图 2.13 多个双向信任关系

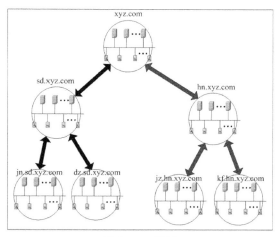

图 2.14 域树

在域树中,父域和子域的信任关系是双向可传递的,因此域树中的一个域隐含地信任树中所有的域。在如图 2.14 所示的域树中共有 7 个域,所有域相互信任,也只需要 6 个信任关系,远比如图 2.13 所示的多个双向信任关系(7×(7-1)/2=21 个信任关系)要少得多,并且管理更为简化。

2.1.4 域林

在 Windows Server 2000 后的系统中,域和 DNS 域的关系非常密切,域中的计算机使用 DNS 来定位域控制器和服务器以及其他计算机、网络服务等,实际上域的名称就是 DNS 的名称。

在如图 2.14 所示的域树中,企业申请了一个 xyz.com 的 DNS 域名,所以根域就采用了该名,在 xyz.com 域下的子域也就只能使用 xyz.com 作为根域。

如果企业同时拥有 xyz.com 和 xyz.net 两个域名,某个域用 xyz.net 作为域名,xyz.net 将无法挂在 xyz.com 域树中,只能单独创建另一个域树,如图 2.15 所示,新的域树根域为 xyz.net,这两个域树共同构成了域林(Domain Forest)。在同一域林中的域树的信任关系也是双向可传递的。

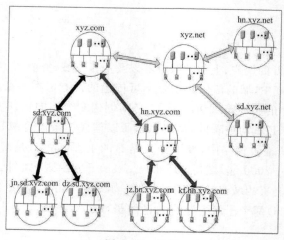

图 2.15　域林

2.1.5　活动目录及其结构

1. 活动目录

活动目录(Active Directory)是一种目录服务,它存储有关网络对象(如用户、组、计算机、共享资源、打印机和联系人等)的信息,并将结构化数据存储作为目录信息逻辑和分层组织的基础,使管理员可以比较方便地查找并使用这些网络信息。

活动目录是在 Windows Server 2000 中使用的新技术,它最大的特点在于全新引入了活动目录服务(Active Directory Service),使 Windows Server 2000 与 Internet 上的各项服务和协议联系更加紧密。在 Windows Server 2000 的基础上进一步扩展,Windows Server 2008 提高了活动目录的多功能性、可管理性及可靠性。

在 Windows Server 2008 中,活动目录服务有了一个新的名称:Active Directory Domain Service(ADDS)。微软对 Windows Server 2008 的活动目录进行了较大的调整,增加了功能强大的新特性,新增了只读域控制器(RODC)的域控制器类型、更新的活动目录域服务安装向导、可重启的活动目录域服务、快照查看以及增强的 Ntdsutil 命令等,并且对原有特性进行了增强。

活动目录并不是 Windows Server 2008 中必须安装的组件,并且其运行时占用系统资源较多。活动目录的结构比较复杂,适用于用户或者网络资源较多的环境。设置活动目录的主要目的就是为了提供活动目录服务功能,简化网络管理,提高网络安全性。

"活动目录"与 Windows 系统中的"文件夹目录"以及 DOS 下的"目录"在含义上完全不同。"活动目录"指网络中用户以及各种资源在网络中的具体位置及调用和管理方式,也就是把原来固定的资源存储层次关系与网络管理以及用户调用关联起来,从而提高了网络资源的使用效率。

在 Windows Server 2008 构建的域控制器中,保存了活动目录信息的副本,存放有域中所有用户、组、计算机等信息,域控制器把这些信息存放在活动目录中,活动目录实际上就是一个特殊的数据库。

域控制器管理目录信息的变化,并把这些变化复制到同一个域中的其他域控制器上,使各域控制器上的目录信息同步。域控制器也负责用户的登录过程以及其他与域有关的操作,如身份验证、目录信息查找等。一个域可以有多个域控制器。规模较小的域可以只需要两个域控制器,一个实际使用,另一个用于容错性检查,规模较大的域可以使用多个域控制器。在域中,对大部分用户来说域的服务目标是"一个用户,一个账号"。

2. 活动目录结构

活动目录结构主要是指网络中所有用户、计算机以及其他网络资源的层次关系,就像是一个大型仓库中分出若干个小的储藏间,每一个小储藏间分别用来存放不同的东西一样。通常情况下活动目录的结构可以分为逻辑结构和物理结构。

1) 活动目录的逻辑结构

活动目录的逻辑结构非常灵活,目录中的逻辑单元包括域、域树、域林和组织单元(Organizational Unit,OU)。以下重点了解组织单元。

组织单元是一个容器对象,可以把域中的对象组织成逻辑组,以简化管理工作。组织单元可以包含各种对象,如用户账户、用户组、计算机、打印机等,甚至可以包括其他组织单元,所以可以利用组织单元把域中的对象组成一个完全逻辑上的层次结构。对于企业来讲,可以按部门把所有的用户和设备组成一个组织单元层次结构,也可以按地理位置形成层次结构,还可以按功能和权限分成多个组织层次结构。

由于组织单元层次结构局限于域的内部,所以一个域中的组织单元层次结构与另一个域中的组织单元层次结构没有任何关系,就像是 Windows 资源管理器中位于不同目录下的文件,可以重名或重复。

2) 活动目录的物理结构

(1) 站点。站点由一个或多个 IP 子网组成,这些子网通过高速网络设备连接在一起。站点往往由企业的物理位置分布情况决定,可以依据站点结构配置活动目录的访问和复制拓扑关系,这样能使得网络更有效地连接,并且可使复制策略更合理,用户登录更快速。

活动目录站点和服务,可以通过使用站点提高大多数配置目录服务的效率。可以通过使用活动目录站点和服务,向活动目录发布站点提供有关网络物理结构的信息,活动目录使用该信息确定如何复制目录信息和处理服务的请求。

计算机站点是根据其在子网或一组已连接好子网中的位置指定的,子网提供一种表示网络分组的简单方法,这与常见的邮政编码将地址分组类似。将子网格式化成可方便发送有关网络与目录连接物理信息的形式,将计算机置于一个或多个连接好的子网中,充分体现了站点所有计算机必须连接良好这一标准,原因是同一子网中计算机的连接情况通常优于网络中任意选取的计算机。

(2) 域控制器。域控制器是指运行 Windows Server 2008 的服务器,它保存了活动目录信息的副本。域控制器管理目录信息的变化,并把这些变化复制到同一个域中的其他域控制器上,使各域控制器上的目录信息同步。

尽管活动目录支持多主机复制方案,然而由于复制引起的通信流量以及网络潜在的冲突,变化的传播并不一定能够顺利进行,因此有必要在域控制器中指定全局目录服务器以及操作主机。全局目录是一个信息仓库,包含活动目录中所有对象的一部分属性,往往是在查询过程中访问最为频繁的属性。

全局目录服务器是一个域控制器,它保存了全局目录的一份副本,并执行对全局目录的查询操作。全局目录服务器可以提高活动目录中大范围内对象检索的性能。如果没有一个全局目录服务器,那么这样的查询操作必须调动域林中每一个域的查询过程。如果域中只有一个域控制器,那么它就是全局目录服务器;如果域中有多个域控制器,那么管理员必须把一个域控制器配置为全局目录控制器。

2.1.6 域中的计算机分类

在域结构的网络中,计算机身份是一种不平等的关系,存在着以下四种类型。

1. 域控制器

域控制器类似于网络"看门人",用于管理所有的网络访问,包括登录服务器、访问共享目录和资源。域控制器存储了所有的域范围内的账户和策略信息,包括安全策略、用户身份验证信息和账户信息。在网络中,可以有多台计算机配置为域控制器,以分担用户的登录和访问。多个域控制器可以一起工作,自动备份用户账户和活动目录数据,即使部分域控制器发生瘫痪,网络访问仍然不受影响,提高了网络安全性和稳定性。

2. 成员服务器

成员服务器是指安装了 Windows Server 2008 操作系统,并加入了域的计算机。这些服务器提供网络资源,也被称为现有域中的附加域控制器。成员服务器通常具有以下类型服务器的功能:文件服务器、应用服务器、数据库服务器、Web 服务器、证书服务器、防火墙、远程访问服务器、打印服务器等。

3. 独立服务器

独立服务器和域没有什么关系,如果服务器不加入到域中也不安装活动目录,就称为独立服务器。独立服务器可以创建工作组,和网络上的其他计算机共享资源,但不能获得活动目录提供的任何服务。

4. 域中的客户端

安装了 Windows XP/2000/2003 等操作系统,并加入了域的计算机,用户利用这些计算机和域中的账户,就可以登录到域,成为域中的客户端。域用户账号通过域的安全验证后,即可访问网络中的各种资源。

2.1.7　活动目录域和信任关系

任何一个网络中都可能存在两台甚至多台域控制器,而对于企业网络而言更是如此,因此不同域之间的安全访问非常重要。Windows Server 2008 的活动目录为用户提供了域和信任关系功能,可以很好地解决这些问题。

信任关系是两个域控制器之间实现资源互访的重要前提,在运行 Windows Server 2008 的域服务器上,基于域林、域树等组织的域结构,子域和父域之间具有信任关系,且信任关系具备双向传递性。这种信任关系的功能是通过 Kerberos 安全协议完成的,因此有时也被称为 Kerberos 信任。有时信任关系并不是由加入域或用户创建产生的,而是由彼此之间的传递得到的,这种信任关系也被称为隐含的信任关系。

但是不同的域林和域树产生的多个不同域之间的信任关系,必须由管理员手动创建。

2.2　任务 1　Windows Server 2008 域控制器的安装

2.2.1　任务描述

在 Windows Server 2008 中创建域控制器、子域、额外域控制器、第二棵域树,并使客户机登录到域。

2.2.2　任务分析

使用多台运行 Windows Server 2008 的服务器创建域控制器、子域、额外域控制器、第二棵域树,并使客户机登录到域,管理员的具体任务如下。

(1) 创建第一台域控制器。

(2) 创建子域。

(3) 创建额外域控制器。

(4) 创建域林中的第二棵域树。

(5) 客户机登录到域。

2.2.3　建立第一台域控制器

1. 安装准备

活动目录是 Windows Server 2008 非常关键的服务,与许多协议和服务有着非常紧密的关系,并涉及整个操作系统的结构和安全。必须在安装前完成以下准备工作。

1) 文件系统和网络协议

Windows Server 2008 所在的分区必须是 NTFS 文件系统,活动目录必须安装在 NTFS 分区,计算机正确安装了网卡驱动程序,并启用了 TCP/IP 协议,设置 IP 地址等信息,并将 TCP/IP 属性的首选 DNS 设置为本机 IP 地址(10.0.66.99/24)。

2) 安装 DNS 服务器

安装活动目录必须安装 DNS 服务,执行【开始】|【管理工具】|【服务器管理器】命令,在如图 2.16 所示的"服务器管理器"窗口,单击左侧的【控制台树】|【角色】选项,单击右侧的【添加角色】按钮。

在如图 2.17 所示的对话框中,单击选择【DNS 服务器】复选框,单击【下一步】按钮,在如图 2.18 所示的对话框中了解 DNS 服务器,单击【下一步】按钮,在如图 2.19 所示的对话框中确认 DNS 角色,单击【安装】按钮,在如图 2.20 所示的对话框中等待安装进度,完成后如图 2.21 所示,单击【关闭】按钮。

图 2.16 添加角色

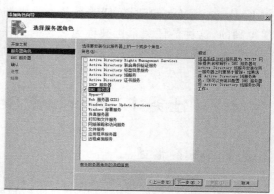

图 2.17 选择 DNS 服务器

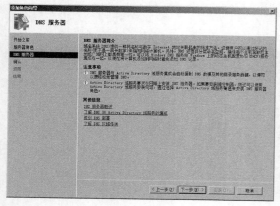

图 2.18 DNS 服务器简介

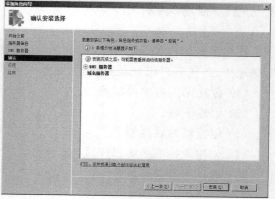

图 2.19 确认 DNS 安装

3) 域结构规划

活动目录可包含多个域,只有合理地规划目录结构,才能充分发挥活动目录的优越性。

在组建一个全新的 Windows Server 2008 网络时,所安装的第一台域控制器将生成第一个域,这个域也被称为根域,选择根域最为关键。根域名字的选择可以有以下几种方案。

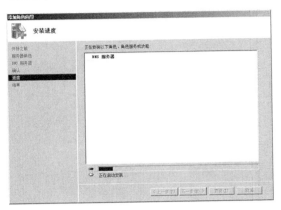

图 2.20　DNS 安装进度

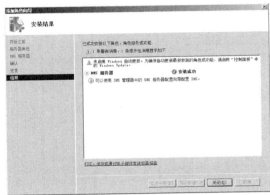

图 2.21　DNS 安装成功

(1) 使用一个已经注册的 DNS 域名作为活动目的根域名。

(2) 使用一个已经注册的 DNS 域名的子域名作为活动目录的根域名。

(3) 活动目录使用与已经注册的 DNS 域名完全不同的域名,使企业网络在内部和互联网上呈现出两种完全不同的命名结构。

(4) 域名策划

目录域名通常是该域的完整 DNS 名称,如"xyz. com"。同时,为了确保向下兼容,每个域还应当有一个与 Windows Server 2008 以前版本相兼容的名称,如"xyz"。

以图 2.22 所示的拓扑为例,在该网络的域林 1 中有两个域树:dz. cn 和 dz. net,其中,dz. cn 域树下有 test. dz. cn 子域,以及 dz. cn 的额外域控制器,域林 2 中有一棵域树 jn. cn,同一个域林的各域自动建立双向可传递的信任管理,不同域林之间通过手动的方式建立外部信任关系。

2. 安装活动目录

用户要将自己的服务器配置成域控制器,应该首先安装活动目录,执行【开始】|【管理工具】|【服务器管理器】命令,在如图 2.23 所示的"服务器管理器"窗口中,单击左侧的【控制台树】|【角色】选项,单击右侧的【添加角色】按钮。

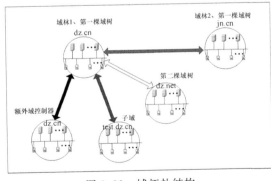

图 2.22　域拓扑结构

图 2.23　添加 AD 角色

在如图 2.24 所示对话框,单击选中【Active Directory 域服务】按钮,弹出如图 2.25 所示的对话框,单击【添加必要功能】按钮,而后在如图 2.26 所示的对话框中单击【下一步】按钮,在如图 2.27 所示的对话框中了解 Active Directory 域服务,单击【下一步】按钮,在如图 2.28 所示的对话框中确认安装角色,单击【安装】按钮,在如图 2.29 所示的对话框中等待安装进度,完成后如图 2.30 所示。

图 2.24　选择 AD 域服务

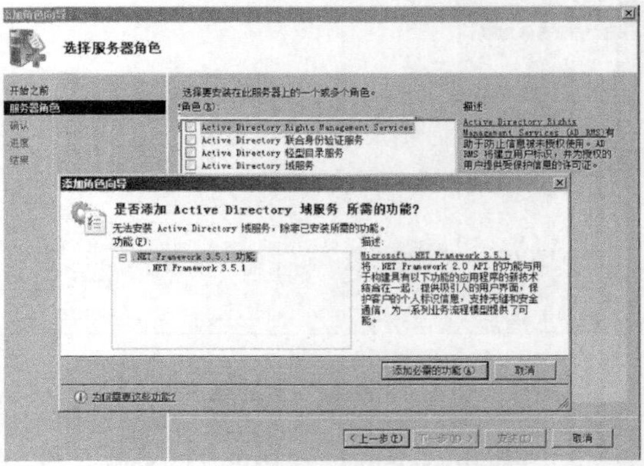

图 2.25　添加必要功能

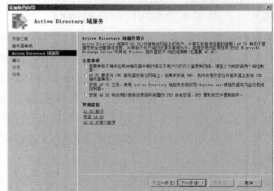

图 2.26　AD 域服务选中

图 2.27　AD 域服务简介

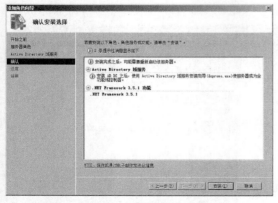

图 2.28　确认安装选择

图 2.29　AD 安装进度

3．安装域控制器

用户要将自己的服务器配置成域控制器，应该首先安装活动目录，执行【开始】|【管理工具】|【服务器管理器】命令，在如图 2.31 所示的"服务器管理器"窗口中，单击左侧的【控制台树】|【角色】选项，单击右侧的【Active Directory 域服务】按钮，在如图 2.32 所示的对话框中单击【Active Directory 域服务安装向导（dcpromo.exe）】按钮。

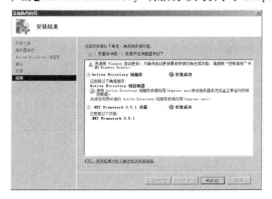

图 2.30 AD 安装成功

图 2.31 AD 域服务

在如图 2.33 所示的对话框中，单击选中【使用高级模式安装（A）】复选框，而后单击【下一步】按钮，在如图 2.34 所示的对话框中了解操作系统兼容性，单击【下一步】按钮，在如图 2.35 所示的对话框中，单击选中【在新林中新建域（D）】按钮，而后单击【下一步】按钮，在如图 2.36 所示的对话框中输入域林的名称（dz.cn），单击【下一步】按钮，系统检查域林的名称，如图 2.37 所示。检查完成后，在如图 2.38 所示的对话框中，确认 NetBIOS 名称（DZ），单击【下一步】按钮，在如图 2.39 所示的对话框中，设置林功能级别为【Windows 2000】，各功能级别见表 2-1，单击【下一步】按钮，在如图 2.40 所示的对话框中，设置域功能级别为【Windows 2000 纯模式】，各功能级别见表 2-2，单击【下一步】按钮，在如图 2.41 所示的对话框中，单击【下一步】按钮。注：林和域的功能级别越高，兼容性越小，但是能使用更多域的功能，功能级别的提升是单向的，如选择 Windows Server 2008 的林功能级别，就不能再降为 Windows Server 2003 或是 Windows 2000。

图 2.32 dcpromo.exe

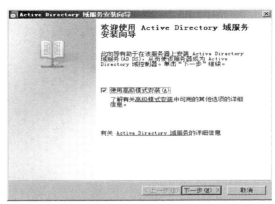

图 2.33 高级模式安装

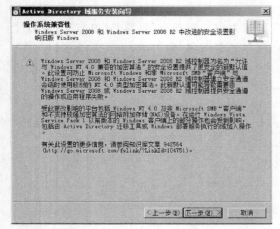

图 2.34　操作系统兼容性简介　　　　　　图 2.35　部署配置

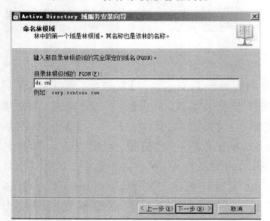

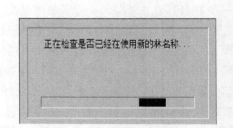

图 2.36　目录林根域名　　　　　　　　　图 2.37　检查域林名称

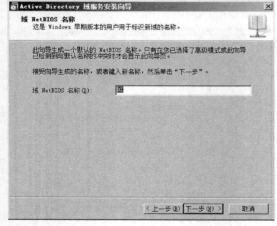

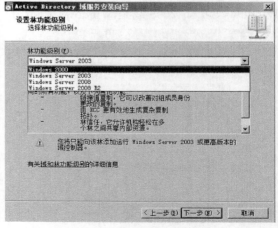

图 2.38　域 NetBIOS 名称　　　　　　　　图 2.39　林功能级别

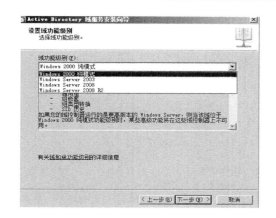
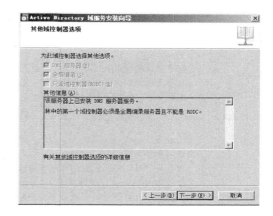

图 2.40 域功能级别 | 图 2.41 其他域控制器选项

表 2-1 林功能级别

林功能级别	启用的功能	支持操作系统
Windows 2000	所有默认的 Active Directory 功能	Windows 2000 Windows Server 2003 Windows Server 2008
Windows Server 2003	所有默认的 Active Directory 功能及以下功能:林信任;域重命名;链接值复制(组成员身份中的更改为各个成员存储并复制值,而不是作为单个单位复制整个成员身份),在复制期间此更改会导致较低的网络带宽和处理器使用率,且在不同域控制器中同时添加或删除不同成员时会消除丢失更新的可能性 部署运行 Windows Server 2008 的 RODC 改进的知识一致性检查器(KCC)的算法和可伸缩性。站点间拓扑生成器(ISTG)使用改进的算法,可缩放以支持具有远远大于在 Windows 2000 林功能级别上所支持站点的数量的林 在域目录分区中创建动态辅助类(dynamicObject)的实例的功能 将 inetOrgPerson 对象实例转换为用户对象实例的功能,反之亦然。创建新组(称为应用程序基本组和轻型目录访问协议(LDAP)查询组)类型的实例以支持基于角色的身份验证的功能 在架构中停用并重新定义属性和类别	Windows Server 2003 Windows Server 2008
Windows Server 2008	Windows Server 2003 林功能级别上可用的所有功能,而不是任何其他功能。但在默认情况下,随后添加到林的所有域,将在 Windows Server 2008 域功能级别进行操作 如果计划仅包括在整个林中运行 Windows Server 2008 的域控制器,则为便于进行管理可以选择此林功能级别。如果这样做,将永远不必为在林中创建的每个域提升域功能级别	Windows Server 2008
Windows Server 2008 R2	Windows Server 2003 林功能级别上可用的所有功能及以下功能: 在 AD DS 运行时提供还原整个已删除对象功能的回收站。在默认情况下,随后添加到林的所有域都将以 Windows Server 2008 R2 域功能级别运行 如果计划仅包括在整个林中运行 Windows Server 2008 R2 的域控制器,则为便于进行管理可以选择此林功能级别。如果这样做,将永远不必为在林中创建的每个域提升域功能级别	Windows Server 2008 R2

　　系统会检测是否有已安装好的 DNS,如果没有安装 DNS 服务器,系统会自动选择 "DNS 服务器"复选框来一并安装 DNS 服务,实现域控制器和 DNS 的功能的集成。由于本机安装了 DNS 服务器,林中的第一台域控制器必须是全局编录服务器,且不能是只读域控制器(RODC),所以这 3 项为不可选状态。

表 2-2　域功能级别

域功能级别	启用的功能	支持操作系统
Windows 2000 纯模式	所有默认的 Active Directory 功能及以下功能： 与分发组和安全组对应的通用组；组嵌套；组转换，可在安全组与分发组之间进行转换；安全标识符（SID）历史记录	Windows 2000 Windows Server 2003 Windows Server 2008
Windows Server 2003	所有默认的 Active Directory 功能、所有来自 Windows 2000 本机模式域功能级别的功能，以及以下功能： 域管理工具 Netdom.exe 可用于为域控制器重命名作准备 登录时间戳更新，将使用用户或计算机的上次登录时间来更新 lastLogonTimestamp 属性。可以在域内复制该属性。请注意，如果只读域控制器（RODC）对账户进行身份验证，则可能不会更新该属性。 可以将 userPassword 属性设置为 inetOrgPerson 对象和用户对象上的有效密码 可以重定向用户和计算机容器。默认情况下，提供两个已知容器以容纳计算机和用户/组账户：cn＝Computers，＜domain root＞ 和 cn＝Users，＜domain root＞。借助此功能，可以为这些账户定义新的已知位置 授权管理器可以将其授权策略存储在 AD DS 中。 受限制的委派，使得应用程序可通过 Kerberos 身份验证协议充分利用用户凭据的安全委派。可以将委派配置为仅允许特定的目标服务 选择性身份验证支持，这可以从受信任林指定允许对信任林中资源服务进行身份验证的用户和组	Windows Server 2003 Windows Server 2008
Windows Server 2008	所有默认的 Active Directory 功能、所有来自 Windows Server 2003 域功能级别的功能，以及下列功能： SYSVOL 的分布式文件系统（DFS）复制支持，可提供 SYSVOL 内容的更稳健、更详细的复制。可执行其他步骤来使用 SYSVOL 的 DFS 复制 Kerberos 协议的高级加密服务（AES 128 和 256）支持 上次交互式登录信息，将显示用户上次成功交互式登录的时间，来自什么工作站，以及自上次登录失败的登录尝试次数 严格的密码策略，这可以为域中的用户和全局安全组指定密码和账户锁定策略	Windows Server 2008
Windows Server 2008 R2	所有默认的 Active Directory 功能、所有来自 Windows 2000 纯模式、Windows Server 2003 和 Windows Server 2008 功能级别的功能，以及以下功能： 身份验证机制保证，将用于对域用户进行身份验证的登录方法（智能卡或用户名/密码）类型信息封装在每个用户的 Kerberos 令牌中。如果在已部署联合身份管理基础结构（如 Active Directory 联合身份验证服务（AD FS））的网络环境中启用此功能，则每当用户尝试访问已部署为根据用户登录方法确定是否授权的声明感知应用程序时，都会提取令牌中的信息	Windows Server 2008 R2

　　系统开始检查 DNS 配置，如图 2.42 所示，完成后如图 2.43 所示，系统弹出无法创建 DNS 委派的警告，单击【是】按钮，继续安装，在如图 2.44 所示的对话框中，设置数据库、日志文件和 SYSVOL 文件夹的位置，从可恢复性角度建议选择不同的卷，单击【下一步】按钮，在如图 2.45 所示的对话框中输入目录服务还原模式的 administrator 的密码，单击【下一步】按钮。注：数据库存储有关用户、计算机和网络中的其他对象的信息。日志文件记录与活动目录服务有关的活动。SYSVOL 存储组策略对象和脚本。默认情况下，SYSVOL 位

于％windir％目录。如果在计算机上安装有 RAID(独立冗余磁盘阵列)或几块磁盘控制器，为了获得更好的性能和可恢复性，建议将数据库和日志文件分别存储在不包含程序或者其他非目录文件的不同卷(或磁盘)上。

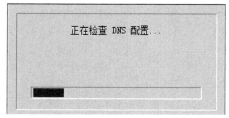

图 2.42　检查 DNS　　　　　　　　图 2.43　DNS 的委派警告

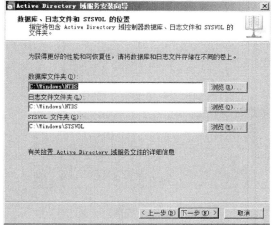

图 2.44　安装位置设置　　　　　　图 2.45　还原模式的管理员密码

　　在如图 2.46 所示的对话框中，了解服务配置选项的摘要信息，单击【下一步】按钮，弹出如图 2.47 所示窗口，系统开始配置 Active Directory 域服务，配置完成后如图 2.48 所示，单击【完成】按钮，弹出如图 2.49 所示的重启对话框，单击【立即重新启动】按钮，系统重新启动后，完成 Active Directory 域服务域控制器的安装。注：活动目录安装后，执行【开始】|【管理工具】，如图 2.50 所示，Windows Server 2008 的管理工具增加了活动目录的关联菜单，【Active Directory 用户和计算机】用于管理活动目录的对象、组策略和权限等；【Active Directory 域和信任关系】用于管理活动目录的域和信任关系；【Active Directory 站点和服务】用于管理活动目录的物理结构站点。

　　活动目录安装后，服务器的开机和关机时间变长，系统的执行速度也变慢，所以如果用户对某个服务器没有特别要求或不把它作为域控制器来使用，可将该服务器上的活动目录删除，执行【开始】|【运行】，输入 dcpromo 命令，然后单击执行【确定】按钮，打开"Active Directory 域服务安装向导"对话框，并按向导的步骤进行删除，本章不再详述。

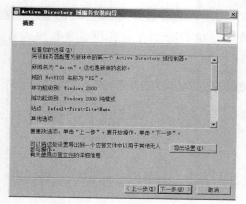

图 2.46　安装选项摘要

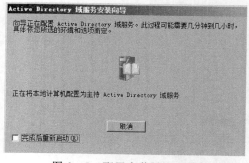

图 2.47　配置安装域服务器

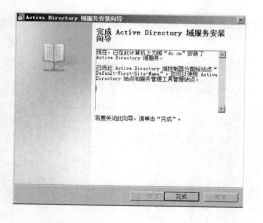

图 2.48　域服务安装完成

图 2.49　域服务器重启生效

4. 验证域控制器安装成功

1）方法一

域中的所有对象都依赖于 DNS 服务，首先应该确认与域控制器集成的 DNS 服务器的安装是否正确。执行【开始】|【管理工具】|【DNS】命令，在 DNS 管理器窗口中，执行【正向查找区域】命令，显示了与域控制器集成的正向查找区域的多个子目录（如 dz.cn），如图 2.51 所示，这是域控制器安装成功的标志。

图 2.50　活动目录菜单

图 2.51　域服务器重启生效

2）方法二

执行【开始】|【管理工具】命令，其有活动目录的关联菜单并可以使用，如执行【Active Directory 用户和计算机】命令，在如图 2.52 所示的窗口中，执行【Domain Controllers】命令，可以看到安装成功的域控制器。此外，执行【开始】命令，右击【计算机】执行【属性】命令，可查看域名表示的域控制器的完整域名。

3）方法三

执行【开始】|【运行】命令，输入 cmd，而后单击【确定】按钮，输入【ping dz. cn】命令并单击【Enter 键】确定，若能 ping 通则代表域控制器成功安装，如图 2.53 所示。

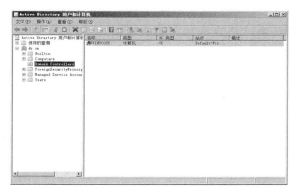

图 2.52　活动目录菜单　　　　　　　图 2.53　域服务器重启生效

2.2.4　创建子域

1. 创建子域准备

1）充分权限账户

被提升为子域的计算机必须是已加入域的成员，并且以 Active Directory 中 Domain Admins 组或 Enterprise Admins 组的用户账户登录到域控制器，否则将会被提示无权提升域控制器。

2）操作系统版本的兼容性

被提升为子域控制器的计算机必须安装 Windows Server 2008（Windows Server 2008 Web Edition 除外）或 Windows Server 2003 操作系统。

3）正确配置 DNS 服务器

必须将当前计算机的 DNS 服务器指向主域控制器，并且保证域控制器的 DNS 已经被正确配置，否则将会被提示无法联系到 Active Directory 域控制器。

4）域名长度

Active Directory 域名最多包含 64 个字符或 155 字节。

2. 创建子域

创建子域的过程和创建主域控制器的过程基本相似，下面以在 dz. cn 的域下面创建的 test 子域为例。

1) 安装【DNS 服务器】和【Active Directory 域服务】角色

首先确认本地网卡的 TCP/IP 属性的首选 DNS 指向了域控制器(父域 dz.cn 的 10.0.66.99/24),同时确认本机 IP 地址(10.0.66.199/24)和域控制器在同一个网段,而后按照"创建第一台域控制器"的方法,安装【DNS 服务器】和【Active Directory 域服务】角色。

2) 创建子域控制器

执行【开始】|【管理工具】|【服务器管理器】命令,在服务器管理器窗口,单击左侧【控制台树】|【角色】选项,单击右侧的【Active Directory 域服务】按钮,而后单击【Active Directory 域服务安装向导(dcpromo.exe)】按钮启动安装向导,连续单击【下一步】按钮。

直到弹出如图 2.54 所示的对话框,单击选中【现有林】|【在现有林中新建域】按钮,而后单击【下一步】按钮,在如图 2.55 所示的对话框中输入执行安装的账户凭据(本例使用域管理员 lchh),而后单击【确定】按钮,在如图 2.56 所示的对话框中输入命名新域:父域(dz.cn),子域(test),单击【下一步】按钮,在如图 2.57 所示的对话框中确认 NetBIOS 名称(本例使用默认的 TEST,建议不要更改)。

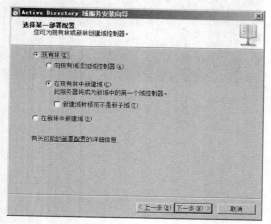

图 2.54　现有林

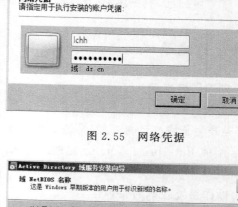

图 2.55　网络凭据

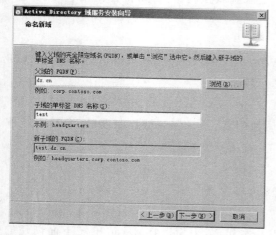

图 2.56　命名新域

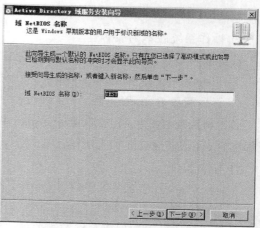

图 2.57　NetBIOS 名称

连续单击【下一步】按钮,直到弹出如图 2.58 所示的摘要对话框,此时会发现新的域名中包含父域的域名,单击【下一步】按钮,开始安装子域,如图 2.59 所示。安装完成后,弹出如图 2.60 所示的对话框,单击【完成】按钮,在如图 2.61 所示的重启对话框中,单击【立即重新启动】按钮,计算机重启后完成子域创建。执行【开始】|【管理工具】|【Active Directory 域和信任关系】命令,单击【dz.cn】按钮,如图 2.62 所示,看到【test.dz.cn】子域创建成功。

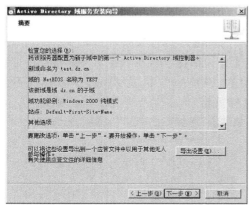

图 2.58　命名新域　　　　　　　　　　图 2.59　NetBIOS 名称

图 2.60　命名新域　　　　　　　　　　图 2.61　重新启动

2.2.5　创建额外域控制器

通常一个功能强大的网络中至少应设置两台域控制器,即一台主域控制器和一台额外域控制器。网络中的第一台安装活动目录的服务器通常会默认被设置为主域控制器,其他域控制器(可以有多台)称为额外域控制器,主要用于主域控制器出现故障时及时接替其工作,继续提供各种网络服务,不致造成网络瘫痪,以及备份数据的作用。

创建额外域控制器的准备条件与子域的创建相同。

1. 安装【DNS 服务器】和【Active Directory 域服务】角色

首先确认本地网卡的 TCP/IP 属性的首选 DNS 指向了域控制器(父域 dz.cn 的 10.0.

66.99/24），同时确认本机 IP 地址（10.0.66.199/24）和域控制器在同一个网段，而后按照"创建第一台域控制器"的方法，安装【DNS 服务器】和【Active Directory 域服务】角色。

2. 创建额外域控制器

执行【开始】|【管理工具】|【服务器管理器】命令，在"服务器管理器"窗口，单击左侧的【控制台树】|【角色】选项，单击右侧的【Active Directory 域服务】按钮，而后单击【Active Directory 域服务安装向导（dcpromo.exe）】按钮启动安装向导，连续单击【下一步】按钮。

直到弹出如图 2.63 所示的对话框，单击选中【现有林】|【向现有域添加域控制器】按钮，而后单击【下一步】按钮，在如图 2.64 所示的对话框中输入执行安装的账户凭据（本例使用域管理员 lchh），而后单击【确定】按钮，连续单击【下一步】按钮，在如图 2.65 所示的对话框中设置域数据的来源（本例使用默认的【通过网络从现有域控制器复制数据】，建议不要更改），而后参照安装子域的方法操作，完成后计算机重新启动，额外域控制器配置完成。

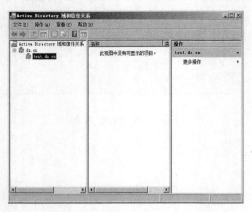

图 2.62　新建的子域

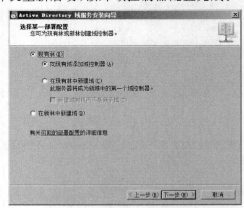

图 2.63　附加域控制器

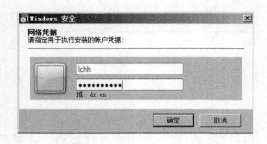

图 2.64　网络凭据

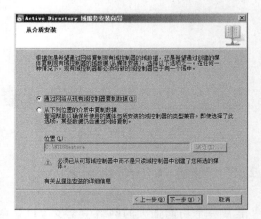

图 2.65　附加域控制器

2.2.6　创建域林中的第二棵域树

1. 在 DNS 服务器新建区域

活动目录和 DNS 服务器密不可分，所以在域林中安装第二棵域树 dz.net 时，DNS 服务

器要作一定的设置:在 dz.cn 域树中,首选 DNS 服务器 IP 地址为 10.0.66.99,仍然使用该 DNS 服务器作为 dz.net 域的 DNS 服务器,然后在 dz.cn 服务器上创建新的 DNS 区域 dz.net。其具体操作步骤如下:执行【开始】|【管理工具】|【DNS】命令,在窗口中,右击【正向查找区域】执行【新建区域】命令,如图 2.66 所示。在如图 2.67 所示的新建区域向导对话框中,单击【下一步】按钮,在如图 2.68 所示的区域类型对话框中,单击选中【主要区域】,而后单击【下一步】按钮,在如图 2.69 所示的对话框中,单击选中【至此域中域控制器上运行的所有 DNS 服务器(D):dz.cn】,而后单击【下一步】按钮,在如图 2.70 所示的区域名称对话框中输入【dz.net】,而后单击【下一步】按钮,在如图 2.71 所示的动态更新对话框中,单击选中【只允许安全的动态更新(适合 Active Directory 使用)(S)】选项,而后单击【下一步】按钮,在如图2.72所示的对话框中,单击【完成】按钮。dz.net 完成后如图 2.73 所示。

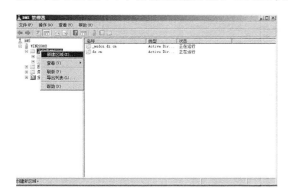

图 2.66　DNS 管理器　　　　　　　　　图 2.67　新建区域向导

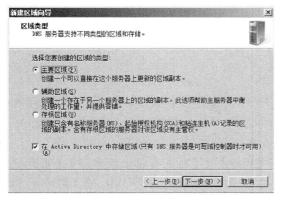
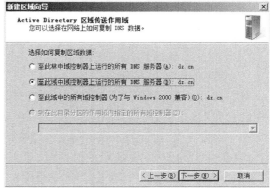

图 2.68　主要区域　　　　　　　　　图 2.69　AD 传送作用域

2. 安装 dz.net 域控制器

在另外一台服务器上安装与设置 dz.net 域树的域控制器,准备条件与子域的创建相同,具体的操作步骤如下。

1) 安装【DNS 服务器】和【Active Directory 域服务】角色

首先确认本地网卡的 TCP/IP 属性的首选 DNS 指向了域林(10.0.66.99/24),同时确认本机 IP 地址(10.0.66.199/24)和域控制器在同一个网段,而后按照"创建第一台域控制器"的方法安装【DNS 服务器】和【Active Directory 域服务】角色。

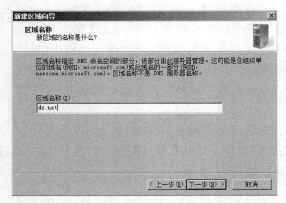

图 2.70　区域名称

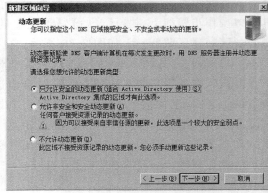

图 2.71　动态更新

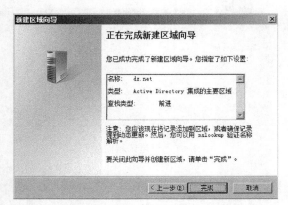

图 2.72　完成创建

图 2.73　dz.net

2) 创建 dz.cn 域控制器

执行【开始】|【管理工具】|【服务器管理器】命令,在服务器管理器窗口中,单击左侧的【控制台树】|【角色】选项,单击右侧的【Active Directory 域服务】按钮,而后单击【Active Directory 域服务安装向导(dcpromo.exe)】按钮启动安装向导,连续单击【下一步】按钮。

直到弹出如图 2.74 所示的对话框,单击选中【现有林】|【在现有林中新建域】|【新建域树根而不是新子域】选项,单击【下一步】按钮,在如图 2.75 所示的对话框中,输入域林的名称(dz.cn)并指定账户凭据(本机已使用了具有管理员权限的域用户登录,也可指定备用凭据),而后单击【下一步】按钮。在如图 2.76 所示的对话框中,输入新域树的名称(dz.net),系统检测后,使用默认的如图 2.77 所示的(DZ0)域 NetBIOS 名称,而后参照新建域的方法操作,直到完成并重新启动计算机,重新启动后,计算机自动退出 dz.cn 域并成为第二棵域树 dz.net。

执行【开始】|【管理工具】|【Active Directory 域和信任关系】命令,在如图 2.78 所示的域林中的多棵域树同时显示,执行【开始】|【管理工具】|【Active Directory 用户和计算机】命令,dz.net 域树显示当前域树的信息,如图 2.79 所示。

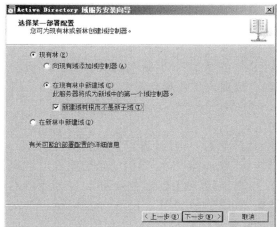

图 2.74 新建域树

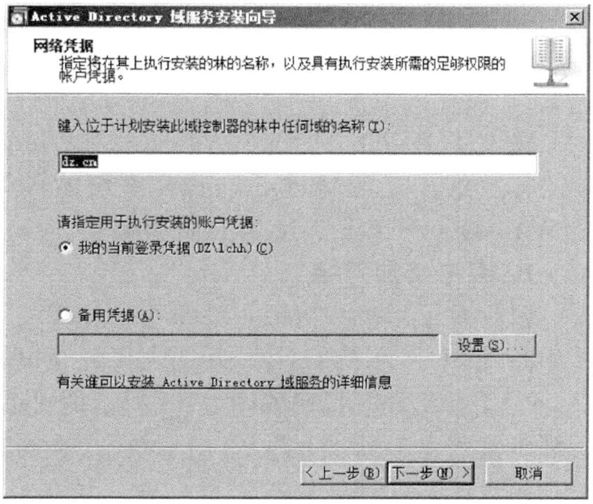

图 2.76 新域树名称

图 2.75 网络凭证

图 2.77 域 NetBIOS 名称

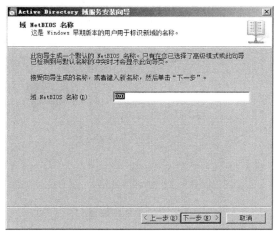

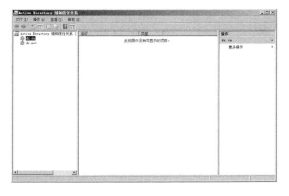

图 2.78 AD 域和信任关系

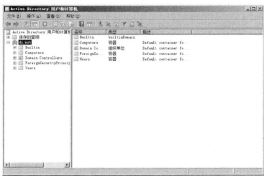

图 2.79 AD 用户和计算机

2.2.7 客户机登录到域

安装了 Windows XP Professional、Windows Server 2008 等系统的计算机都可以成为域的客户机。安装 Microsoft 操作系统的各类客户机加入域的操作过程十分相似,本书仅以 Windows Server 2008 客户机为例。

1. 客户机加入域

以具有管理员权限账户登录本地计算机,单击【开始】,右击【计算机】执行【属性】命令,在如图 2.80 所示的对话框中,单击【更改设置】按钮,在如图 2.82 所示的系统属性对话框中,单击【更改】按钮,在如图 2.83 所示的对话框中,单击【其他】按钮,在如图 2.81 所示的对话框中输入主 DNS 后缀(dz.cn),单击【确定】按钮,在返回的如图 2.83 所示的对话框的隶属于栏目中,单击【域】按钮,而后输入域名(dz.cn),单击【确定】按钮,在如图 2.84 所示的 Windows 安全对话框中,输入域服务器提供的有管理员权限的账户(lchh)和密码,单击【确定】按钮,域服务验证账户和密码通过后,弹出如图 2.85 所示的欢迎加入 dz.cn 域,表示加入域成功。单击【确定】按钮,系统提示重新启动计算机更改生效,根据提示重启计算机,应用加入域的所有更改。

图 2.80　计算机信息　　　　　　　　　图 2.81　系统属性

图 2.82　计算机信息

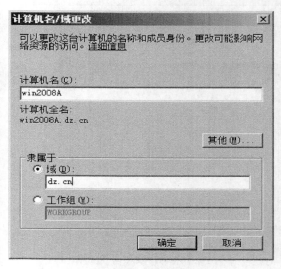

图 2.83　系统属性

图 2.84　Windows 安全

图 2.85　成功加入域

2. 客户机登录域

计算机加入域,并完成重新启动后,在如图 2.86 所示的登录对话框中按【CTRL＋ALT＋DELETE】组合键,在如图 2.87 所示的对话框中单击【切换用户】按钮,在如图 2.88 所示的对话框中单击【其他用户】按钮,在如图 2.89 所示的对话框中输入域服务器提供的账户(lchh)和密码,而后单击向右的箭头按钮,通过域服务器验证后可以登录到域(dz.cn)。

图 2.86　登录界面

图 2.87　切换用户

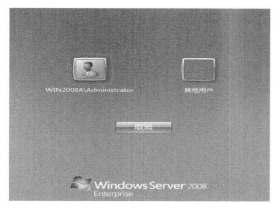

图 2.88　其他用户

图 2.89　域账户和密码

如果希望退出域,必须使用具有管理员权限的账户登录本地计算机,如图 2.87 所示的本地计算机登录界面(WIN2008A\Administrator)。步骤类似于加入域,只是在如图 2.83 所示的对话框中,单击选中【工作组】并输入工作组的名称,单击【确定】按钮完成。

2.3 任务2 Windows Server 2008 活动目录的管理

2.3.1 任务描述

在安装了活动目录的 Windows Server 2008 的计算机进行用户和计算机管理、域和信任关系管理、站点复制服务管理。

2.3.2 任务分析

使用 4 台运行 Windows Server 2008 的服务器创建域控制器、子域、附加域控制器、第二棵域树,并使客户机登录到域,管理员的具体任务如下。

(1) 活动目录用户和计算机。

(2) 活动目录域和信任关系。

(3) 活动目录站点复制服务。

2.3.3 活动目录用户和计算机

以管理员权限的用户账户登录域服务器,执行【开始】|【管理工具】|【Active Directory 用户和计算机】命令,在 Active Directory 用户和计算机窗口中进行如下操作。

1. 客户机管理

如图 2.90 所示,执行【dz. cn】|【Computers】命令,可显示当前登录到域的客户机,即成员服务器和工作站,选择其中的计算机可对其进行管理和设置。

2. 域控制器管理

如图 2.91 所示,执行【dz. cn】|【Domain Controllers】命令,可显示当前域中的域控制器计算机,选择其中的计算机可对其进行管理和设置。

3. 域组管理

如图 2.92 所示,执行【dz. cn】|【Builtin】命令,可显示当前域中的各种权限的域组,选择其中的域组可对其进行管理和设置,也可添加、删除域组。

4. 域用户管理

如图 2.93 所示,执行【dz. cn】|【Users】命令,可显示当前域中的所有用户账户,选择其中的用户可对其进行管理和设置,也可添加、删除域用户。

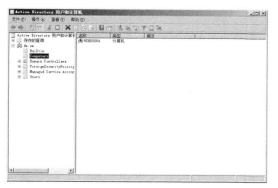

图 2.90 Computers

图 2.91 Domain Controllers

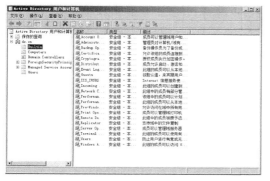

图 2.92 Builtin

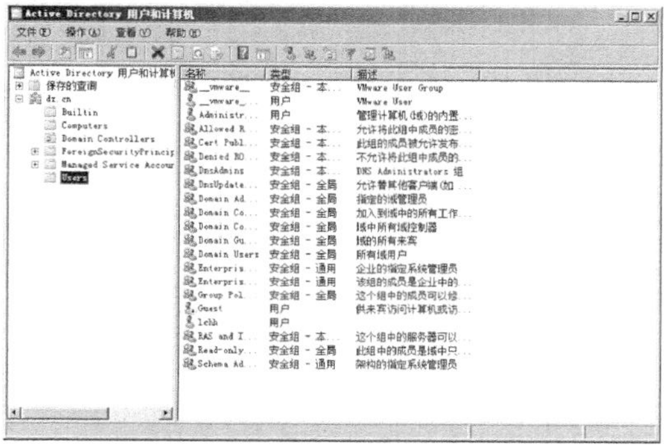

图 2.93 Users

5. 组织单元（Organizational Unit，OU）

如图 2.94 所示（此图中 OU 的汉语翻译为组织单位），右击【dz.cn】执行【新建】|【组织单元】命令，在如图 2.95 所示的对话框中，输入组织单元的名称，其中复选项【防止容器被意外删除】如果被选中，则无法删除组织单元，否则用户可以删除组织单元，单击【确定】按钮，完成组织单元的创建，它是一个容器对象，可以把域中的对象（用户、组、计算机等）组织成逻辑组，以简化管理工作，反映企业实际的用户组织构架。

图 2.94 组织单元

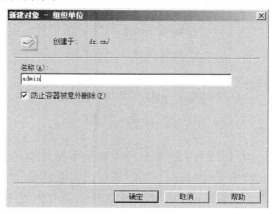

图 2.95 创建组织单元

2.3.4 活动目录域和信任关系

首先使用创建第一台域控制器(dz. cn)的方法,创建第二台域控制器(jn. cn),本例以在 jn. cn 域服务器上创建双向信任关系讲述。

执行【开始】|【管理工具】|【Active Directory 域和信任关系】命令,在窗口中右击【jn. cn】执行【属性】命令,如图 2.96 所示,在如图 2.97 所示的属性对话框中,单击【新建信任(N)…】按钮,弹出如图 2.98 所示的"新建信任向导",单击【下一步】按钮,在如图 2.99 所示的对话框中,输入被信任的域名(dz. cn),单击【下一步】按钮。

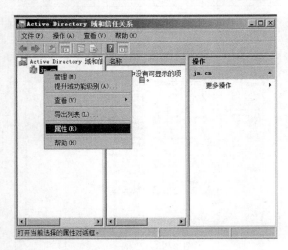

图 2.96 域和信任关系

图 2.97 信任属性

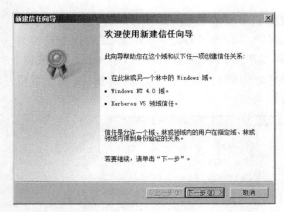

图 2.98 新建信任向导

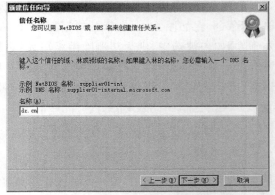

图 2.99 被信任域名称

在如图 2.100 所示的对话框中设置信任方向,单击选中【双向(T)】单选按钮,单击【下一步】按钮,在如图 2.101 所示的对话框中,单击选中【此域和指定的域(O)】单选按钮,单击【下一步】按钮,在如图 2.102 所示的对话框中,输入指定域(dz. cn)的管理员权限的用户账户名称和密码,单击【下一步】按钮,通过对方账户验证后,在如图 2.103 所示的对话框中,确认所选择的信任关系,单击【下一步】按钮,系统开始创建信任关系,完成后如图 2.104 所示,显示信任关系创建成功。单击【下一步】按钮,在如图 2.105 所示的对话框中,单击选中

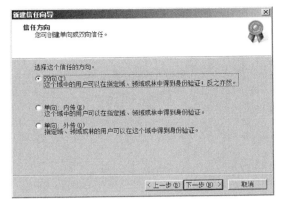

图 2.100　信任方向

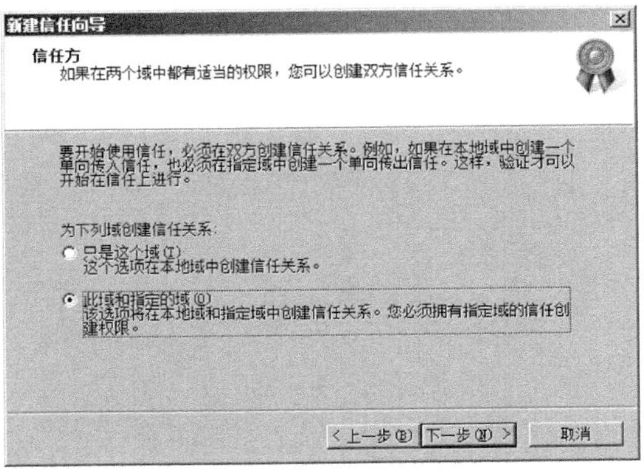

图 2.101　信任方

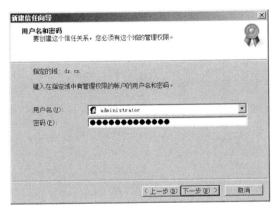

图 2.102　被信任域的管理权限

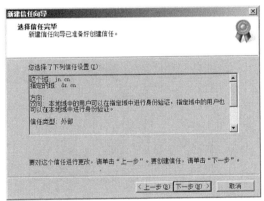

图 2.103　信任关系确认

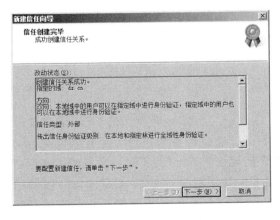

图 2.104　信任创建完毕

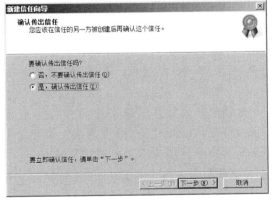

图 2.105　确认传出信任

【是，确认传出信任(Y)】单选按钮，单击【下一步】按钮，在如图 2.106 所示的对话框中，单击选中【是，确认传入信任(Y)】单选按钮，单击【下一步】按钮，在如图 2.107 所示的对话框中，单击【完成】按钮，新建信任关系完成。如图 2.108 所示的对话框，显示了创建的信任关系。

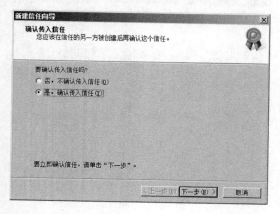

图 2.106　确认传入信任

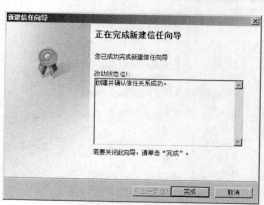

图 2.107　完成新建信任

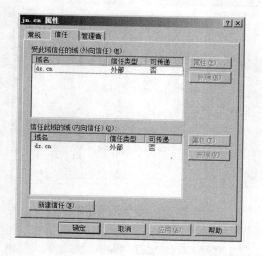

图 2.108　信任域

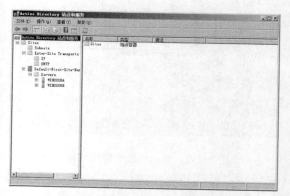

图 2.109　AD 站点和服务

2.3.5　活动目录站点复制服务

活动目录站点复制服务，就是将同一 Active Directory 站点的数据内容，保存在网络中不同的位置，以便于所有用户的快速调用，同时还可以起到备份的作用。Active Directory 站点复制服务使用的是多主机复制模型，允许在任何域控制器上(而不只是委派的主域控制器上)更改目录。Active Directory 依靠站点概念来保持复制的效率，并依靠知识一致性检查器(KCC)来自动确定网络的最佳复制拓扑。Active Directory 站点复制可以分为站点间复制和站点内复制。

1. 站点间复制

站点间复制,主要是指发生在处于不同地理位置的主机之间的 Active Directory 站点复制。站点之间的目录更新可根据可配置的日程安排自动进行。在站点之间复制的目录更新被压缩以节省带宽。

Active Directory 站点复制服务,使用户提供的关于站点连接的信息,自动建立最有效的站点间复制拓扑。每个站点被指派一个域控制器(称为站点间拓扑生成程序)以建立该拓扑,使用最低开销跨越树算法,以消除站点之间冗余复制路径。站点间复制拓扑将定期更新,以响应网络中发生的任何更改。

Active Directory 站点复制服务,通过最小化复制的频率,以及允许安排站点复制链接的可用性,来节省站点之间的带宽。在默认情况下,跨越每个站点链接的站点间每 180 分钟(3 小时)进行一次复制,可以通过调整该频率来满足自己的具体需求。要注意的是,提高此频率将增加复制所用的带宽。此外,还可以安排复制所用的站点链接的可用性,可以将复制限制在每周的特定日子和每天的具体时间。

2. 站点内复制

站点内复制可实现速度优化,站点内的目录更新根据更改通知自动进行。在站点内复制的目录更新并不压缩。

每个域控制器上的知识一致性检查器(KCC),使用双向环式设计自动建立站内复制的最有效复制拓扑。这种双向环式拓扑至少将为每个域控制器创建两个连接(用于容错),任意两个域控制器之间不多于三个跃点(以减少复制滞后时间)。为了避免出现多于三个跃点的连接,此拓扑可以包括跨环快捷连接。

KCC 定期更新复制拓扑,站点内的复制根据更改通知而自动进行。当在某个域控制器上执行目录更新时,站内复制就开始了。在默认情况下,源域控制器等待 15 秒,然后将更新通知发送给最近的复制伙伴。如果源域控制器有多个复制伙伴,在默认情况下将以 3 秒为间隔向每个伙伴相继发出通知。当接收到更改通知后,伙伴域控制器将向源域控制器发送目录更新请求,源域控制器以复制操作响应该请求。3 秒的通知间隔可避免来自复制伙伴的更新请求同时到达,而使源域控制器应接不暇。

对于站点内的某些目录更新,复制会立即发生。立即复制称为紧急复制,应用于重要的目录更新,包括账户锁定的指派以及账户锁定策略、域密码策略或域控制器账户上密码的更改。

3. 管理复制

Active Directory 依靠站点配置信息来管理和优化复制过程。在某些情况下,Active Directory 可自动配置这些设置。此外,用户可以执行【开始】|【管理工具】|【Active Directory 站点和服务】命令,如图 2.109 所示,可更改域林,更改域控制器,配置网络与站点相关的信息,新建和配置站点链接、站点链接桥,设置服务器等。

2.4　小　结

本章首先介绍了 Windows Server 2008 域和活动目录的相关知识,重点介绍了 Windows Server 2008 域控制器的安装域配置、Windows Server 2008 客户机登录域、Windows Server 2008 活动目录管理等。

2.5　项目实训　活动目录的安装与管理

1. 实训目标

(1) 理解四种不同的类型域。

(2) 掌握四种不同类型域的安装。

(3) 理解活动目录的信任关系。

(4) 掌握创建域之间的信任关系。

2. 实训环境

1) 硬件

7 台计算机,计算机配置要求 CPU 最低 2.0 GHz,4 台 X64 位处理器的计算机分别命名为 A、B、C、D,2 台 X86 处理器的计算机命名为 E、F,内存不小于 1 GB,硬盘不小于 40 GB,有 DVD 光驱和网卡,并通过交换机互连。

2) 软件

A 计算机运行 64 位的 Windows Server 2008 企业版操作系统。

B 计算机运行 64 位的 Windows Server 2008 企业版操作系统。

C 计算机运行 64 位的 Windows Server 2008 企业版操作系统。

D 计算机运行 64 位的 Windows Server 2008 企业版操作系统。

E 计算机运行 32 位的 Windows Server 2008 企业版操作系统。

F 计算机运行 32 位的 Windows XP Professional 操作系统。

G 计算机运行 64 位的 Windows Server 2008 企业版操作系统。

3. 实训要求

(1) A 计算机:IP 地址为 192.168.0.1/24,首选 DNS 服务器为 192.168.0.1,在服务器上安装域名为 student.com 的域控制器,域林为 student.com。

(2) B 计算机:IP 地址为 192.168.0.2/24,首选 DNS 服务器为 192.168.0.1,在服务器上安装域名为 student.com 的额外域控制器。

(3) C 计算机:IP 地址为 192.168.0.3/24,首选 DNS 服务器为 192.168.0.1,在服务器上安装域名为 student.net 的第二棵域树,与 A 计算机同一域林。

(4) D 计算机:IP 地址为 192.168.0.4/24,首选 DNS 服务器为 192.168.0.1,在服务器上安装域名为 test.student.com 子域。

(5) E 计算机:IP 地址为 192.168.0.5/24,首选 DNS 服务器为 192.168.0.1,为加入 student.com 域的成员服务器。

(6) F 计算机:IP 地址为 192.168.0.6/24,首选 DNS 服务器为 192.168.0.1,为加入 student.com 域的客户机。

(7) G 计算机:IP 地址为 192.168.0.6/24,首选 DNS 服务器为 192.168.0.6,在服务器上安装域名为 friend.com 的域控制器,域林为 friend.com。

（8）建立信任关系：建立 student. com 和 friend. com 域的双向信任关系。

4. 实训评价

实训评价表					
	内　　　容		评　　价		
	学习目标	评价项目	3	2	1
职业能力	掌握四种类型域的安装	熟练安装四种类型域			
	掌握客户端加入域	熟练地将客户端加入域			
	掌握不同域的信任关系创建	熟练创建不同域的信任关系			
通用能力	交流表达能力				
	与人合作能力				
	沟通能力				
	组织能力				
	活动能力				
	解决问题的能力				
	自我提高的能力				
	革新、创新的能力				
综合评价					

2.6　习　题

1. 填空题

（1）域中的计算机分类＿＿＿＿＿、＿＿＿＿＿＿＿、＿＿＿＿＿＿＿、＿＿＿＿＿＿。

（2）Windows 系统若使用 Microsoft 上的共享资源必须安装＿＿＿＿＿＿＿。

（3）Windows 系统若提供共享资源必须安装＿＿＿＿＿＿＿。

（4）Windows Server 2008 域的信任关系分为＿＿＿、＿＿＿、＿＿＿、＿＿＿。

（5）域中的子域和父域的信任关系是＿＿＿＿＿、＿＿＿＿＿。

2. 选择题

（1）下列（　　）不是域控制器存储了所有的域范围内的信息。

A. 安全策略信息　　　　　　　　B. 用户身份验证信息

C. 工作站分区信息　　　　　　　D. 账户信息

（2）活动目录和（　　）的关系密不可分，可使用此服务器定位各种资源。

A. DHCP　　　　B. FTP　　　　C. HTTP　　　　　　D. DNS

（3）安装活动目录后，管理工具增加的菜单是（　　）。

A. Active Directory 用户和计算机　B. Active Directory 域和信任关系

C. Active Directory 站点和服务　　D. 以上都是

（4）活动目录的逻辑结构包括（　　）。

A. 域林   B. 域树   C. 域   D. 以上都是

（5）Windows Server 2008 启用网络发现功能必须启用的服务包含（　　）。

A. Worksation 服务   B. SSDP Discovery 服务

C. UPnP Device Host 服务   D. 以上都是

3. 简答题

（1）简述实现网络共享的必要条件。

（2）简述 Windows Server 2008 域控制器的作用。

（3）简述活动目录的作用。

（4）简述 Windows Server 2008 活动目录域和信任关系。

（5）简述成员服务器的作用。

第 3 章　用户和组管理

1．教学目标

（1）理解各种用户账户和组。

（2）掌握用户账户的创建和管理。

（3）掌握组的创建和管理。

2．教学要求

知识要点	能力要求	关联知识
本地用户账户	创建和管理本地用户账户	账户和密码规则
域用户账户	创建和管理域用户账户	账户的完整名称
账户属性	设置账户的各种属性	账户的各种权限
本地组	创建和管理本地组	内置本地组
域组	创建和管理域组	内置域组

3．重点难点

（1）本地用户账户。

（2）域用户账户。

（3）账户属性。

Windows Server 2008 系统是一个多用户多任务的分时操作系统,任何一个要使用系统资源的用户,都必须首先向管理员申请一个账号,然后以这个账号的身份进入系统。一方面可以帮助管理员对使用系统的用户进行跟踪,并控制他们对系统资源的访问;另一方面也可以利用组账户帮助管理员简化操作的复杂程度,降低管理的难度。

3.1　用户账户和组概述

3.1.1　用户账户

1．用户账户概述

在计算机网络中,计算机的服务对象是用户,用户通过账户访问计算机资源,所以用户也就是账户。每个用户都需要有一个账户,以便于登录到域或某台计算机并访问相关资源。

用户账户由账户名和密码组合来标识,必须是由本地计算机上 Administrators 组的成员创建的,它是 Windows Server 2008 网络上的用户唯一标识。用户账户通过验证后,登录到域或某台计算机上并访问相关资源,也可作为特定应用程序的服务账户。

2. 用户名设置规则

- 账户名必须唯一,不能与计算机上的其他用户名与组名相同,不分大小写。
- 最多包含 20 个大小写字符和数字组合。
- 不能使用非字母字符:" \ / [ ] : | < > + = ; ,? * @。
- 用户名不能只由句点(.)和空格组成。
- 为了维护计算机的安全,每个账户必须设置密码。

3. 密码设置规则

- 必须为内置 Administrator 账户分配密码,防止未经授权就使用。
- 密码的长度不超过 14 个字符。
- 密码区分大小写。
- 密码可以使用大小写字母、数字和其他合法的字符组合。

Windows Server 2008 默认启用"密码必须符合复杂性要求"密码策略,在更改或创建密码时执行复杂性要求也就是密码必须符合下列最低要求。

(1)不能包含用户的账户名,不能包含用户姓名中超过两个连续字符的部分。

(2)至少有 6 个字符长。

(3)包含以下四类字符中的三类字符:

- 英文大写字母(A~Z);
- 英文小写字母(a~z);
- 10 个基本数字(0~9);
- 非字母字符(如!、$、#、%)。

4. 域和工作组

Windows Server 2008 服务器有两种工作模式:工作组模式和域模式。域和工作组之间的区别可以归结为以下几点。

1)创建方式不同

工作组可以由任何一个计算机的管理员来创建,用户在系统的"计算机名称更改"对话框中输入新的组名,重新启动计算机后就创建了一个新组,每一台计算机都有权利创建一个组;而域只能由域控制器来创建,然后才允许其他计算机加入这个域。

2)安全机制不同

在域中有可以登录该域的账户,这些由域管理员来建立;在工作组中不存在工作组的账户,只有本机上的账户和密码。

3)登录方式不同

在工作组方式下,计算机启动后自动就在工作组中;登录域时要提交域用户名和密码,直到用户登录成功之后,才被赋予相应的权限。

5. 用户账户类型

Windows Server 2008 针对不同工作模式提供了三种类型的用户账户,分别是本地用户账户、域用户账户和内置用户账户。

1)本地用户账户

　　本地用户账户对应对等网的工作组模式,建立在非域控制器的 Windows Server 2008 独立服务器、成员服务器以及 Windows XP 客户端上。本地账户只能在本地计算机上登录,无法访问域中其他计算机资源。

　　本地计算机上都有一个管理账户数据的数据库,称为安全账户管理器(Security Accounts Managers,SAM)。SAM 数据库文件路径为系统盘下\Windows\system32\config\SAM。在 SAM 中,每个账户被赋予唯一的安全识别号(Security Identifier,SID),用户要访问本地计算机,都需要经过该机 SAM 中的 SID 验证。本地的验证过程,都由创建本地账户的本地计算机完成,没有集中的网络管理。

　　2) 域用户账户

　　域账户对应于域模式网络,域账户和密码存储在域控制器上的 Active Directory 数据库中,域数据库的路径为域控制器中的系统盘下\Windows\NTDS\NTDS. DIT。因此,域账户和密码被域控制器集中管理。用户可以利用域账户和密码登录域,访问域内资源。域账户建立在 Windows Server 2008 域控制器上,域用户账户一旦建立,会自动地被复制到同域中的其他域控制器上。复制完成后,域中的所有域控制器都能在用户登录时提供身份验证功能,账户选项设置如下。

　　(1) 用户下次登录时须更改密码 。强制用户在下次登录网络时更改自己的密码。要确保该用户是知道密码的唯一人选时启用此选项。

　　(2) 用户不能更改密码 。防止用户更改自己的密码。要对用户账户(如 Guest 账户或临时账户)保持控制时启用此选项。

　　(3) 密码永不过期。防止用户的密码过期。建议服务账户启用此选项并使用强密码。

　　(4) 用可还原的加密来储存密码。允许用户从 Apple 计算机登录到 Windows 网络。如果用户没有从 Apple 计算机登录,则不要启用此选项。

　　(5) 账户已禁用。防止用户使用选定的账户进行登录。管理员可用已禁用的账户作为公用用户账户的模板。

　　(6) 交互式登录必须使用智能卡。要求用户拥有智能卡才能以交互方式登录到网络。用户还必须具有连接到计算机的智能卡读卡器以及智能卡的有效个人标识号 (PIN)。启用此选项时,会自动将用户账户的密码设置为随机而复杂的值,并设置"密码永不过期"账户选项。

　　(7) 账户可以委派其他账户。允许在此账户下运行的服务代表网络上的其他用户账户执行操作。如果某项服务在可以委派其他账户的用户账户(也称服务账户)下运行,则可以模拟客户端访问正在运行该服务的计算机上的资源或其他计算机上的资源。在设置为 Windows Server 2008 功能级别的林中,此选项位于"委派"选项卡。根据 Windows Server 2008 setspn 命令的设置,它只能用于已分配了服务主体名称(SPN)的账户(打开命令窗口,然后键入 setspn)。这是一个安全敏感的功能,请慎重分配该功能。此选项仅在运行 Windows Server 2008 的域控制器上使用,其中将域功能设置为 Windows 2000 混合模式或 Windows 2000 本机。在运行 Windows Server 2008 并且域功能级别设置为 Windows Server 2008 林功能级别的域控制器上,使用用户属性对话框中的"委派"选项卡来配置委派设置。"委派"选项卡仅在已分配了 SPN 的账户中显示。

　　(8) 敏感账户,不能被委派。如果无法将账户(如 Guest 或临时账户)分配给其他账户进行委派,可以使用此选项。

(9) 此账户需要使用 DES 加密类型。提供对数据加密标准(DES)的支持。DES 支持多个加密级别,包括 Microsoft 点对点加密(MPPE)标准(40 位)、MPPE 标准(56 位)、MPPE 强密码(128 位)、Internet 协议安全(IPsec)DES(40 位)、IPsec 56 位 DES 和 IPsec 三重 DES(3DES)。

(10) 不要求 Kerberos 预身份验证。提供对 Kerberos 协议备用实现的支持。但在启用此选项时请保持慎重,因为 Kerberos 预身份验证提供了其他安全性,并要求客户端和服务器之间的时间同步。

3) 内置账户

Windows Server 2008 中还有一种账户叫内置账户,它与服务器的工作模式无关。当 Windows Server 2008 安装完毕后,系统会在服务器上自动创建一些内置账户,分别如下。

(1) Administrator(系统管理员)拥有最高的权限,管理着 Windows Server 2003 系统和域。系统管理员的默认名称是 Administrator,可以更改名称,但不能删除该账户。该账户无法被禁止,永远不会到期,不受登录时间和只能使用指定计算机登录的限制。

(2) Guest(来宾):是为临时访问计算机的用户提供的,该账户自动生成,且不能被删除,可以更改名称。Guest 只有很小的权限,默认情况下,该账户被禁止使用。例如,当希望局域网中的用户都可以登录到自己的计算机,但又不愿意为每一个用户建立一个账户时,就可以启用 Guest。

(3) IUSR_计算机名:用来匿名访问 Internet 信息服务器的内置,安装 IIS 后系统自动生成。

3.1.2　组

1. 组概述

组是指具有相同或者相似特性的用户集合,管理员通过组来对用户的权限进行设置,从而简化了管理。

组是指本地计算机或 Active Directory 中的对象,包括用户、联系人、计算机和其他组。在 Windows Server 2008 中,通过组来管理用户和计算机对资源的访问。如果赋予某个组访问某个资源的权限,该组的所有用户都会自动拥有该权限。例如,人事部的员工可能需要访问所有与人事管理相关的资源,这时不用逐个向该部门的员工授予对这些资源的访问权限,而是可以使员工成为人事部的成员,以使用户自动获得该组的权限。如果某个用户日后调往另一部门,只需将该用户从组中删除,所有访问权限即会随之撤销。与逐个撤销对各资源的访问权限相比,该技术比较容易实现。

一般组用于以下三个方面:
- 管理用户和计算机对于资源的访问;
- 筛选组策略;
- 创建电子邮件分配列表等。

Windows Server 2008 同样使用唯一安全标识符 SID 来跟踪组,权限的设置都是通过 SID 进行的,而不是利用组名。更改任何一个组名称,并没有更改该组的 SID,这意味着在删除组之后又重新创建该组,不能期望所有权限和特权都与以前相同。新的组将有一个新的安全标识符,旧组的所有权限和特权已经丢失。

在 Windows Server 2008 中,用组账户来表示组,用户只能通过用户账户登录计算机,不能通过组账户登录计算机。

2. 本地组

在 Windows Server 2008/2003/2000/NT 独立服务器或成员服务器、Windows XP、Windows NT Workstation 等非域控制器的计算机上创建本地组。这些组账户的信息被存储在本地安全账户数据库(SAM)内。本地组只能在本地机使用,它有两种类型:用户创建的组和系统内置的组。

3. 域组

在 Windows Server 2008 的域控制器上创建域组,组账户的信息被存储在 Active Directory 数据库中,这些组能够被应用在整个域中的计算机上。

4. 组的类型和作用域

(1) 根据组的权限不同,组可以进行如下分类。

① 安全组

被用来设置权限,如可以设置安全组对某个文件有读取的权限。

② 分布式组

用在与安全(与权限无关)无关的任务上,如可以将电子邮件发送给分布式组。系统管理员无法设置分布式组的权限。

(2) 根据组的作用范围不同,组可以进行如下分类。

① 通用组

可以指派所有域中的访问权限,以便访问每个域内的资源。具有如下特性:

- 可以访问任何一个域内的资源;
- 成员能够包含整个域目录林中任何一个域内的用户、通用组、全局组,但无法包含任何一个域内的本地域组。

② 全局组

主要用来组织用户,即可以将多个即将被赋予相同权限的用户账户加入到同一个全局组中。具有如下特性:

- 可以访问任何一个域内的资源;
- 成员只能包含与该组相同域中的用户和其他全局组。

③ 本地域组

主要被用来指派在其所属域内的访问权限,以便可以访问该域内的资源,具有如下特性:

- 只能访问同一域内的资源,无法访问其他不同域内的资源;
- 成员能够包含任何一个域内的用户、通用组、全局组以及同一个域内的域本地组,但无法包含其他域内的域本地组。

5. 内置组

Windows Server 2008 在安装时会自动创建一些组,这种组叫内置组。内置组又分为内置本地组和内置域组,内置域组又分为内置本地域组、内置全局组和内置通用组。

1）内置本地组

创建于 Windows Server 2008/2003/2000/NT 独立服务器或成员服务器、Windows XP、Windows NT 等非域控制器的"本地安全账户数据库"中,这些组在建立的同时就已被赋予一些权限,以便管理计算机。内置本地组如图 3.1 所示,简介如下。

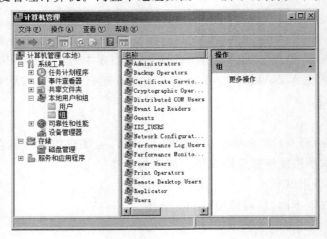

图 3.1　内置本地组

- Administrators

在系统内有最高权限,拥有赋予权限、添加系统组件、升级系统、配置系统参数、配置安全信息等权限。内置的系统管理员账户是 Administrators 组的成员。如果这台计算机加入到域中,域管理员自动加入到该组,并且有系统管理员的权限。

- Backup Operators

它是所有 Windows Server 2008 都有的组,可以忽略文件系统权限进行备份和恢复,可以登录系统和关闭系统,可以备份加密文件。

- Cryptographic Operators

已授权此组的成员执行加密操作。

- Dirtributed COM Users

允许此组的成员在计算机上启动、激活和使用 DCOM 对象。

- Event Log Readers

此组的成员可以从本地计算机中读取事件日志。

- Guests

内置的 Guest 账户是该组的成员。

- IIS_IUSRS

这是 Internet 信息服务(IIS)使用的内置组。

- Network Configuration Operators

该组内的用户可在客户端执行一般的网络配置,如更改 IP,但不能添加/删除程序,也不能执行网络服务器的配置工作。

- Performance Log Users

该组的成员可以从本地计算机和远程客户端管理计数器、日志和警告,而不用成为 Administrators 组的成员。

• Performance Monitor Users

该组的成员可以从本地计算机和远程客户端监视性能计数器,而不用成为 Administrators 组或 Performance Log Users 组的成员。

• Power Users

存在于非域控制器上,可进行基本的系统管理,如共享本地文件夹、管理系统访问和打印机、管理本地普通用户。但是它不能修改 Administrators 组、Backup Operators 组,不能备份/恢复文件,不能修改注册表。

• Remote Desktop Users

该组的成员可以通过网络远程登录。

• Replicator

该组支持复制功能。它的唯一成员是域用户账户,用于登录域控制器的复制器服务,不能将实际用户账户添加到该组中。

• Users

该组是一般用户所在的组,新建的用户都会自动加入该组,对系统有基本的权利,如运行程序、使用网络,但不能关闭 Windows Server 2008,不能创建共享目录和本地打印机。如果这台计算机加入到域,则域的域用户自动被加入到该组的 Users 组。

2)内置域组

活动目录中组按照能够授权的范围,分为本地域组、全局组和通用组。

① 内置本地域组

内置本地域组代表的是对某种资源的访问权限。创建本地域组的目的是针对特定资源的访问而创建的。例如,在网络上有一台打印机,针对该打印机的使用情况,可以创建一个"打印机"本地域组,然后授权该组使用该打印机。以后哪个用户或全局组需要使用打印机,可以直接将用户或组添加到"打印机",就等于授权使用打印机了。自己创建的本地域组,可以授权访问本域计算机上的资源,它代表的是访问资源的权限。其成员可以是本域的用户、组或其他域的用户组。只能授权其访问本域资源,其他域中的资源不能被授权访问。

内置的本地域组位于活动目录的 Builtin 容器内,如图 3.2 所示,简介如下。

图 3.2 内置本地域组

- Account Operators

系统默认其组成员可以在任何一个容器（Builtin 容器和域控制器组织单元除外）或组织单元内创建、删除账户，更改用户账户、组账户和计算机账户组，但不能更改和删除 Administrators 组与 Domain Admins 组的成员。

- Administrators

成员可以在所有域控制器上完成全部管理工作，默认的成员有 Administrator 用户、Domain Admins 全局组、Enterprise Admins 全局组等。

- Backup Operators

成员可以备份和还原所有域控制器内的文件和文件夹，可以关闭域控制器。

- Guests

成员只能完成授权的任务，访问授权的资源，默认时 Guest 和全局组 Domain Guests 是该组的成员。

- Network Configuration Operators

其成员可以在域控制器上执行一般的网络设置工作。

- Pre-Windows 2000 Compatible Access

该组主要是为了与 Windows NT 4.0（或更旧的系统）兼容，其成员可读取 Windows Server 2008 域中的所有用户与组账户。其默认成员为特殊组 Everyone。只有在用户使用的计算机是 Windows NT 4.0 或更旧的系统时，才将用户加入到该组中。

- Printer Operators

其成员可以创建、停止或管理在域控制器上的共享打印机，也可以关闭域控制器。

- Remote Desktop Users

其成员可以通过远程计算机登录。

- Server Operators

其成员可以创建、管理、删除域控制器上的共享文件夹与打印机，备份与还原域控制器内的文件，锁定与解开域控制器，将域控制器上的硬盘格式化，更改域控制器的系统时间，关闭域控制器等。

- Users

默认时 Domain Users 组是其成员，可以用该组来指定每个在域中账户应该具有的基本权限。

② 内置全局组

当创建一个域时，系统会在活动目录中创建一些内置的全局组，其本身并没有任何权利与权限，但是可以通过将其加入到具备权利或权限的域本地组内，或者直接为该全局组指派权利或权限。这些内置的全局组位于 Users 容器内，如图 3.3 所示，简介如下。

- Domain Admins

域内的成员计算机会自动将该组加入到其 Administrators 组中，该组内的每个成员都具备系统管理员的权限。该组默认成员为域用户 Administrator。

- Domain Computers

所有加入该域的计算机都被自动加入到该组内。

图 3.3　内置全局、通用组

- Domain Controllers

域内的所有域控制器都被自动加入到该组内。

- Domain Users

域内的成员计算机会自动将该组加入到其 Users 组中,该组默认的成员为域用户 Administrator,以后添加的域用户账户都自动属于该 Domain Users 全局组。

- Domain Guests

Windows Server 2008 会自动将该组加入到 Guests 域本地组内,该组默认的成员为用户账户 Guest。

- Group Policy Creator Owners

该组中的成员可以修改域的组策略。

- Read-only Domain Controllers

此组中的成员是域中只读域控制器。

③ 内置通用组

和全局组的作用一样,内置通用组根据用户的职责合并用户。与全局组不同的是,在多域环境中它能够合并其他域中的域用户账户。例如,可以把两个域中的经理账户添加到一个通用组。在多域环境中,可以在任何域中为其授权。

- Enterprise Admins

该组只存在于整个域目录林的根域中,其成员具有管理整个目录林内的所有域的权利。

- Schema Admins

只存在于整个域目录林的根域中,其成员具备管理架构的权利。

- Enterprise Read-only Domain Controllers

此组中的成员是域中只读域控制器。

④ 内置的特殊组

特殊组存在于每台 Windows Server 2008 计算机内,用户无法更改这些组的成员,也就是说,无法在“Active Directory 用户和计算机”或“本地用户与组”内看到、管理这些组。这些组只有在设置权利、权限时才看得到。以下列出几个较为常用的特殊组。

- Everyone

包括所有访问该计算机的用户,如果为 Everyone 指定了权限并启用 Guest 账户时一定要小心,Windows 会将没有有效账户的用户当成 Guest 账户,该账户自动得到 Everyone 的权限。

- Authenticated Users

包括在计算机上或活动目录中的所有通过身份验证的账户,用该组代替 Everyone 组可以防止匿名访问。

- Creator Owner

文件等资源的创建者就是该资源的 Creator Owner。不过,如果创建是属于 Administrators 组内的成员,其 Creator Owner 为 Administrators 组。

- Network

包括当前从网络上的另一台计算机与该计算机上的共享资源保持联系的任何账户。

- Interactive

包括当前在该计算机上登录的所有账户。

- Anonymous Logon

包括 Windows Server 2008 不能验证身份的任何账户。注意,在 Windows Server 2008 中,Everyone 组内并不包含 Anonymous Logon 组。

- Dialup

包括当前建立了拨号连接的任何账户。

3.1.3 用户配置文件

用户配置文件是使用计算机符合所需的外观和工作方式的设置的集合,其中包括桌面背景、屏幕保护程序、指针首选项、声音设置及其他功能设置。用户配置文件可以确保只要登录到 Windows 便会使用个人首选项。与用于登录到 Windows 的用户账户不同,每个账户至少有一个与其关联的用户配置文件。

1. 用户配置文件的类型

1）本地用户配置文件

当一个用户第一次登录到一台计算机上时,创建的用户配置文件就是本地用户配置文件。一台计算机上可以有多个本地用户配置文件,分别对应于每一个曾经登录过该计算机的用户。域用户的配置文件夹名字的形式为"用户名.域名",而本地用户的配置文件的名字是直接以用户命名的。用户配置文件不能直接被编辑,要想修改配置文件的内容需要以该用户登录,然后手动修改用户的工作环境,如桌面、"开始"菜单、鼠标等,系统会自动地将修改后的配置保存到用户配置文件中。

2）漫游用户配置文件

该文件只适用于域用户,域用户才有可能在不同的计算机上登录。当一个用户需要经常在其他计算机上登录,并且每次都希望使用相同的工作环境时,就需要使用漫游用户配置文件。该配置文件被保存在网络中的某台服务器上,并且当用户更改了其工作环境后,新的设置也将自动保存到服务器上的配置文件中,以保证其在任何地点登录都能使用相同的新的工作环境。所有的域用户账户默认使用的是该类型的用户配置文件,该文件是在用户第一次登录时由系统自动创建的。

3)强制性用户配置文件

强制性用户配置文件不保存用户对工作环境的修改,当用户更改了工作环境参数之后退出登录再重新登录时,工作环境又恢复到强制用户配置文件中所设定的状态。当需要一个统一的工作环境时该文件就十分有用。该文件由管理员控制,可以是本地的也可以是漫游的用户配置文件,通常将强制性用户配置文件保存在某台服务器上,这样不管用户从哪台计算机上登录,都将得到一个相同且不能更改的工作环境。因此强制性用户配置文件有时也被称为强制性漫游用户配置文件。

2. 用户配置文件的内容

用户配置文件并不是一个单独的文件,而是由用户配置文件夹、Ntuser. dat 文件和 All User(公用)文件夹三部分内容组成的,这三部分内容在用户配置文件中起着不同的作用。

1)用户配置文件夹

打开资源管理器,在“用户”文件夹内有一些以用户名命名的子文件夹,它们包含了相应用户的桌面设置、开始菜单等用户工作环境的设置。

2)Ntuser. dat 文件

用户配置文件夹内有部分数据存储在注册表的 HKEY_CURRENT_USER 内,存储着当前登录用户的环境设置数据。隐藏文件 Ntuser. dat 即 HKEY_CURRENT_USER 数据存储的位置。

3)All User(公用)文件夹

它包含所有用户的公用数据,如公用程序组中包含了每个用户登录都可以使用的程序。

3.2　任务 1　用户的创建和管理

3.2.1　任务描述

在 Windows Server 2008 中创建和管理本地用户账户、创建和管理域用户账户、设置用户账户属性。

3.2.2　任务分析

在运行 Windows Server 2008 的本地计算机中创建和管理本地账户,在运行 Windows Server 2008 并安装活动目录和域的计算机上创建和管理域用户账户,管理员的具体任务如下。

(1)创建和管理本地用户账户。

(2)创建和管理域用户账户。

(3)设置账户属性。

3.2.3 创建和管理本地用户账户

1. 创建本地用户账户

本地用户账户是工作在本地计算机上的,只有系统管理员才能在本地创建用户账户。服务器上创建本地账户 lichunhui 的操作步骤如下。

1)打开"计算机管理"窗口

执行【开始】|【管理工具】|【计算机管理】|【本地用户和组】命令,弹出如图 3.4 所示的"计算机管理"窗口,而后右击【用户】执行【新用户】命令,如图 3.5 所示。

2)输入用户信息

如图 3.6 所示,在"新用户"对话框中,输入相应信息,单击【创建】按钮完成创建,而后【关闭】按钮,新建的用户如图 3.7 所示,该对话框中的选项解释如下。

- 用户名:系统本地登录时使用的名称,本例使用 lchh。
- 全名:用户的全称,本例使用 lichunhui。
- 描述:关于该用户的说明文字,本例使用 netcenter。

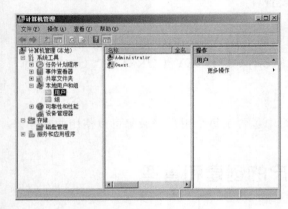

图 3.4 计算机管理器   图 3.5 新用户

图 3.6 建立用户

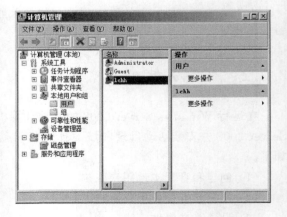

图 3.7 新建的用户

- 密码：用户登录时使用的密码，必须符合复杂性要求，否则无法建立账户。
- 确认密码：为防止密码输入错误，需再输入一遍。
- 用户下次登录时须更改密码：用户首次登录时，使用管理员分配的密码，当用户再次登录时，强制用户更改密码，用户更改后的密码只有自己知道，这样可保证安全使用。
- 用户不能更改密码：只允许用户使用管理员分配的密码。
- 密码永不过期：密码默认的有限期为 42 天，超过 42 天系统会提示用户更改密码，选中此项表示系统永远不会提示用户修改密码。
- 账户已禁用：选中此项表示任何人都无法使用这个账户登录，适用于企业内某员工离职时，防止他人冒用该账户登录。

2．更改账户名称

执行【开始】|【管理工具】|【计算机管理】|【本地用户和组】命令，在如图 3.8 所示的"计算机管理"窗口中，右击需更改名称的用户（本例更改 lchh），执行【重命名】命令，在如图 3.9 所示的位置输入新名称，按 Enter 键确认。

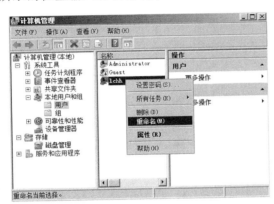

图 3.8　用户重命名

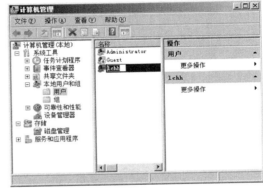

图 3.9　输入新用户名

3．删除账户

如果某用户离职，管理员应该删除该用户账户，执行【开始】|【管理工具】|【计算机管理】|【本地用户和组】命令，在如图 3.10 所示的"计算机管理"窗口中，右击需删除的用户（本例删除 lchh），执行【删除】命令，即可删除用户账户。

4．禁用与激活用户账户

当某个用户长期休假，管理员就应禁用该用户的账户，执行【开始】|【管理工具】|【计算机管理】|【本地用户和组】命令，在如图 3.11 所示的"计算机管理"窗口中，右击需禁用的用户（本例删除 lchh），执行【属性】命令，在如图 3.12 所示的属性对话框中，单击【属账户已禁用】复选框，即可禁用该用户账户，禁用后的账户，如图 3.13 所示，以向下的箭头图标标志；激活被禁用的本地账户的方法与禁用账户类似，取消选中【属账户已禁用】复选框即可。

5．更改账户密码

如果用户遗忘并且没有密码重设盘的情况下可以由管理员重设，但是使用该种方法重设密码可能会造成不可逆用户账户信息丢失。如果用户忘记了登录密码，但有"密码重设盘"，可以使用"密码重设盘"来进行密码重设。如果用户知道密码，只是更改密码，登录后按【Ctrl＋Alt＋Del】组合键，输入正确的旧密码，然后输入新密码即可。

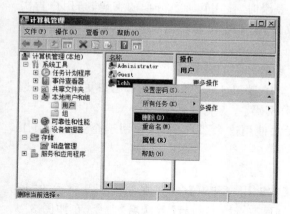

图 3.10　删除用户　　　　　　　　　　　图 3.11　禁用用户账户

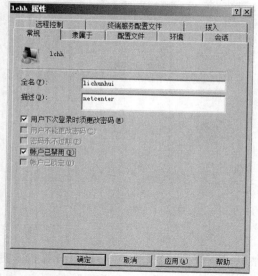

图 3.12　账户已禁用

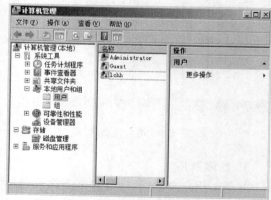

图 3.13　被禁用的账户

1）管理员重置密码

执行【开始】|【管理工具】|【计算机管理】|【本地用户和组】命令，在如图 3.14 所示的"计算机管理"窗口中，右击需重置密码的用户（本例重置 lchh）执行【设置密码】命令，在如图 3.15 所示的对话框中显示安全警告信息，单击【继续】按钮，弹出如图 3.16 所示的对话框，输入新密码并确认，而后单击【确定】按钮完成密码重置。

2）用户更改密码

用户登录后，按【Ctrl＋Alt＋Del】组合键，弹出如图 3.17 所示的窗口，单击【更改密码（C）...】，弹出如图 3.18 所示的窗口，输入正确的旧密码，然后输入新密码并确认密码，单击箭头按钮即可更改密码。

3）密码重置盘的创建与使用

如果用户忘记了登录密码,可以使用"密码重设盘"来进行密码重设,密码重设只能用于本地计算机中。

① 创建"密码重设盘"

用户登录后,按【Ctrl＋Alt＋Del】组合键,弹出如图 3.17 所示的窗口,单击【更改密码(C)...】,弹出如图 3.18 所示的窗口,单击【创建密码重设盘...】,弹出如图 3.19 所示的"忘记密码向导",单击【下一步】按钮继续操作。

图 3.14　设置密码

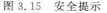

图 3.15　安全提示

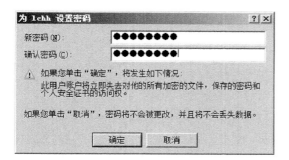

图 3.16　设置新密码

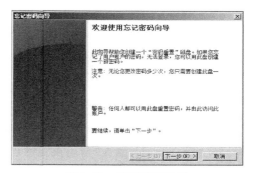

图 3.17　结束任务

图 3.18　更改密码

图 3.19　忘记密码向导

在如图 3.20 所示的"创建密码重设盘"对话框中,在如图 3.21 所示的下拉菜单中单击选中【可移动磁盘(F:)】(建议使用 U 盘,可移动磁盘的盘符受本地计算机分区影响),而后单击【下一步】按钮继续操作。

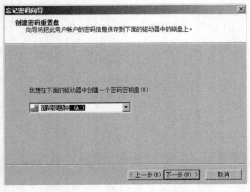
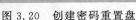
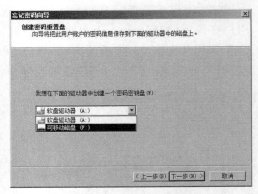

图 3.20　创建密码重置盘　　　　　图 3.21　选择移动磁盘

在如图 3.22 所示的"当前用户账户密码"对话框中输入当前用户账户密码,而后单击【下一步】按钮,在如图 3.23 所示的"正在创建密码重置磁盘"对话框中,系统开始创建密码重置磁盘,直到 100% 完成,单击【下一步】按钮,在如图 3.24 所示的"正在完成忘记密码向导"对话框中,单击【完成】按钮。密码重置磁盘创建完成。

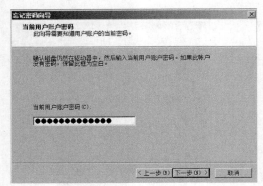
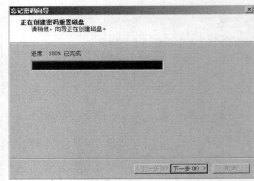

图 3.22　当前密码　　　　　图 3.23　创建磁盘

注:密码重置磁盘在运行 Windows Server 2008 的操作系统的不同计算机上,执行本地计算机登录时通用。

② 使用"密码重置磁盘"重置密码

系统在登录后"注销"或"锁定",或者系统未登录时,在如图 3.25 所示的"登录"对话框中,并不出现【重设密码...】按钮,单击"向右的箭头按钮"后,系统弹出如图 3.26 所示的"用户名或密码不正确"对话框,单击【确定】按钮,系统弹出如图 3.25 所示的带有【重设密码...】按钮的对话框,插入"密码重置磁盘"后,单击【重设密码...】按钮,在如图 3.27 所示的"重置密码向导"对话框中,单击【下一步】按钮,继续操作。

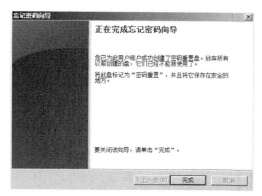

图 3.24　完成创建

图 3.25　忘记密码

图 3.26　密码错误提示

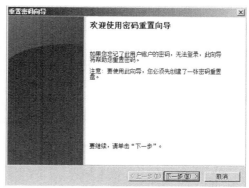

图 3.27　重置密码向导

在如图 3.28 所示的"插入密码重置盘"对话框中,单击下拉菜单并选中【可移动磁盘 (F:)】(可移动磁盘的盘符受本地计算机分区影响),单击【下一步】按钮,在如图 3.29 所示的"重置用户账户密码"对话框中,输入新密码并再次输入密码及密码提示后,单击【下一步】按钮,在如图 3.30 所示的对话框中,单击【完成】按钮,则重置密码完成,使用新密码登录系统即可。

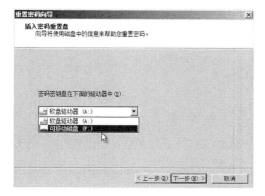

图 3.28　插入密码重置盘

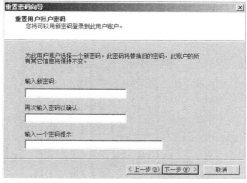

图 3.29　输入新密码

3.2.4 创建和管理域用户账户

1. 创建域账户

当有新用户需要使用网络资源或计算机要加入到域中时,管理员必须在域控制器中为其创建一个相应的域账户。

(1) 在域控制器或者已经安装了域管理工具的计算机上的"控制面板"中,双击"管理工具",选择"Active Directory 用户和计算机"选项,弹出"Active Directory 用户和计算机"窗口,如图 3.31 所示,在窗口的左部选中 Users,右击,选择【新建】→【用户】命令。

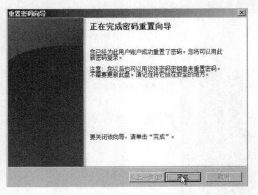

图 3.30　完成密码重置

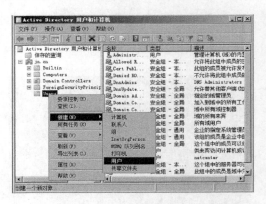

图 3.31　AD用户和计算机

执行【开始】|【管理工具】|【Active Directory 用户和计算机】命令,在如图 3.31 所示的"Active Directory 用户和计算机"窗口中,右击【Users】|【新建】|【用户】,弹出如图 3.32 所示的创建用户对话框,输入用户信息及登录名后,单击【下一步】按钮,在如图 3.33 所示的对话框中输入密码并确认密码,而后选择密码的特性(本例选择"用户不能更改密码","密码永不过期",因为域用户属于集中管理),单击【下一步】按钮,在如图 3.34 所示的对话框中单击【完成】按钮,在如图 3.35 所示的窗口中 lchh 域用户已存在。

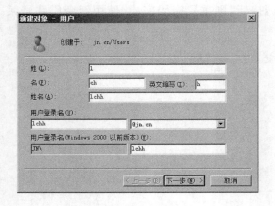

图 3.32　新建域用户

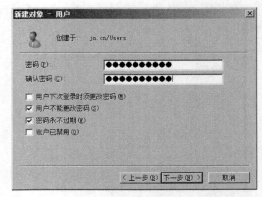

图 3.33　域用户密码

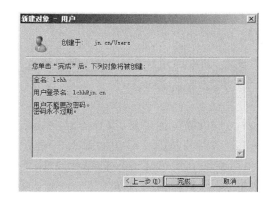

图 3.34　完成域用户创建

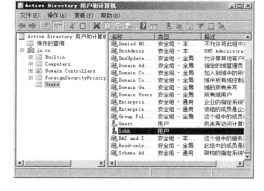

图 3.35　域用户

2. 删除域账户

在删除域账户之前,要确定计算机或网络上是否有该账户加密的重要文件,如果有,先解密文件再删除账户,否则该文件将不会被解密。执行【开始】|【管理工具】|【Active Directory 用户和计算机】命令,在如图 3.35 所示的"Active Directory 用户和计算机"窗口中,单击【users】容器,右击需删除的用户,执行【删除】命令即可。

3. 禁用或启用域账户

如果某用户长期休假,就应禁用该账户,执行【开始】|【管理工具】|【Active Directory 用户和计算机】命令,在如图 3.35 所示的"Active Directory 用户和计算机"窗口中,单击【users】容器,右击需禁用的用户,执行【禁用账户】命令即可。启用账户的方法类似禁用账户,右击需启用的用户,执行【启用账户】命令即可。

4. 复制域账户

同一部门的员工一般都属于相同的组,有基本相同的权限,系统管理员无须为每个员工建立新账户,只需要建好一个员工的账户,然后以此为模板,复制出多个账户即可。执行【开始】|【管理工具】|【Active Directory 用户和计算机】命令,在如图 3.35 所示的"Active Directory 用户和计算机"窗口中,单击【users】容器,右击待复制的用户,执行【复制】命令,而后与新建用户账户步骤相似,依次输入相关信息即可。

5. 移动域账户

如果某员工调动到新部门,管理员需要将该账户移到新组织单元中去,执行【开始】|【管理工具】|【Active Directory 用户和计算机】命令,在如图 3.35 所示的"Active Directory 用户和计算机"窗口中,单击【users】容器,右击待移动的用户,执行【移动】命令,而后在对话框选择新的容器即可。

6. 重置密码

当用户和管理员都无法知道密码时,就需要重设密码,执行【开始】|【管理工具】|【Active Directory 用户和计算机】命令,在如图 3.35 所示的"Active Directory 用户和计算机"窗口中,单击用户所在的容器(如【users】容器),右击需重置密码的用户,执行【重置密码】命令,而后在对话框中输入新密码并确认密码,单击【确定】按钮即可。

3.2.5 账户属性设置

新建用户账户后,管理员要对账户作进一步的设置,如添加用户个人信息、账户信息,进行密码设置,限制登录时间等,这些都是通过设置账户属性来完成的。

1. 用户个人信息设置

个人信息包括姓名、地址、电话、传真、移动电话、公司、部门等信息,要设置这些详细的信息,执行【开始】|【管理工具】|【Active Directory 用户和计算机】命令,在如图 3.35 所示的"Active Directory 用户和计算机"窗口中,单击用户所在的容器(如【users】容器),右击需设置的用户,执行【属性】命令,在账户属性中的【常规】、【地址】、【电话】、【单位】等选项卡中设置即可,如图 3.36、图 3.37、图 3.38、图 3.39 所示。

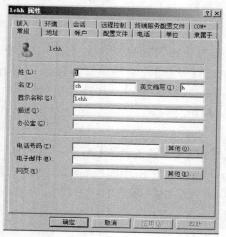

图 3.36 常规

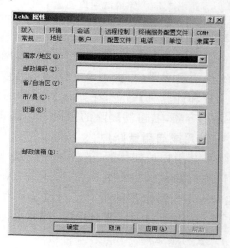

图 3.37 地址

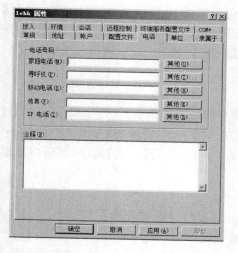

图 3.38 电话

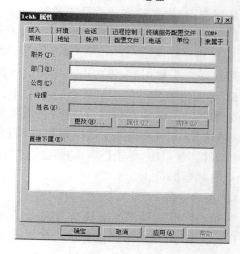

图 3.39 单位

2. 登录时间的设置限制

要限制账户登录的时间,需要设置账户属性的"账户"选项卡,默认情况下用户可以在任何时间登录到域。例如,设置 lchh 用户"周一至周五从 7:00 到 19:00"允许登录。

执行【开始】|【管理工具】|【Active Directory 用户和计算机】命令,在如图 3.35 所示的"Active Directory 用户和计算机"窗口中,单击用户所在的容器(如【users】容器),右击需设置的用户,执行【属性】命令,单击【账户】选项卡,在如图 3.40 所示的账户选项卡中单击【登录时间(L)...】按钮,在如图 3.41 所示的窗口设置"周一至周五从 7:00 到 19:00"允许登录,单击【确定】按钮完成设置。

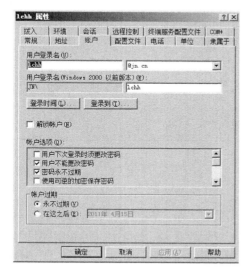

图 3.40　账户

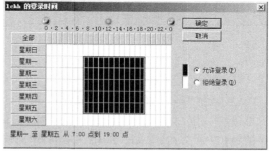

图 3.41　登录时间

注:该设置只能限制用户登录域的时间,如果用户在允许时间段登录,但一直使用到超时,系统不能自动将其注销。

3. 设置账户只能从特定计算机登录

系统默认用户可以从域内任一台计算机登录域,也可以限制账户只能从特定计算机登录,执行【开始】|【管理工具】|【Active Directory 用户和计算机】命令,在如图 3.35 所示的"Active Directory 用户和计算机"窗口中,单击用户所在的容器(如【users】容器),右击需设置的用户,执行【属性】命令,单击【账户】选项卡,在如图 3.40 所示的账户选项卡中单击【登录到(T)...】按钮,在如图 3.42 所示的窗口添加该用户可以登录到的计算机名称,默认是可以域内"所有计算机"登录,单击【下列计算机】按钮,而后输入计算机名称,单击【添加】按钮,可以添加多台计算机,从而指定从特定计算机登录。

4. 设置账户过期日

设置账户过期日,一般是为了不让临时聘用的人员在离职后继续访问网络,通过对账户属性事先进行设置,可以使账户到期后自动失效,节省了管理员手工删除该账户的操作。执行【开始】|【管理工具】|【Active Directory 用户和计算机】命令,在如图 3.35 所示的"Active Directory 用户和计算机"窗口中,单击用户所在的容器(如【users】容器),右击需设置的用户,执行【属性】命令,单击【账户】选项卡,在如图 3.40 所示的账户选项卡中账户过期位置,单击【在这之后(E):】按钮,输入相应的日期,单击【确定】按钮。

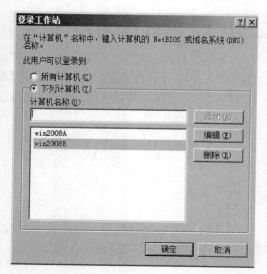

图 3.42　登录工作站

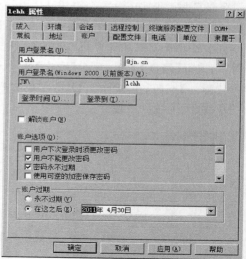

图 3.43　账户过期设置

5. 将账户加入到组

默认在域控制器上新建的账户是 Domain Users 组的成员,如果让该用户拥有其他组的权限,可以将该用户加入到其他组中。例如,将用户 lchh 加入到"Domain Admins"组中,执行【开始】|【管理工具】|【Active Directory 用户和计算机】命令,在如图 3.35 所示的"Active Directory 用户和计算机"窗口中,单击用户所在的容器(如【users】容器),右击需设置的用户,执行【属性】命令,单击【隶属于】选项卡,在如图 3.44 所示的隶属于选项卡中,单击【添加】按钮,弹出如图 3.46 所示的对话框,单击【高级】按钮,而后单击如图 3.45 所示的对话框,单击【立即查找】按钮,出现组对象名称,单击"Domain Admins",单击【确定】按钮,出现如图 3.47 所示的对话框,单击【确定】按钮,在如图 3.48 所示的对话框中,"Domain Admins"添加成功,单击【确定】按钮完成。

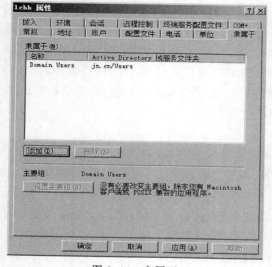

图 3.44　隶属于

图 3.45　查找组

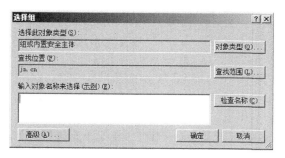

图 3.46 选择组

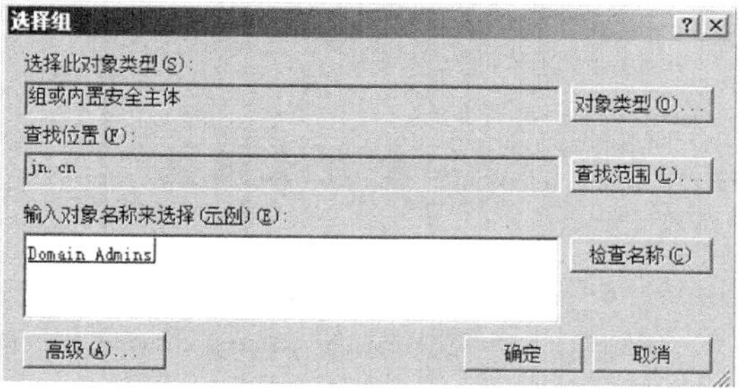

图 3.47 选中组

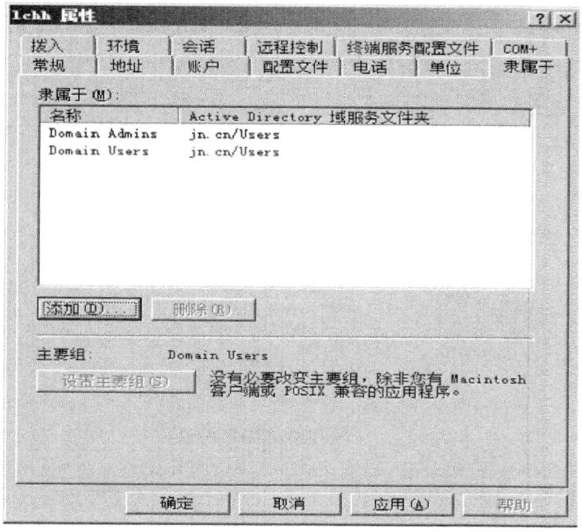

图 3.48 添加完成

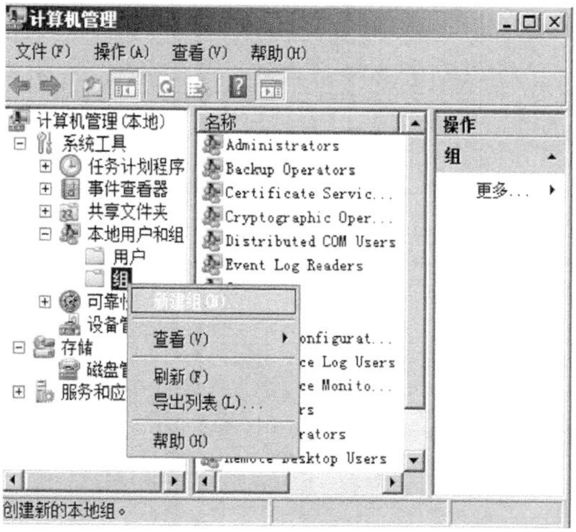

图 3.49 本地组

6. 域账户特殊选项

执行【开始】|【管理工具】|【Active Directory 用户和计算机】命令,在如图 3.35 所示的 "Active Directory 用户和计算机"窗口中,单击用户所在的容器(如【users】容器),右击需设置的用户,执行【属性】命令,单击【账户】选项卡,在如图 3.40 所示的账户选项卡的"账户选项(o):"栏中进行设置,每个选项参照 3.1 节的域用户账户。

3.3 任务 2 组的创建和管理

3.3.1 任务描述

在 Windows Server 2008 中创建和管理本地组,创建和管理域组。

3.3.2 任务分析

在运行 Windows Server 2008 的本地计算机中创建和管理本地组,在运行 Windows Server 2008 并安装活动目录和域的计算机上创建和管理域组,管理员的具体任务如下。

（1）创建与管理本地用户组。

（2）创建与管理域组。

3.3.3　创建和管理本地组

创建本地组账户的用户必须是 Administrators 组或 Account Operators 组的成员。

在独立服务器上以 Administrator 身份登录，执行【开始】|【管理工具】|【计算机管理】|【本地用户和组】命令，在如图 3.49 所示的窗口中，右击【组】执行【新建组】命令，弹出如图 3.50 所示的新建组对话框，输入"组名"、"描述"、"添加成员"，而后单击【创建】按钮，完成组的创建，如图 3.51 所示，右击存在的组，可以【删除组】、【更改组名】、【添加或删除组成员】。

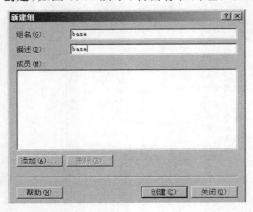

图 3.50　新建组

图 3.51　base 组

3.3.4　创建和管理域组

只有 Administrators 组的用户才有权限建立域组，域组要创建在域控制器的活动目录中。

执行【开始】|【管理工具】|【Active Directory 用户和计算机】命令，在如图 3.52 所示的"Active Directory 用户和计算机"窗口中，右击【users】执行【新建】|【组】，弹出如图 3.53 所示的新建域组对话框，输入"组名"，选择"组作用域"和"组类型"，而后单击【确定】按钮，完成域组创建。右击选定的组，执行相应命令可以【删除组】、【更改组名】、【添加或删除组成员】。

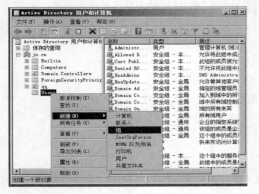

图 3.52　域组

图 3.53　新建域组

3.4　小　结

本章首先介绍了 Windows Server 2008 用户和组的相关知识，重点介绍了 Windows Server 2008 在本地计算机环境和域工作环境的用户和组的建立与管理、Windows Server 2008 用户工作环境设置等。

3.5　项目实训　Windows Server 2008 用户和组的管理

1. 实训目标
（1）熟悉各种用户账户和组。
（2）熟悉用户账户的创建与管理。
（3）熟悉组的创建与管理。
（4）熟悉用户工作环境设置。

2. 实训环境
1）硬件

3 台相同的打印机，3 台计算机（计算机配置要求 CPU 最低 2.0 GHz，2 台 X64 位处理器的计算机分别命名为 A 和 B），1 台 X86 处理器的计算机命名为 C，内存不小于1 GB，硬盘不小于 40 GB，有 DVD 光驱和网卡，并通过交换机互连），打印机连接到 A 计算机。

2）软件

A 计算机充当打印服务器运行 64 位的 Windows Server 2008 企业版操作系统。

B 计算机运行 64 位的 Windows Server 2008 企业版操作系统。

C 计算机运行 32 位的 Windows Server 2008 企业版操作系统。

3. 实训要求
1）建立域环境

在 A 计算机上，建立域控制器 teacher.cn，B 计算机和 C 计算机加入到 A 计算机的 teacher.cn 域。

2）建立域用户和组

在 A 计算机上建立域组 student，域账户 student01、student02、student03、student04，并将这 4 个账户加入到域组 student。

3）用户设置

用户 student01、student02 下次登录时要修改密码，登录时间是星期一到星期五的 7:00～19:00，要求创建并使用漫游配置文件，桌面显示【控制面板】、【计算机】等图标。

用户 student03 不能更改密码并且密码永不过期，只能从 B 计算机登录。

用户 student04 不能更改密码，只能从 C 计算机登录，并在当天日期后的 30 天过期。

4. 实训评价

实训评价表					
内 容			评 价		
学习目标	评价项目		3	2	1
能熟练正确建立并管理域组	能熟练正确建立并管理域组				
能熟练正确建立并管理域用户	能熟练正确建立并管理域用户				
能熟练正确设置用户工作环境	能熟练正确设置用户工作环境				
交流表达能力					
与人合作能力					
沟通能力					
组织能力					
活动能力					
解决问题的能力					
自我提高的能力					
革新、创新的能力					
综合评价					

注：表左侧第一列合并单元格分别为"职业能力"（上3行）与"通用能力"（下8行）。

3.6 习 题

1. 填空题

（1）Windows Server 2008 的内置账户为_____、_____、_____。

（2）Windows Server 2008 的用户账户类型为_____、_____、_____。

（3）根据组的作用范围不同可分为_____、_____、_____。

（4）Windows Server 2008 的内置通用组为_____、_____、_____。

（5）新建的域账户默认隶属于_____组。

2. 选择题

（1）新建本地用户账户时，包含的密码设置选项为（   ）。

A. 用户下次登录时必须更改密码   B. 用户不能更改密码

C. 密码永不过期   D. 以上 3 项都包括

（2）users 组不包含的权利为（   ）。

A. 运行程序   B. 使用 Internet

C. 创建共享文件夹   D. 注销计算机

（3）下列（　　）是计算机自动创建的用户账户。

A. administrator　　　　　　　　B. guest

C. IUSR_win2008A　　　　　　　D. 以上都是

（4）下列（　　）是无法直接显示的本地组或域组。

A. Administrators　　　　　　　　B. Guests

C. Users　　　　　　　　　　　　D. 以上都不是

（5）工作组计算机可以更改用户账户密码的方式为（　　）。

A. 用户登录后结束任务更改密码　　B. 用户登录时使用密码重置盘更改密码

C. 管理员强制更改密码　　　　　　D. 以上都可以

3. 简答题

（1）用户名设置规则有哪些？

（2）密码设置规则有哪些？

（3）简述域和工作组两种模式的不同点。

（4）简述漫游用户配置文件的特点。

（5）简述强制性用户配置文件的特点。

第 4 章   文件资源管理

1. 教学目标

（1）理解 NTFS 文件系统。

（2）掌握 NTFS 分区的数据管理。

（3）掌握共享资源的创建和管理。

2. 教学要求

知识要点	能力要求	关联知识
NTFS 权限	设置文件或文件夹的 NTFS 权限	NTFS 文件和文件夹的标准权限
NTFS 分区的文件或文件夹的加密和压缩	设置文件或文件夹的加密和压缩	NTFS 文件系统特点
NTFS 分区的磁盘配额管理	设置不同用户的磁盘配额限制	磁盘配额的特点
NTFS 分区的卷影副本	设置并使用 NTFS 分区的卷影副本	卷影副本的特点
共享资源的创建和管理	创建和管理共享文件夹	共享文件夹的权限
访问共享资源	使用不同方法访问共享资源	共享资源的访问方法

3. 重点难点

（1）NTFS 分区的磁盘配额管理。

（2）NTFS 分区的卷影副本。

（3）共享资源的创建和使用。

（4）DFS 的创建和使用。

NTFS 文件系统是 Windows Server 2008 最核心的文件系统，它提供了较强的数据管理功能。例如，可以在 NTFS 分区卷中设置文件和文件夹的权限、支持文件系统的压缩和加密功能、限制用户对磁盘空间的使用等。同时通过构建文件服务器，共享网络中的文件资源，将分散的网络资源逻辑地整合到一台服务器，方便客户端的资源访问。

4.1   NTFS 文件系统概述

文件系统是文件命名、存储和组织的总体结构，运行 Windows Server 2008 的计算机的磁盘分区只能使用 NTFS 型的文件系统。本节将对 FAT 和 NTFS 两种文件系统进行比较，并详细了解 NTFS 文件系统的优点和特性。

4.1.1　FAT 文件系统

FAT(File Allocation Table)指的是文件分配表,包括 FAT16 和 FAT32 两种。FAT 是一种适合小卷集、对系统安全性要求不高、需要多重引导的用户应选择使用的文件系统。

在 FAT32 文件系统之前,计算机通常使用 FAT16 文件系统,如 MS-DOS、Win 95 等系统。FAT16 支持的最大分区是 2^{16} 次方(即 65 536)个簇,每簇 64 个扇区,每扇区 512 字节,所以最大支持 2 GB 的分区。FAT16 最大的缺点就是簇的大小是和分区有关的,这样当硬盘中存放较多小文件时,会浪费大量的空间。

FAT32 是 FAT16 的派生文件系统,最大支持 2 TB(2 048 GB)的磁盘分区,它使用的簇比 FAT16 小,从而有效地节约了磁盘空间。

FAT 文件系统是一种最初用于小型磁盘和简单文件夹结构的简单文件系统,它向后兼容,最大的优点是适用于所有的 Windows 操作系统。另外,FAT 文件系统在容量较小的卷上使用比较好,因为 FAT 启动只使用非常少的开销。FAT 在容量低于 512 MB 的卷上工作最好,当卷容量超过 1 GB 时,效率就显得很低。对于 500 MB 以下的卷,FAT 文件系统相对于 NTFS 文件系统来说是一个比较好的选择。不过对于使用 Windows Server 2008 的用户来说,FAT 文件系统则不能满足系统的要求。

FAT 文件系统的优点主要是所占容量与计算机的开销很少,支持各种操作系统,在多种操作系统之间可移植。这使得 FAT 文件系统可以方便地用于传送数据,但同时也带来较大的安全隐患:FAT 格式的硬盘,几乎可以把它装到任何其他操作系统的计算机上,不需要任何专用软件即可直接读写。

Windows 操作系统在很大程度上依赖文件系统的安全性来实现自身的安全性。没有文件系统的安全防范,就没办法阻止他人不适当地删除文件或访问某些敏感信息。从根本上说,没有文件系统的安全,系统就没有安全保障。因此,对于安全性要求较高的用户来讲,FAT 文件系统不太适合。

4.1.2　NTFS 文件系统

NTFS(New Technology File System)是 Windows Server 2008 推荐使用的高性能文件系统,它支持许多新的文件安全、存储和容错功能,而这些功能也正是 FAT 文件系统所缺少的。

NTFS 是从 Windows NT 开始使用的文件系统,它是一个特别为网络和磁盘配额、文件加密等管理安全特性设计的磁盘格式。NTFS 文件系统包括了文件服务器和高端个人计算机所需的安全特性,它还支持对于私密数据访问控制。NTFS 文件和文件夹无论共享与否都可以赋予权限,NTFS 是唯一允许为单个文件指定权限的文件系统。但是,当用户从 NTFS 卷移动或复制文件到 FAT 卷时,NTFS 文件系统权限和其他特有属性将会丢失。

NTFS 文件系统设计简单但功能强大,从本质上讲,卷中的一切都是文件,文件中的一切都是属性,从数据属性到安全属性,再到文件名属性,NTFS 卷中的每个扇区都分配给了某个文件,甚至文件系统的数据(描述文件系统自身的信息)也是文件的一部分。

NTFS 文件系统是 Windows Server 2008 所推荐的文件系统,它具有 FAT 文件系统的所有基本功能,并且提供 FAT 文件系统所没有的优点如下。

(1) 更安全的文件保障,提供文件加密,能够大大提高信息的安全性。

(2) 更好的磁盘压缩功能。

(3) 支持最大达 2 TB 的卷,硬盘容量的增大不影响 NTFS 文件系统的性能。

(4) 可以赋予单个文件和文件夹权限:对同一个文件或者文件夹为不同用户可以指定不同的权限,在 NTFS 文件系统中,可以为单个用户设置权限。

(5) NTFS 文件系统中设计的恢复能力,无须用户在 NTFS 卷中运行磁盘修复程序。在系统崩溃事件中,NTFS 文件系统使用日志文件和复查点信息自动恢复文件系统的一致性。

(6) NTFS 文件夹的 B-Tree 结构使得用户在访问较大文件夹中的文件时,速度甚至比访问卷中较小文件夹中的文件还快。

(7) 可以在 NTFS 卷中压缩单个文件和文件夹:NTFS 系统的压缩机制可以让用户直接读写压缩文件,而不需要使用解压软件将这些文件展开。

(8) 支持活动目录和域:此特性可以帮助用户方便灵活地查看和控制网络资源。

(9) 支持稀疏文件:稀疏文件是应用程序生成的一种特殊文件,文件尺寸非常大,但实际上只需要很少的磁盘空间,NTFS 只需要给这种文件实际写入的数据分配磁盘存储空间。

(10) 支持磁盘配额:磁盘配额可以管理和控制每个用户所能使用的最大磁盘空间。

Windows Server 2008 安装程序会检测现有的文件系统格式,如果是 NTFS,则继续进行;如果是 FAT,则必须将其转换为 NTFS,可以使用 Windows Server 2008 自带程序 convent.exe 把 FAT 分区无损转化为 NTFS 分区,但转换不可逆。

4.1.3 NTFS 权限

安全是网络运行的基础,而权限是保障安全的重要手段。权限决定着用户可以访问和利用的资源。NTFS 文件系统,对 Windows Server 2008 实现安全功能非常重要。

对于 NTFS 磁盘分区上的每一个文件和文件夹,NTFS 都存储一个访问控制列表 (ACL)。ACL 中包含有那些被授权访问该文件或文件夹的所有用户账号、组和计算机,包含他们被授予的访问类型。为了让一个用户访问某个文件或者文件夹,针对用户账号、组或者该用户所属的计算机,ACL 中必须包含一个相对应的元素,这样的元素叫做访问控制元素(ACE)。为了让用户能够访问文件或者文件夹,访问控制元素必须具有用户所请求的控制类型。如果 ACL 中没有相应的 ACE 存在,Windows Server 2008 就拒绝该用户访问相应的资源。

1. NTFS 权限的类型

利用 NTFS 权限,可以控制用户账号和组对文件夹和文件的访问。NTFS 权限只适用于 NTFS 磁盘分区。

1) NTFS 文件夹权限

通过授予文件夹权限,控制对文件夹和包含在这些文件夹中的文件和子文件夹的访问,可授予的"标准 NTFS 文件夹权限"见表 4-1。

表 4-1　标准 NTFS 文件夹权限

NTFS 文件夹权限	权 限 描 述
完全控制	修改权限,成为拥有人,及执行所有其他 NTFS 文件夹权限的动作
修改	删除文件夹、执行"写入"权限及"读取和执行"权限的动作
读取和执行	遍历文件夹、执行"读取"权限和"列出文件夹目录"权限的动作
列出文件夹目录	查看文件夹中的文件和子文件夹的名称
读取	查看文件夹中的文件和子文件夹,查看文件夹属性、拥有人和权限
写入	在文件夹内创建的文件和子文件夹,修改文件夹属性,查看文件夹的拥有人和权限
特殊权限	补充和细化标准 NTFS 文件夹权限管理

2）NTFS 文件权限

通过授予文件权限,控制对文件的访问,可授予的"标准 NTFS 文件权限"见表 4-2。

表 4-2　标准 NTFS 文件权限

NTFS 文件权限	权 限 描 述
完全控制	修改权限,成为拥有人,及执行所有其他 NTFS 文件权限的动作
修改	修改和删除文件、执行"写入"权限及"读取和执行"权限的动作
读取和执行	运行应用程序、执行"读取"权限的动作
读取	读文件,查看文件属性、拥有人和权限
写入	覆盖写入文件,修改文件属性,查看文件拥有人和权限
特殊权限	补充和细化标准 NTFS 文件权限管理

2. NTFS 权限的应用规则

如果将针对某个文件或者文件夹的权限授予个别用户账号,同时又授予某个组,而该用户是该组的一个成员,那么该用户就对同样的资源有了多个权限。关于 NTFS 如何组合多个权限,存在一些规则和优先权。

1）权限累加

一个用户对某个资源的有效权限是授予这一用户账号的 NTFS 权限与授予该用户所属组的 NTFS 权限的组合。如果用户 lchh 对"test 文件夹"有"读取"权限,netcenter 组对"test 文件夹"有"写入"权限,用户 lchh 属于 netcenter 组的成员,那么用户 lchh 对"test 文件夹"有"读取"和"写入"两种权限。

2）文件权限优先于文件夹权限

NTFS 文件系统的文件权限优先于 NTFS 的文件夹权限。如果用户 lchh 对"test 文件夹"有"修改"权限,那么即使他对于包含该文件的文件夹只有"读取"权限,他仍然能够修改该文件。

3）权限的继承性

新建的文件或者文件夹会自动继承上一级目录或者驱动器的 NTFS 权限,对普通用户从上一级继续下来的权限是不能直接修改的,只能在此基础上添加其他权限。但如果是系统管理员或者有足够权限的其他类型用户,可以修改继承的权限,或者让文件不再继承上一级目录或者驱动器的 NTFS 权限。

4）拒绝权限优于其他权限

将"拒绝"权限授予用户账号或者组，可以拒绝用户账号或者组对特定文件或者文件夹的访问。如果用户 lchh 对"test 文件夹"被授予拒绝"写入"权限，netcenter 组对"test 文件夹"有"写入"权限，用户 lchh 属于 netcenter 组成员，那么用户 lchh 对"test 文件夹"不具有"写入"权限。对于权限的累积规则来说，"拒绝"权限是一个例外。应该尽量避免使用"拒绝"权限，因为允许用户和组进行某种访问比明确拒绝他们进行某种访问更容易做到。应该巧妙地构造组和组织文件夹中的资源，使各种各样的"允许"权限就足以满足需要，从而可避免使用"拒绝"权限。

5）移动和复制操作对权限的影响

移动和复制操作涉及 3 种情况，同一 NTFS 分区、不同 NTFS 分区、FAT 分区，见表 4-3。

表 4-3　移动和复制对权限的影响

操作类型	同一 NTFS 分区	不同 NTFS 分区	FAT 分区
移动	继承目标文件（夹）权限	继承目标文件（夹）权限	丢失权限
复制	保留源文件（夹）权限	继承目标文件（夹）权限	丢失权限

3．查看文件与文件夹的访问权限

如果用户需要查看文件或文件夹的属性，右击文件或文件夹执行【属性】命令，在如图 4.1 所示的文件属性对话框或如图 4.2 所示的文件夹属性对话框中，单击【安全】选项卡查看文件或文件夹的对某个用户和组的访问权限，当单击了某个用户或组后，该用户或组所具有的各种访问权限将显示在权限列表框中。本例显示的是 Administrators 组的权限，最好不要把访问权限逐个用户进行分配，应先创建组，将用户加入相应组，再将许可权分配给组，这样，在需要时更改整个组的访问权限，而不必逐个用户进行更改。

图 4.1　文件属性

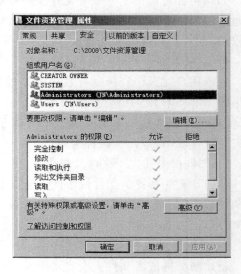

图 4.2　文件夹属性

4．更改文件或文件夹的访问权限

如用户需要更改文件或文件夹的权限，必须对其具有更改权限或拥有权。用户可以在如图 4.1 所示的文件属性对话框或如图 4.2 所示的文件夹属性对话框,选择需要设置的用户或组,而后单击【编辑】按钮,在如图 4.3 所示的文件安全设置对话框或如图 4.4 所示的文件夹安全设置对话框中:

- 选择需要设置的用户或组,而后在下方的权限框里设置权限;
- 单击【添加】按钮,可以添加其他的用户或组;
- 选择需要删除的用户或组,单击【删除】按钮,可以删除用户或组。

图 4.3　文件安全设置

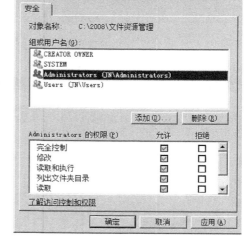
图 4.4　文件夹安全设置

在如图 4.1 所示的文件属性对话框或如图 4.2 所示的文件夹属性对话框中,单击【高级】按钮,在如图 4.5 所示的文件高级安全设置对话框或如图 4.6 所示的文件夹高级安全设置对话框中,可以设置"权限"、"审核"、"所有者"、"有效权限"等特殊权限。

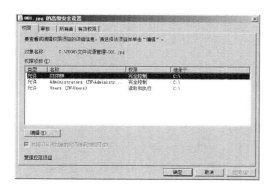
图 4.5　文件高级安全设置

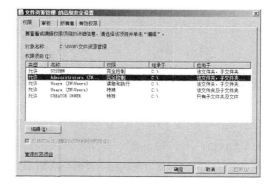
图 4.6　文件夹高级安全设置

在【权限】选项卡中单击【编辑】按钮,在如图 4.7 所示的文件权限设置对话框或如图4.8所示的文件夹权限设置对话框中,可以修改"文件或文件夹权限的继承性",单击【添加】按钮,可以添加其他的用户或组;选择需要设置的用户或组,而后单击【编辑】按钮,在如图 4.9 所示的文件权限项目对话框或如图 4.10 所示的文件夹权限下项目对话框中,可以设置特殊权限。

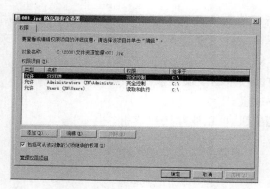 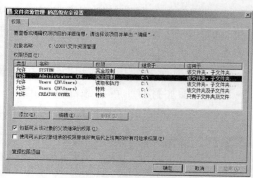

图 4.7 文件权限编辑　　　　　　　　图 4.8 文件夹权限编辑

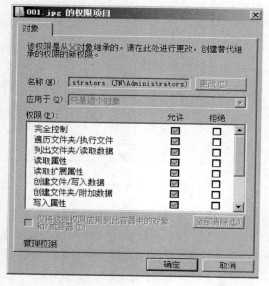 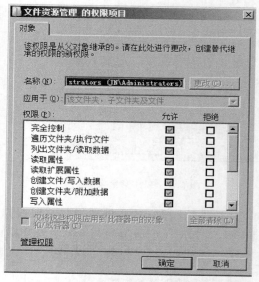

图 4.9 文件权限项目　　　　　　　　图 4.10 文件夹权限项目

4.1.4 NTFS 分区的文件或文件夹的加密和压缩

Windows Server 2008 提供的文件和文件夹加密功能是通过加密文件系统（Encrypting File System,EFS）实现的。EFS 提供了用于在 NTFS 文件系统卷上存储加密文件的核心文件加密技术。由于 EFS 与文件系统相集成，因此使管理更方便，使系统难以被攻击，并且对用户是透明的。此技术对于保护计算机上可能易被其他用户访问的数据特别有用。对文件或文件夹加密后，即可像使用任何其他文件和文件夹那样，使用加密的文件和文件夹。

EFS 加密系统对用户是透明的，这也就是说，如果用户加密了一些数据，那么用户对这些数据的访问将是完全允许的，不会受到任何限制。而其他非授权用户（包括对文件夹有完全控制权的用户）试图访问加密过的数据，将会收到"访问拒绝"的错误提示。EFS 加密的用户验证过程是在登录 Windows 时进行的，只要登录 Windows,就可以打开任何一个被授权的加密文件。

　　只有 NTFS 分区内的文件或文件夹才能被加密。如果将加密的文件或文件夹复制或移动到非 FAT 分区内,则该文件或文件夹将会被解密。当用户将未加密的文件或文件夹,移动或复制到加密文件夹后,该文件或文件夹会自动加密;然而将一个加密文件或文件夹,移动或复制到非加密文件夹后,该文件或文件夹仍然会保护加密状态。这是因为加密过程是把加密密钥存储在文件或文件夹头部的 DDF(数据解密域)和 DRF(数据恢复域)中,与被加密的文件或文件夹形成一个整体,即加密属性跟随文件或文件夹。

　　NTFS 文件系统中的文件和文件夹都具有压缩属性,NTFS 压缩可以节约磁盘空间。当用户或应用程序要读写压缩文件时,系统会将文件自动进行解压和压缩。

4.1.5　NTFS 分区的磁盘配额管理

　　Windows Server 2008 的磁盘配额可以限制用户对磁盘空间的无限使用,磁盘配额的工作过程是磁盘配额管理器会根据网络系统管理员设置的条件,监视对受保护的磁盘卷的写入操作。如果受保护的卷达到或超过预设的水平,就会有一条消息被发送到向该卷进行写入操作的用户,警告该卷接近配额限制了,或配额管理器会阻止该用户对该卷的写入。

　　Windows Server 2008 的磁盘配额管理是基于用户和卷而不是各个物理硬盘,不论卷跨越几个物理硬盘或者一个物理硬盘有几个卷。要在卷上使用磁盘限额,该卷的文件系统必须是 NTFS。启用磁盘配额对计算机的性能有少许影响,但对合理使用磁盘意义重大。

4.1.6　NTFS 分区的卷影副本

　　共享文件夹的卷影副本提供位于共享资源(如文件服务器)上的实时文件副本。通过使用共享文件夹的卷影副本,用户可以查看在过去某个时刻存在的共享文件和文件夹。访问文件的以前版本或卷影副本非常有用,原因如下。

　　1) 恢复意外删除的文件

　　如果意外地删除了某文件,则可以打开前一版本,然后将其复制到安全的位置。

　　2) 恢复意外覆盖的文件

　　如果意外地覆盖了某文件,则可以恢复该文件的前一版本。

　　3) 在处理文件的同时对文件版本进行比较

　　当希望检查一个文件的两个版本之间发生的更改时,可以使用以前的版本。

4.1.7　文件夹共享

　　在创建共享文件夹前,参照 2.1 节,启动关联的服务、启动和安装关联的协议和网络功能,确定用户有权利创建共享文件夹,也就是用户必须属于 Administrators、Server Operators、Power Users 等用户组的成员。如果文件夹位于 NTFS 分区内,用户至少需要对此文件夹拥有"读取"的 NTFS 权限。

1. 共享文件夹的两种方法

1) 通过计算机上的任何文件夹来共享文件

通过这种方法，可以决定哪些人可以更改共享文件，以及可以进行什么类型的更改。可以通过设置共享权限进行操作，将共享权限授予同一网络中的单个用户或一组用户。

2) 通过计算机上的公用文件夹来共享文件

通过这种共享方法，可将文件复制或移动到公用文件夹中，并通过该位置共享文件。

如果打开公用文件夹共享，本地计算机上具有用户账户和密码的任何人，以及网络中的所有人，都可以看到公用文件夹和子文件夹所有文件。使用这种共享方式不能限制用户只能查看公用文件夹中的某些文件，但是可以设置权限，以完全限制用户访问公用文件夹，或限制用户更改文件或创建新文件。

2. 共享文件夹的权限

用户必须拥有一定的共享权限才可以访问共享文件夹，共享文件夹共享权限和功能如下。

(1) 读取(读者)：可以查看文件名与子文件夹名、查看文件内的数据及运行程序。

(2) 更改(参与者)：拥有读取权限，还可新建与删除文件和子文件夹、更改文件的内容。

(3) 完全控制(共有者)：拥有读取和更改权限，还具有设置权限的能力，但设置权限的能力只适用于 NTFS 文件系统内的文件夹。

共享文件夹权限只对通过网络访问此共享文件夹的用户有效，对本地登录用户不受此权限的限制，因此为了提高资源的安全性，还应该设置相应的 NTFS 权限。

NTFS 权限是 Windows Server 2008 文件系统的权限，它支持本地安全性。换句话说，它在同一台计算机上以不同用户名登录，对硬盘上同一文件夹可以有不同的访问权限。

3. 共享权限和 NTFS 权限的共同点

(1) 累加性：不管是共享权限还是 NTFS 权限都有累加性。

(2) "拒绝"优先：不管是共享权限还是 NTFS 权限都遵循"拒绝"权限优先于其他权限。

(3) 最为严格的权限：若一个账户通过网络访问一个共享文件夹，而这个文件夹又在一个 NTFS 分区上，那么用户最终的权限是它对该文件的共享权限与 NTFS 权限中最为严格的权限。

4. 共享权限和 NTFS 权限的联系和区别

(1) 权限作用对象不同：共享权限是基于文件夹的，也就是说用户只能够在文件夹上而不可能在文件上设置共享权限；NTFS 权限是基于文件的，用户既可以在文件夹上设置，也可以在文件上设置。

(2) 权限作用条件不同：共享权限只有当用户通过网络访问共享文件夹时才起作用，如果用户是本地登录计算机，共享权限不起作用；NTFS 权限无论用户是通过网络还是本地登录使用文件都会起作用，只不过当用户通过网络访问文件时，它会与共享权限联合起作用，规则是取最严格的权限设置。

(3) 对文件系统的要求不同：共享权限与文件系统无关，只要设置共享就能够应用共享权限；NTFS 权限必须是 NTFS 文件系统，否则不起作用。

(4) 权限的细致度不同：共享权限只有 3 种，读者、参与者和共有者；NTFS 权限有许多种，如读取、写入、执行、修改以及完全控制等，可以进行非常细致的设置。

5. 脱机文件的工作原理

如果设置了共享文件为可脱机使用,那么在通过网络访问这些文件时,这些文件将会被复制一份到用户计算机的硬盘内。在网络正常时,用户访问的是网络上的共享文件,而当用户计算机脱离网络时,用户可以访问位于本地硬盘内的文件缓存版本,用户访问这些缓存版本的权限和访问网络上的文件是相同的。使用脱机文件有以下几个优点:

(1) 不会因为网络的问题影响网络文件的访问;

(2) 可以方便地和网络文件进行同步;

(3) 在网速较慢时可提高工作效率。

4.1.8　分布式文件系统

分布式文件系统(Distributed File System,DFS)为整个企业网络上的文件资源提供了一个逻辑树结构,用户可以抛开文件的实际物理位置,仅通过一定的逻辑关系就可以查找和访问网络的共享资源。用户如同访问本地文件一样,访问分布在多个服务器上的文件。DFS 功能如下。

1. 确保服务器负载平衡

当文件同时存放到多台服务器上,多个用户同时访问此文件时,DFS 可以避免从一台服务器读取文件数据,它会分散地从不同的服务器上给不同的用户传送数据,因此可以将负载分散到不同的服务器上。

2. 提高文件访问的可靠性

即使有一台服务器发生故障,DFS 仍然可以帮助用户从其他的服务器上获取文件数据。

3. 提高文件访问的效率

DFS 会自动将用户的访问请求引导到离用户最近的服务器上,以便提高文件的访问效率。

4.2　任务 1　NTFS 分区的数据管理

4.2.1　任务描述

在 Windows Server 2008 的 NTFS 分区设置文件夹进行加密和压缩、设置 NTFS 分区的磁盘配额管理、NTFS 分区的卷影副本的配置和使用。

4.2.2　任务分析

在 Windows Server 2008 的 NTFS 分区,管理员利用 NTFS 的特性和功能,完成如下几个具体任务。

（1）NTFS 分区的文件或文件夹加密。

（2）NTFS 分区的文件或文件夹压缩。

（3）NTFS 分区的磁盘配额管理。

（4）NTFS 分区的卷影副本的配置和使用。

4.2.3　NTFS 分区的文件或文件夹加密

NTFS 权限可限制未授权用户查看文件，文件或文件夹的加密可达到更高级别的安全性：保证只有此文件夹的所有者可访问，其他用户即使具有完全控制权限（如 Administrator），也都无权访问。下面以设置"c:\隐私"文件夹为例，使用系统管理员 lchh 用户登录，右击"c:\隐私"文件夹，执行【属性】命令，在如图 4.11 所示的属性对话框中单击【高级】按钮，在如图 4.12 所示的高级属性对话框中单击【加密内容以便保护数据（E）】复选框，而后单击【确定】按钮，在如图 4.11 所示的父级窗口单击【确定】按钮后，在如图 4.13 所示的确认属性更改对话框中，单击选择【将更改应用于次文件夹、子文件夹和文件】单选按钮，而后单击【确定】按钮，在如图 4.14 所示的应用属性对话框中等待属性更改生效。

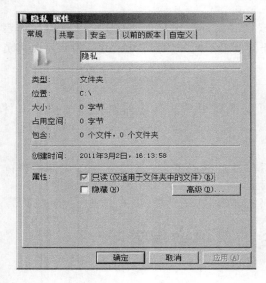

图 4.11　文件夹属性

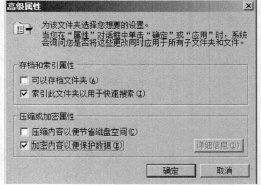

图 4.12　文件夹高级属性

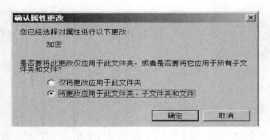

图 4.13　确认属性更改

图 4.14　应用属性更改

加密后的文件夹如图 4.15 所示,默认使用绿色标识,文件夹内的子文件夹和文件如图 4.16所示,也默认使用绿色标识,lchh 用户可以直接使用自己加密过的文件夹内的各种文件,如图 4.17 所示的记事本文件"通讯录.txt"和如图 4.18 所示的子文件夹的图片文件"001.jpg"。

图 4.15　加密后的文件夹　　　　　　图 4.16　加密后的文件夹子对象

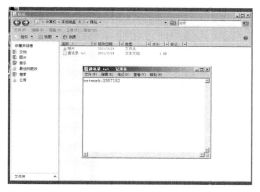

图 4.17　访问记事本文件　　　　　　图 4.18　访问图片

切换使用 Administrator 用户登录后,用户可以打开"c:\隐私"文件夹及其子文件夹,但是不能访问任何文件。图 4.19 所示的记事本文件"通讯录.txt"拒绝访问,图 4.20 所示的子文件夹的图片文件"001.jpg"拒绝访问。

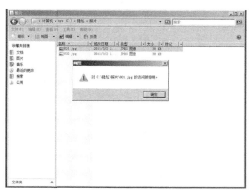

图 4.19　记事本文件拒绝访问　　　　　图 4.20　图片拒绝访问

4.2.4 NTFS 分区的文件或文件夹压缩

如果 NTFS 分区的磁盘空间不足,用户希望在保留现有文件的情况下,增加部分可用空间,可以对文件夹进行压缩,以增加可用空间。下面以设置"c:\2008"文件夹为例,使用系统管理员 lchh 用户登录,右击"c:\2008"文件夹,执行【属性】命令,在如图 4.21 所示的属性对话框中,显示"c:\2008"文件夹大小为 7.45 MB,实际占用空间 7.90 MB。单击【高级】按钮,在如图 4.22 所示的高级属性对话框中,单击选择【压缩内容以便节省磁盘空间(c)】复选框,单击【确定】按钮,在父级窗口如图 4.23 所示的对话框中,单击【应用】按钮,在如图 4.24 所示的确认属性更改对话框中,单击选择【将更改应用于此文件夹、子文件夹和文件】单选按钮,而后单击【确定】按钮,在如图 4.25 所示的应用属性对话框中,等待属性更改生效。

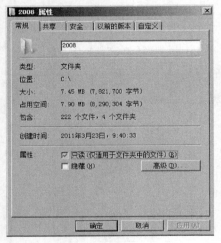

图 4.21　2008 文件夹属性

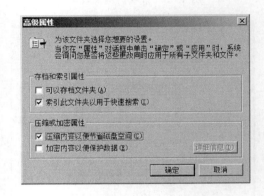

图 4.22　2008 文件夹高级属性

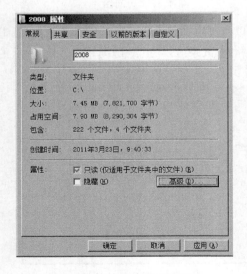

图 4.23　属性更改未应用

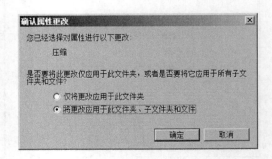

图 4.24　确认属性更改

如图 4.26 所示,压缩后文件夹大小仍然为 7.45 MB,但是占用的空间已经减少至 6.81 MB。也就是说,通过压缩节约了 0.64 MB 的可用空间。单击【确定】按钮后,如图 4.27所示的文件夹和如图 4.28 所示的文件夹内部,系统默认以蓝色来显示压缩过的 NTFS 文件或文件夹。

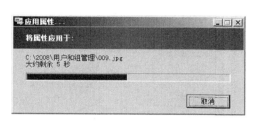

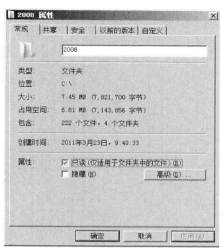

图 4.25　应用属性　　　　　　　　图 4.26　压缩后属性

图 4.27　压缩后的文件夹　　　　　　图 4.28　压缩后的文件夹内

4.2.5　NTFS 分区的磁盘配额管理

1. 配额管理基本设置

在 Windows Server 2008 资源管理器中,以 NTFS 分区 C 盘设置为例,在 C 盘根目录右击执行【属性】命令,在对话框中单击【配额】选项卡,如图 4.29 所示。

单击选中【启用配额管理(E)】、【拒绝将磁盘空间给超过配额限制的用户(D)】复选框,在"为该卷上的新用户选择默认磁盘限制"栏,单击选中【将磁盘空间限制为(L)】后,输入 500,单位为 MB,【将警告等级设置为】输入 480,单位为 MB。注:空间限制由管理员根据需要和磁盘大小来确定。

在"选择该卷的配额记录选项"栏,单击选中【用户超出配额限制时记录事件(G)】、【用户超过警告等级时记录事件(V)】复选框,设置如图 4.30 所示。

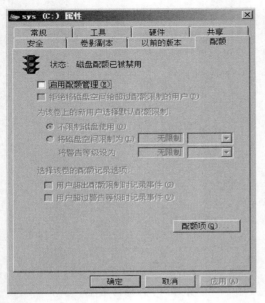

图 4.29 配额管理

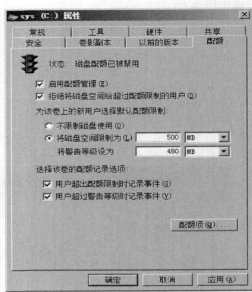

图 4.30 启用配额管理

2. 设置新用户的配额限制

下面以设置 Guset 用户为例,在如图 4.30 所示的对话框中单击【配额项(Q)...】按钮,在如图 4.31 所示的警告对话框中单击【确定】按钮,弹出如图 4.32 所示的配额设置对话框,执行菜单命令【配额】|【新建配额项(N)...】命令,在如图 4.33 所示的对话框中单击【高级(A)...】按钮,在如图 4.34 所示的对话框中单击【立即查找(N)】按钮,查找完成后,选择 Guest 用户,单击【确定】按钮,在如图 4.35 所示的对话框中单击【确定】按钮,弹出如图 4.36 所示的对话框,单击【将磁盘空间限制为(L)】后,输入 100,单位为 MB,【将警告等级设置为】输入 80,单位为 MB,单击【确定】按钮,完成 Guest 用户的磁盘配额设置,如图 4.37 所示。

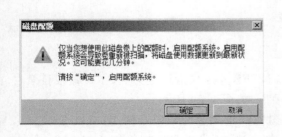

图 4.31 启用配额系统

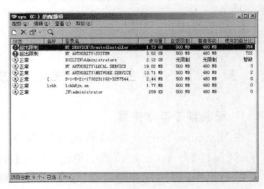

图 4.32 配额项设置

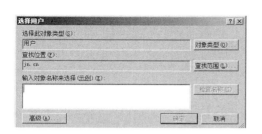

图 4.33 查找用户

图 4.34 选择用户

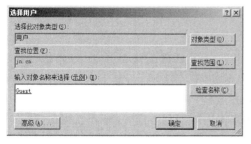

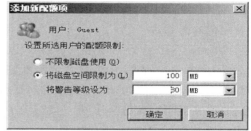

图 4.35 确定用户

图 4.36 设置所选用户的配额

3. 修改用户的配额限制

以设置 lchh 用户为例,如图 4.38 所示,右击 lchh 用户,执行【属性】命令,在如图 4.39 所示的对话框中,单击【将磁盘空间限制为(L)】后,输入 950,单位为 MB,【将警告等级设置为】输入 930,单位为 MB,单击【确定】按钮,完成 lchh 用户的磁盘配额设置,如图 4.40 所示。

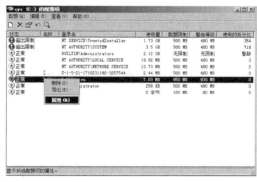

图 4.37 确定新用户配额

图 4.38 设置用户配额属性

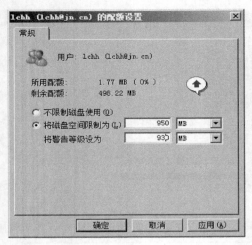

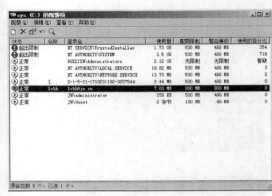

图 4.39　修改 lchh 用户配额　　　　　　　图 4.40　确定 lchh 用户配额

4.2.6　NTFS 分区的卷影副本配置和使用

1. 启用卷影副本

在 Windows Server 2008 资源管理器中,以 NTFS 分区 C 盘设置为例,在 C 盘根目录右击执行【属性】命令,在对话框中单击【卷影副本】选项卡如图 4.41 所示,单击选中"C:\"卷,而后单击【设置...】按钮,在如图 4.42 所示的对话框中,在【存储区域位于此卷(L):】处,选择"D:\",也就是设置不同的 NTFS 分区,在最大值栏的【使用限制(U):】后,输入 3 000,默认单位使用 MB。单击【确定】按钮,返回如图 4.41 所示的对话框,单击【启用(E)】按钮,弹出如图 4.43 所示的对话框,单击【是(Y)】按钮,返回如图 4.44 所示的对话框,"C:\" 卷已经启用了卷影副本。

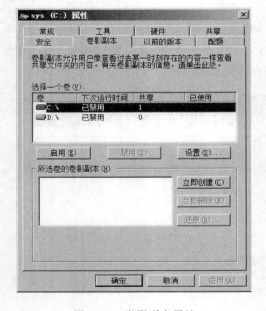

图 4.41　卷影副本属性　　　　　　　　　图 4.42　启动卷影复制

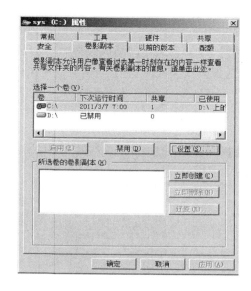

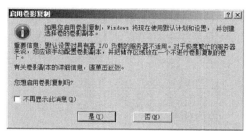

图 4.43　启用卷影复制提示　　　　　图 4.44　卷影副本启用后

默认情况下,系统会以共享文件夹所在磁盘的磁盘空间决定"卷影副本"存储区的容量大小,配置该磁盘空间的 10％作为卷影副本的存储区,而且该存储区最小需要 300 MB。

默认设置对具有高 I/O 负载的服务器不适用,对于极度繁忙的服务器(如域服务),卷影副本的存储区域必须放在一个不进行卷影复制的卷下。

2. 设置计划日程

在如图 4.44 所示的对话框中单击选中"C:\"卷,单击【设置...】按钮,在如图 4.42 所示的对话框的计划栏中单击【计划(C)...】按钮,在如图 4.45 所示的对话框中单击【新建(N)】按钮,可以添加创建卷影副本的时间点,选中具体的日程,单击【删除(D)】按钮可以删除日程,在"每周计划任务"栏中,可以设置每几周执行计划,以及星期几执行计划。

默认情况下,每天创建两个卷影副本。避免比每个小时创建一个卷影副本更频繁的操作。在每星期一至星期五的上午 7:00 与下午 12:00 两个时间点,分别自动添加一个卷影副本,也就是在这两个时间点将所有共享文件夹内的文件复制到卷影副本存储区内备用。

3. 随时创建卷影副本

在如图 4.46 所示的对话框中,单击选中已经启用卷影副本的分区,而后在"所选卷的卷影副本"栏中,单击【立即创建(C)】按钮,可以随时创建卷影副本。

4. 还原文件

1) 方法一

用户还原文件时,可以选择在不同时间点所创建的"卷影副本"内的旧文件后,单击【还原(R)...】按钮来还原文件。

下面以设置了卷影副本的 D 卷为例,修改并保存共享的"记事本文件 sn.txt"后,打开 D 卷属性对话框的【卷影副本】选项卡,在如图 4.47 所示的对话框中,单击选中"2011/3/29

7:51"的卷影副本,而后单击【还原(R)...】按钮,在如图 4.48 所示的警告对话框中,单击选中【如果要还原这个卷请选择此处】复选框后,单击【立即还原】按钮,如图 4.49 所示,系统进行还原如图 4.50 所示,正在还原卷,直到 100% 完成还原,单击【确定】按钮。而后查看"记事本文件 sn.txt"文件的修改失效,恢复到以前的状态。

注:该方法会导致所有 D 卷的共享文件恢复到"2011/3/29 7:51"时间点状态。

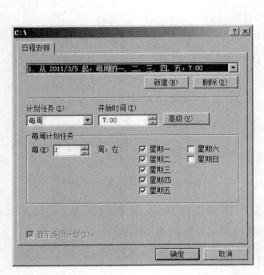

图 4.45　日程安排

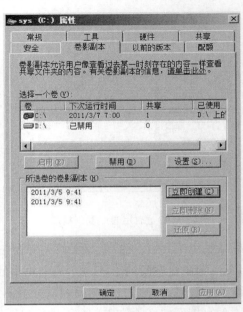

图 4.46　随时创建卷影副本

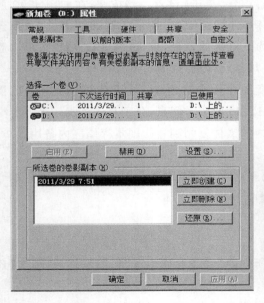

图 4.47　选择还原时间点

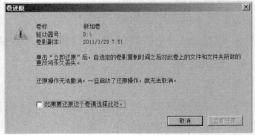

图 4.48　卷还原警告

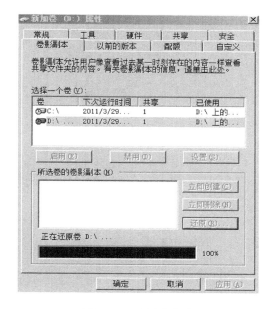

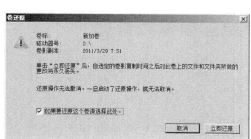

图 4.49　立即还原

图 4.50　还原卷完成

2）方法二

下面以设置了卷影副本的 D 卷为例，修改并保存共享的"记事本文件 sn. txt"后，右击"记事本文件 sn. txt"，执行【属性】命令，单击【以前的版本】选项卡如图 4.51 所示，单击【还原（R）...】按钮，在如图 4.52 所示的对话框中单击【还原（R）】按钮，在如图 4.53 所示的对话框中单击【确定】按钮，而后查看"记事本文件 sn. txt"文件的修改失效，恢复到以前的状态。

注：该方法仅恢复选择的文件，对本卷的其他共享文件没有影响。

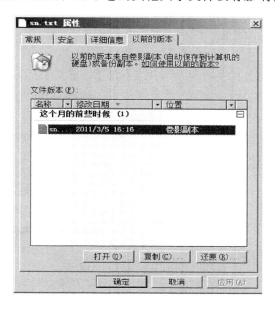

图 4.51　卷还原警告

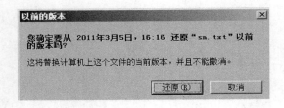

图 4.52　以前的版本

图 4.53　还原完成

4.3　任务 2　共享资源的创建和管理

4.3.1　任务描述

在 Windows Server 2008 中创建共享文件夹、使用共享文件夹、管理共享文件夹。

4.3.2　任务分析

在 Windows Server 2008 中管理员创建、管理和使用共享文件夹,并完成如下具体任务。
(1) 创建共享文件夹。
(2) 访问共享文件夹。
(3) 映射网络驱动器。
(4) 共享文件夹的管理。

4.3.3　创建共享文件夹

下面以设置"C:\soft"文件夹为例,执行【开始】|【计算机】命令,打开 C 盘,右击 soft 文件夹,执行【共享】命令,如图 4.54 所示,在如图 4.55 所示的对话框中单击【添加】按钮,添加用户并设置用户的共享权限级别,用户身份有以下 3 种。

图 4.54　共享文件夹

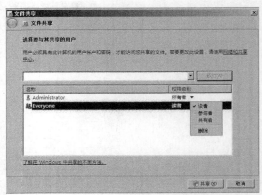

图 4.55　设置文件夹共享

(1) 读者:表示用户对此文件夹的共享权限为"读取"。

(2) 参与者:表示用户对此文件的共享权限为"更改"。

(3) 共有者:表示用户对此文件的共享权限为"完全控制"。

设置完用户后,单击【共享】按钮,在如图 4.56 所示的对话框中单击【完成】按钮,完成共享文件夹的创建,文件夹共享后如图 4.57 所示。

图 4.56　完成共享

图 4.57　共享后的文件夹

4.3.4　访问共享文件夹

1）方法一

执行【开始】|【网络】命令,打开网上邻居如图 4.58 所示,双击"WIN-LWUWL830KQ9"计算机,可以查看该计算机的所有共享资源,如图 4.59 所示。

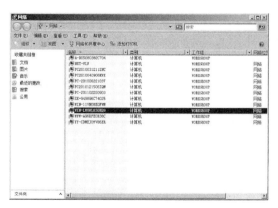

图 4.58　使用网上邻居

图 4.59　查看共享文件夹

2）方法二

执行【开始】|【运行】命令,在运行对话框中,输入"\\IP 地址或者计算机名"可以访问该计算机的所有共享资源,输入"\\IP 地址或者计算机名\共享名"可以访问该计算机的某个共享文件夹的资源。

109

4.3.5 映射网络驱动器

通过网上邻居使用网络的共享资源是常用的,但如果用户经常需要连接固定的计算机上的共享文件夹,每次都通过网上邻居就显得烦琐。使用映射网络驱动器的方法,将网络上的一个共享文件夹当做本地计算机上的一个驱动器来使用,每次使用这个共享文件夹时,只需像使用本地驱动器一样,减少了操作步骤。

1) 方法一

执行【开始】|【网络】命令,打开网上邻居如图 4.58 所示,双击“WIN-LWUWL830KQ9”计算机,可以查看该计算机的所有共享资源,在如图 4.60 所示的对话框中,右击 soft 共享文件夹,执行【映射网络驱动器(M)...】命令,在如图 4.61 所示的对话框中,指定驱动器号,单击【完成】按钮,而后执行【开始】|【计算机】命令,出现如图 4.62 所示的对话框,共享文件夹以磁盘分区的方式显示在计算机的界面中。

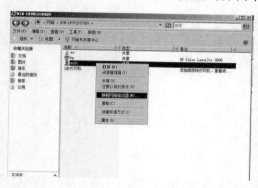

图 4.60　映射网络驱动器

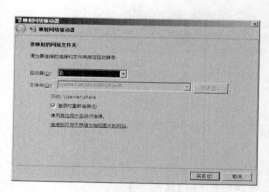

图 4.61　设置映射驱动器

2) 方法二

执行【开始】命令,右击【网络】执行【映射驱动器(N)...】命令,在如图 4.63 所示的对话框中,选择驱动器号,并设置共享文件夹,格式如“\\IP 地址或计算机名\共享名”,而后单击【完成】按钮完成创建。

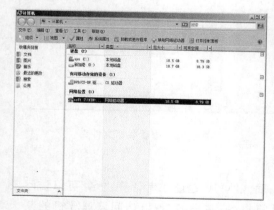

图 4.62　使用映射网络驱动器

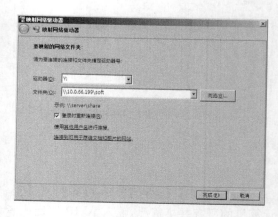

图 4.63　手动设置映射

4.3.6　共享文件夹的管理

共享文件夹创建完成后用户立即可以使用,但如果需要针对不同的用户提供差异服务,就需要对共享文件夹进行一定的管理和设置。

1. 共享文件夹的权限

通过共享文件夹权限和 NTFS 权限的共同作用,为不同的用户提供差异服务。

2. 高级共享设置

右击共享的文件夹,执行【属性】命令,在如图 4.64 所示的共享属性对话框中,单击【高级共享(A)...】按钮,在如图 4.66 所示的高级共享对话框中,选择共享名单击【权限】按钮,在如图 4.65 所示的共享权限对话框中,设置用户的权限,单击【添加】按钮,可以允许其他用户共享并设置差异的权限。

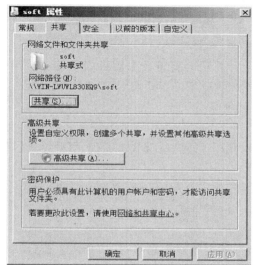
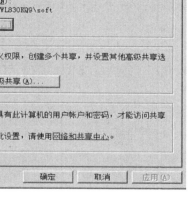

图 4.64　共享属性　　　　　　　　　　　图 4.65　共享权限

每个共享文件夹可以有一个或多个共享名,而且每个共享名还可设置差异共享权限,默认的共享名就是文件夹的名称。要更改或添加共享名,在如图 4.66 所示的高级共享对话框中,单击【添加】按钮,然后在如图 4.67 所示的新建共享对话框中,输入新的共享名,共享名在计算机上必须唯一,若此时单击【权限】按钮,弹出如图 4.65 所示的对话框,可以设置不同共享名针对不同用户的差异权限。

3. 脱机文件的设置

启动脱机文件,在如图 4.66 所示的对话框中单击【缓存(C)】按钮,弹出如图 4.68 所示的脱机设置对话框,有以下 3 个选项可设置。

1) 只有用户指定的文件和程序才能在脱机状态下可用(O)

用户自行选择需要进行脱机使用的文件,即只有被用户选择的文件才可脱机使用。

2) 用户从该共享打开的所有文件和程序将自动在脱机状态下可用(A)

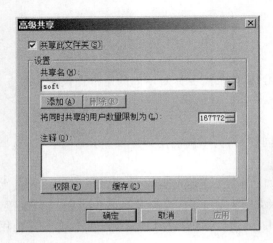

图 4.66　高级共享　　　　　　　　　图 4.67　新建共享

只要被用户访问过共享文件夹内的文件,将会自动缓存到用户的硬盘供脱机使用。

"已进行性能优化"复选框主要针对的是应用程序,选择此项后程序会被自动缓存到用户的计算机,当网络上的计算机使用该程序时,用户计算机会直接读取缓存版本,这样可减少网络传输的过程,加快程序的执行速度,但要注意此程序最好不要设置"更改"共享权限。

3)该共享上的文件或程序将在脱机状态下不可用(F)

选择此项将关闭脱机文件的功能。

单击【只有用户指定的文件和程序才能在脱机状态下可用(O)】单选按钮,而后单击【确定】按钮,则该共享文件夹允许被脱机使用。

Windows Server 2008 需要安装"桌面体验"功能,才支持脱机使用共享文件夹,同时在用户计算机上需要启动使用脱机文件功能。

①"桌面体验"功能安装

执行【开始】|【管理工具】|【服务器管理】命令,打开服务器管理器窗口,单击左侧【控制台树】|【功能】选项如图 4.69 所示,单击右侧的【添加功能】按钮,在如图 4.70 所示的对话框中,单击选中【桌面体验】复选框,而后单击【下一步】按钮,弹出如图 4.71 所示的对话框,单

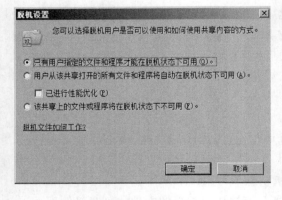

图 4.68　脱机设置　　　　　　　　　图 4.69　添加功能

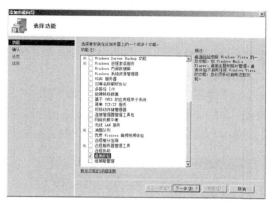

图 4.70　选择桌面体验　　　　　　图 4.71　确认桌面体验

击【安装】按钮,在如图 4.72 所示的对话框中等待安装进程,完成后,在如图 4.73 所示的对话框中系统提示安装需重启后完成,单击【关闭】按钮,系统弹出如图 4.74 所示的重启对话框,单击【是】按钮,系统重新启动,重启后系统继续完成安装,在如图 4.75 所示的对话框中单击【完成】按钮,桌面体验功能安装完成。

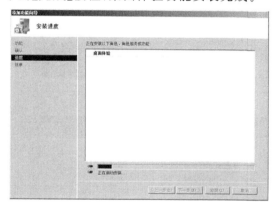
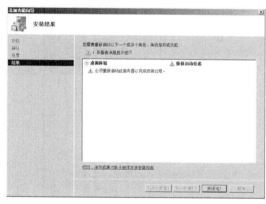

图 4.72　安装桌面体验　　　　　　图 4.73　安装待重启

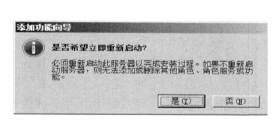

图 4.74　安装重启　　　　　　图 4.75　安装成功

② 启用脱机文件功能

执行【开始】|【控制面板】|【脱机文件】命令,在如图 4.76 所示的对话框中单击【启用脱机文件】按钮,弹出如图 4.77 所示的对话框,系统提示重新启动计算机设置才能生效,单击【确定】按钮,在如图 4.78 所示的对话框中单击【是】按钮,系统重启。

用户在客户端打开提供共享资源的计算机,右击需要脱机访问的文件夹,执行【始终脱机可用】命令,如图 4.79 所示,完成后,文件夹图标会有一个绿色双箭头,如图 4.80 所示,此时用户可以在脱离网络的状态下,按 soft 共享文件夹的权限对此文件进行操作了。

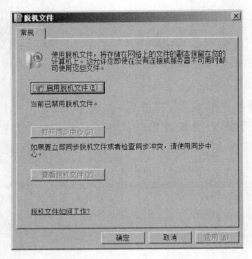

图 4.76　脱机文件未激活

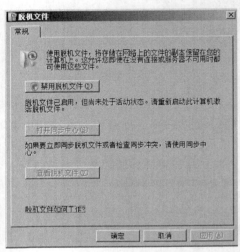

图 4.77　脱机文件未激活

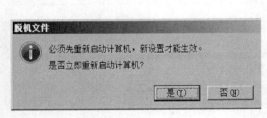

图 4.78　脱机重启

图 4.79　始终脱机可用

4. 隐藏共享文件夹

如果不希望在"网上邻居"中显示共享文件夹,只要在共享名后加上一个"＄"符号就可以将它隐藏起来。例如,只要将共享名 soft 改为 soft＄,就可不在网上邻居中显示此共享文件夹。但隐藏并不表示不可访问,用户可执行【开始】|【运行】命令,输入【\\IP 地址或计算机名\共享名＄】,而后单击【确定】按钮,访问被隐藏的共享文件夹。在系统中有许多自动创建的被隐藏的共享文件夹,它们是供系统内部或管理系统使用的,如 C＄(代表 C 分区)、Admin＄(代表安装 Windows Server 2008 的文件夹)、IPC＄(Internet Process Connection,

共享"命名管道"的资源)等。查看服务器上的所有共享文件夹,包括隐含共享的文件,执行
【开始】|【管理工具】|【共享和存储管理】命令,如图 4.81 所示。

图 4.80　脱机文件　　　　　　　　图 4.81　共享和存储管理

4.4　小　结

本章介绍了 Windows Server 2008 NTFS 文件系统的相关知识,重点介绍了 Windows Server
2008 NTFS 分区的数据管理、共享资源的创建和管理、分布式文件系统的创建和管理等。

4.5　项目实训　Windows Server 2008 的文件资源管理

1. 实训目标

(1) 掌握 Windows Server 2008 的磁盘限额与卷影副本。

(2) 掌握 Windows Server 2008 共享文件夹的管理与使用。

(3) 掌握 Windows Server 2008 创建与访问分布式文件。

2. 实训环境

1) 硬件

3 台计算机(计算机配置要求 CPU 2.0 GHz 以上,2 台 X64 位处理器的计算机分别命
名为 A 和 B,1 台 X86 处理器的计算机命名为 C,内存不小于 1 G,硬盘不小于 40 GB,有
DVD 光驱和网卡,并通过交换机互联)。

2) 软件

* Windows Server 2008 企业版安装 DVD 盘。
* Windows Server 2008 R2 企业版安装 DVD 盘。
* A 计算机运行 64 位的 Windows Server 2008 企业版操作系统,并建立 test1.cn 的域
  控制器。
* B 计算机运行 64 位的 Windows Server 2008 企业版操作系统,并建立 test2.cn 的域
  控制器。

- C 计算机运行 32 位的 Windows Server 2008 企业版操作系统,并加入 test1.cn 的域。

3. 实训要求

1)新建共享文件夹

在 A 计算机的 NTFS 分区上新建并共享 Share1 文件夹。

2)设置不同用户的共享权限

在 A 计算机上新建 3 个用户 student1、student2、student3 对共享文件夹 Share1 的访问权限:student1、student2 的访问权限为"完全控制",student3 的访问权限仅为"读取"。

3)配置并使用卷影副本

启动 B 计算机"C:\"的"卷影副本"功能,计划从当前时间开始,每周五 19:00 自动添加一个"卷影副本"。

4)映射网络驱动器

在 C 计算机上,将 A 计算机的共享文件夹 Share1 映射为该计算机的 Z 盘驱动器。

5)磁盘配额管理

在 C 计算机上,以管理员用户对 NTFS 分区"D:\"作磁盘配额限制,设置用户 student1 的磁盘配额空间为 100 MB,注销后,以 student1 用户登录 C 计算机,安装 Windows Server 2008。

4. 实训评价

实训评价表					
内 容			评 价		
学习目标	评价项目		3	2	1
职业能力	能熟练进行 Windows Server 2008 的磁盘配额管理和卷影副本设置	Windows Server 2008 的磁盘配额管理和卷影副本设置			
	能熟练进行 Windows Server 2008 的共享文件夹的配置和使用	Windows Server 2008 的共享文件夹的配置和使用			
	能熟练进行 Windows Server 2008 的 DFS 配置和使用	Windows Server 2008 的 DFS 配置和使用			
通用能力	交流表达能力				
	与人合作能力				
	沟通能力				
	组织能力				
	活动能力				
	解决问题的能力				
	自我提高的能力				
	革新、创新的能力				
综合评价					

4.6　习　题

1. 填空题

(1) NTFS 文件夹权限类型有 _____、_____、_____、_____、_____、_____、_____。

(2) NTFS 文件权限类型有_____、_____、_____、_____、_____。

(3) FAT16 文件系统支持的最大分区为 _____。

(4) NTFS 文件系统支持的最大分区为 _____。

(5) Windows Server 2008 自带的 FAT 无损转换为 NTFS 程序是 _____。

2. 选择题

(1) NTFS 权限规则具有( )。

A. 累加性　　　　　　　　　B. 继承性

C. 拒绝权限优先性　　　　　D. 以上 3 项都是

(2) 不具有创建共享文件夹权限的成员是( )。

A. Users 组　　　　　　　　B. Server Operators 组

C. Power Users 组　　　　　D. Administrators 组

(3) 分布式文件系统的功能有( )。

A. 负载均衡　　　　　　　　B. 可靠性

C. 高效访问　　　　　　　　D. 以上都是

(4) 共享文件夹的权限为( )。

A. 读取　　　　　　　　　　B. 更改

C. 完全控制　　　　　　　　D. 以上都是

(5) Windows Server 2008 访问共享文件夹的身份是( )。

A. 读者　　　　　　　　　　B. 参与者

C. 共有者　　　　　　　　　D. 以上都是

3. 简答题

(1) 简述 NTFS 分区卷影副本的作用是什么。

(2) 简述 NTFS 文件系统较 FAT 文件系统的优点。

(3) 简述共享权限和 NTFS 权限的共同点。

(4) 简述共享权限和 NTFS 权限的区别和联系。

(5) 简述共享资源的访问方法。

第 5 章　磁盘管理

1. 教学目标

(1) 理解基本磁盘和动态磁盘。

(2) 理解数据的备份和恢复。

(3) 掌握 Windows Server 2008 的基本磁盘管理。

(4) 掌握 Windows Server 2008 的动态磁盘管理。

(5) 掌握 Windows Server 2008 的数据备份和恢复。

2. 教学要求

知识要点	能力要求	关联知识
基本磁盘	创建主分区、扩展分区、逻辑分区等	基本磁盘特点
简单卷	简单卷的创建和管理	简单卷的特点
跨区卷	跨区卷的创建和管理	跨区卷的特点
带区卷	带区卷的创建和管理	带区卷的特点
镜像卷	镜像卷的创建和管理	镜像卷的特点
RAID-5 卷	RAID-5 卷创建和管理	RAID-5 卷的特点
动态磁盘数据恢复	镜像卷和 RAID-5 卷的数据恢复	动态磁盘特性

3. 重点难点

(1) 带区卷。

(2) 镜像卷。

(3) RAID-5 卷。

(4) 动态磁盘数据恢复。

无论多么强大的服务器,数据的读写都是核心,都要求磁盘有强大的 I/O 吞吐量,来快速响应大量并发用户的请求。硬盘崩溃、病毒或自然灾难都可能导致服务器重要的数据丢失。为了避免由于故障导致服务器停止工作,甚至丢失数据的情况发生,就需要对磁盘进行合理管理,同时作好数据的备份和恢复规划,在紧急状态下,可以快速进行数据的恢复。

5.1　磁盘管理概述

5.1.1　基本磁盘

从 Windows 2000 Server 开始，Windows 系统将磁盘存储类型分为基本磁盘和动态磁盘两种类型。磁盘系统可以包含任意的存储类型组合，但是同一个物理磁盘上所有卷必须使用同一种存储类型。

在基本磁盘上，使用分区来分割磁盘；在动态磁盘上，将存储分为卷而不是分区。

基本磁盘是指包含主磁盘分区、扩展磁盘分区或逻辑驱动器的物理磁盘，它是 Windows Server 2008 中默认的磁盘类型，是与 Windows 98/NT/2000 兼容的磁盘操作系统。如果一个磁盘上同时安装 Windows 98/NT/2000，则必须使用基本磁盘，因为这些操作系统无法访问动态磁盘上存储的数据。基本磁盘上的分区和逻辑驱动器称为基本卷，只能在基本磁盘上创建基本卷。使用基本磁盘的好处在于，它可以提供单独的空间来组织数据。

1. 基本卷

基本磁盘上的分区和逻辑驱动器称为基本卷，只能在基本磁盘上创建基本卷。对于"主启动记录（MBR）"基本磁盘（磁盘第一个引导扇区包括分区表和引导代码），最多可以创建四个主磁盘分区，或最多三个主磁盘分区加上一个扩展分区。在扩展分区内，可以创建多个逻辑分区。对于 GUID 分区表（GPT）基本磁盘（一种基于 Itanium 计算机的可扩展固件接口 EPI 使用的磁盘分区架构），最多可创建 128 个主磁盘分区。由于 GPT 磁盘并不限制四个分区，因而不必创建扩展分区或逻辑分区。一个基本磁盘有以下几种分区形式。

1）主磁盘分区

当计算机启动时，会到被设置为活动状态的主磁盘分区中读取系统引导文件，以便启动相应的操作系统。

2）扩展磁盘分区

扩展磁盘分区只能够被用来存储数据，无法启动操作系统，无法直接使用。

3）逻辑驱动器

扩展磁盘分区无法直接使用，必须在扩展磁盘分区上创建逻辑驱动器才能够存储数据。

2. 系统卷和引导卷

在 Windows Server 2008 中还定义了"系统卷"和"引导卷"。

1）系统卷

此卷中存放一些用来启动操作系统的引导文件，系统通过这些引导文件，再到引导卷中读取启动 Windows Server 2008 系统所需文件。如果计算机安装了多操作系统，系统卷的程序会在启动时显示操作系统选择菜单供用户选择。系统卷必须是处于活动状态的主磁盘分区。

2）引导卷

此卷中存放 Windows Server 2008 系统的文件，引导卷可以是主磁盘分区，也可以是逻辑分区。

5.1.2　动态磁盘

动态磁盘可以提供一些基本磁盘不具备的功能,可以创建可跨越多个磁盘的卷(跨区卷和带区卷)和创建具有容错能力的卷(镜像卷和 RAID-5 卷),所有动态磁盘上的卷都是动态卷。动态卷有 5 种类型:简单卷、跨区卷、带区卷、镜像卷和 RAID-5 卷。不管动态磁盘使用"主启动记录(MBR)"还是"GUID 分区表(GPT)"分区样式,都可以创建最多 2 000 个动态卷,推荐值是 32 个或更少。

多磁盘的存储系统应该使用动态存储,磁盘管理支持在多个硬盘有超过一个分区的遗留卷,但不允许创建新的卷,不能在基本磁盘上执行创建卷、带、镜像和带奇偶校验的带,以及扩充卷和卷设置等操作。基本磁盘和动态磁盘之间可以相互转换,可以将一个基本磁盘升级为动态磁盘,也可以将动态磁盘转化为基本磁盘。

目前 Windows Server 2008 服务器中很多使用的是动态磁盘,支持多种特殊的动态卷,它们提供容错、提高磁盘利用率和访问效率的功能。要创建上述这些动态卷,必须先保证磁盘是动态磁盘,如果磁盘是基本磁盘,则可先将其升级为动态磁盘。

可以在任何时间将基本磁盘转换成动态磁盘,而不丢失数据。当将一个基本磁盘转换成动态磁盘时,在基本磁盘上的分区将变成卷。也可以将动态磁盘转换成基本磁盘,但是在动态磁盘上的数据将会丢失。为了将动态磁盘转换成基本磁盘,要先删除动态磁盘上的数据和卷,然后从未分配的磁盘空间上重新创建基本分区。将基本磁盘转换为动态磁盘之后,基本磁盘上已有的全部分区都将变为动态磁盘上的简单卷。

1. 简单卷

简单卷由单个物理磁盘上的磁盘空间组成,它可以由磁盘上的单个区域或者链接在一起的相同磁盘上的多个区域组成。可以在同一磁盘中扩展简单卷或把简单卷扩展到其他磁盘。如果跨多个磁盘扩展简单卷,则该卷就是跨区卷。

只能在动态磁盘上创建简单卷,如果想在创建简单卷后增加它的容量,则可通过磁盘上剩余的未分配空间来扩展这个卷。要扩展简单卷,该卷必须使用 Windows Server 2008 中的 NTFS 文件系统格式化,不能扩展基本磁盘上作为以前分区的简单卷。

也可将简单卷扩展到同一计算机的其他磁盘的区域中,当将简单卷扩展到一个或多个其他磁盘时,它会变为一个跨区卷。在扩展跨区卷之后,不删除整个跨区卷便不能将它的任何部分删除,跨区卷不能是镜像卷或带区卷。

简单卷可以是 FAT、FAT32 或 NTFS 文件系统,但若要扩展简单卷就必须使用 NTFS 文件系统;只有 Windows 2000 Server、Windows XP Professional、Windows Server 2003、Windows Vista、Winodws Server 2008 操作系统才能访问简单卷。

2. 跨区卷

跨区卷将来自多个磁盘的未分配空间合并到一个逻辑卷中,这样可以更有效地使用多个磁盘系统上的所有空间和所有驱动器号。如果需要创建卷,但又没有足够的未分配空间分配给单个磁盘上的卷,则可通过将来自多个磁盘的未分配空间的扇区合并到一个跨区卷,来创建足够大的卷。用于创建跨区卷的未分配空间区域的大小可以不同。

跨区卷是这样组织的,先将一个磁盘上为卷分配的空间充满,然后从下一个磁盘开始,再将该磁盘上为卷分配的空间充满,依次类推。虽然利用跨区卷可以快速增加卷的容量,但是,跨区卷既不能提高对磁盘数据的读取性能,也不提供容错功能。当跨区卷中的某个磁盘出现故障时,存储在该磁盘上的所有数据将全部丢失。

跨区卷可以在不使用装入点的情况下,获得更多磁盘上的数据,通过将多个磁盘使用的空间合并为一个跨区卷,从而可以释放驱动器号用于其他用途,并可创建一个较大的卷用于文件系统。增加现有卷的容量称做"扩展",使用 NTFS 文件系统格式化的现有跨区卷,可由所有磁盘上未分配空间的总量进行扩展。但是,在扩展跨区卷之后,不删除整个跨区卷便无法删除它的任何部分。"磁盘管理"将格式化新的区域,但不会影响原跨区卷上现有的任何文件,不能扩展使用 FAT 文件系统格式化的跨区卷。

跨区卷可以是 FAT、FAT32 或 NTFS 文件系统,但若要扩展跨区卷就必须使用 NTFS 文件系统;只有 Windows 2000 Server、Windows XP Professional、Windows Server 2003、Winodws Server 2008 操作系统才能访问跨区卷;跨区卷不能包含系统卷和引导卷;可以在 2~32 块磁盘上创建跨区卷,同时组成跨区卷的空间容量可以不同;一个跨区卷的所有成员被视为一个整体,无法将其中的一个成员独立出来,除非将整个跨区卷删除;跨区卷在磁盘空间的利用率上比简单卷好,但它不能成为其他动态卷的一部分。

3. 带区卷

带区卷使用 RAID-0 技术,带区卷是通过将两个或更多磁盘上的可用空间区域,合并到一个逻辑卷而创建的,从而可以在多个磁盘上分布数据。带区卷不能被扩展或镜像,并且不提供容错。如果包含带区卷的其中一个磁盘出现故障,则整个卷无法工作。

创建带区卷时,最好使用相同大小、型号和制造商的磁盘。创建带区卷的过程与创建跨区卷的过程类似,唯一的区别就是在选择磁盘时,参与带区卷的空间必须大小一样,并且最大值不能超过最小容量的参与该卷的未指派空间。

利用带区卷,可以将数据分块并按一定顺序在阵列中的所有磁盘上分布数据,与跨区卷类似。带区卷可以同时对所有磁盘进行写数据操作,从而可以相同的速率向所有磁盘写数据。尽管不具备容错能力,但带区卷在所有 Windows 磁盘管理策略中的性能最好,同时它通过在多个磁盘上分配 I/O 请求从而提高了 I/O 性能。例如,带区卷在以下情况下提高了性能:

- 从(向)大的数据库中读(写)数据;
- 以极高的传输速率从外部源收集数据;
- 装载程序映像、动态链接库(DLL)或运行时库。

带区卷可以是 FAT、FAT32 或 NTFS 文件系统;只有 Windows 2000 Server、Windows XP Professional、Windows Server 2003、Winodws Server 2008 操作系统才能访问带区卷;带区卷不能包含系统卷和引导卷,并且无法扩展;可以在 2~32 块磁盘上创建带区卷,至少需要两块磁盘,同时组成带区卷的空间容量必须相同;一个带区卷的所有成员被视为一个整体,无法将其中的一个成员独立出来,除非将整个带区卷删除。

4. 镜像卷

镜像卷也称 RAID-1 卷,利用镜像卷可以将用户的相同数据同时复制到两个物理磁盘中,如果一个物理磁盘出现故障,虽然该磁盘上的数据将无法使用,但系统能够继续使用尚未损坏而仍继续正常运转的磁盘进行数据的读写操作,从而通过另一磁盘上保留完全冗余的副本,保护磁盘上的数据免受介质故障的影响。镜像卷的磁盘空间利用率只有 50%,所以镜像卷的花费相对较高。不过对于系统和引导分区而言,稳定是压倒一切的,一旦系统瘫痪,所有数据都将随之而消失,所以,镜像卷被大量应用于系统和引导分区。

要创建镜像卷,必须使用另一磁盘上的可用空间。动态磁盘中现有的任何卷(甚至是系统卷和引导卷),都可以使用相同的或不同的控制器,镜像到其他磁盘上大小相同或更大的另一个卷。最好使用大小、型号和制造厂家都相同的磁盘作为镜像卷,以避免可能产生的兼容性错误。镜像卷可以增强读性能,因为容错驱动程序同时从两个成员中同时读取数据,所以读取数据的速度会有所增加。当然,由于容错驱动程序必须同时向两个成员写数据,所以磁盘的写性能会略有降低。

镜像卷可以是 FAT、FAT32 或 NTFS 文件系统;只有 Windows 2000 Server、Windows XP Professional、Windows Server 2003、Winodws Server 2008 操作系统才能访问镜像卷;组成镜像卷的空间容量必须相同,并且无法扩展;只能在两块磁盘上创建镜像卷,用户可通过一块磁盘上的简单卷和另一块磁盘上的未分配空间组合成一个镜像卷,也可直接将两块磁盘上的未分配空间组合成一个镜像卷;一个镜像卷的所有成员被视为一个整体,无法将其中的一个成员独立出来,除非将整个镜像卷删除。

5. RAID-5 卷

RAID-5 卷,Windows Server 2008 通过给该卷的每个硬盘分区中添加奇偶校验信息来实现容错,如果某个硬盘出现故障,Windows Server 2008 便可以用其余硬盘上的数据和奇偶校验信息,重建发生故障的硬盘上的数据。

RAID-5 卷至少要由 3 个磁盘组成,系统在写入数据时,以 64 KB 为单位。例如,由 4 个磁盘组成 RAID-5 卷,则系统会将数据拆分成每三个 64 KB 为一组,写数据时每次将一组三个 64 KB 和它们的奇偶校验数据分别写入 4 个磁盘,直到所有数据都写入磁盘为止,并且奇偶校验数据不是存储在固定的磁盘内,而是依序分布在每个磁盘内。例如,第一次写入时存储在磁盘 0、第二次写入时存储在磁盘 1,存储到最后一个磁盘后,再从磁盘 0 开始存储。

由于要计算奇偶校验信息,RAID-5 卷的写入效率相对镜像卷较差。但是,RAID-5 卷比镜像卷提供更好的读性能,Windows Server 2008 可以从多个盘上同时读取数据。与镜像卷相比,RAID-5 卷的磁盘空间有效利用率为$(n-1)/n$(其中 n 为磁盘的数目),硬盘数量越多,冗余数据带区的成本越低,所以 RAID-5 卷的性价比较高,被广泛应用于数据存储的领域。

RAID-5 卷可以是 FAT、FAT32 或 NTFS 文件系统;只有 Windows 2000 Server、Windows XP Professional、Windows Server 2003、Winodws Server 2008 操作系统才能访问 RAID-5 卷;组成 RAID-5 卷的空间容量必须相同,并且无法扩展;可以在 3~32 块磁盘上创建 RAID-5 卷,至少需要 3 块磁盘;一个 RAID-5 卷的所有成员被视为一个整体,无法将其中的一个成员独立出来,除非将整个 RAID-5 卷删除;RAID-5 卷不包含系统卷和引导卷。

镜像卷和 RAID-5 卷都有数据容错能力,所以当组成卷的磁盘中有一块磁盘出现故障时,仍然能够保证数据的完整性,但此时这两种卷的数据容错能力已失效或下降,若卷中再有磁盘发生故障,那么保存的数据就可能丢失,因此应尽快修复或更换磁盘以恢复卷的容错能力。

5.1.3　数据的备份和恢复

1. 系统容错

系统容错指的是在系统出现各种软硬件故障时,系统仍然能够保护正在运行的工作和继续提供正常服务的能力,因此保证数据和服务的可用性是容错的一个重要内容。灾难恢复是指在出现软硬件故障后尽最大可能保护重要的数据,使资源不受破坏,也包括当出现故障时使损失降低到最小,并且不影响其他服务。主要的系统容错和灾难恢复方法有下述三种。

1）配置不间断电源

不间断电源实际上就是一个蓄电池,主要作用是保证输入计算机的供电不中断,防止电压欠载、电涌和频率偏移现象。有了不间断电源之后,一旦遇到意外断电之类的情况,计算机就不会由于突然断电造成系统崩溃、程序出错、文件丢失,甚至硬盘损坏之类的故障。

2）利用 RAID 实现容错

RAID 是为了防止因为硬盘故障而导致数据丢失或者系统不正常工作的一组硬盘阵列。通过 RAID 可以将重复的数据保存到多个硬盘上,降低了丢失数据的风险。常见的 RAID 分为硬件 RAID 和软件 RAID 两种,前者由第三方供应商提供各种磁盘阵列产品,后者主要是整合在操作系统中的软件 RAID。

3）数据的备份和恢复

数据的备份和还原是预防数据丢失的最常用的手段之一,一方面可以借助 Ghost 之类专业的工作对某个分区甚至整个磁盘进行备份,另一方面可以使用 Windows Server 2008 中内置的备份程序进行数据备份。在数据备份完成之后,一旦发现数据出错也能够在最短的时间之内恢复,以确保计算机能够正常稳定运行。

2. Windows Server Backup

Windows Server Backup,它和以前版本的 Windows 相比有了很大的改变,也让用户备份数据更加轻松快捷。

1）全新的快速备份技术

Windows Server Backup 使用了卷影副本服务和块级别的备份技术来有效地还原和备份操作系统、文件以及文件夹。当用户第一次完成完全备份后,系统会自动运行增量备份操作,这样就只会传输上次备份后变化的数据。而在以前版本中,用户则需要手动设置每次的备份工作空间是选择完全备份,还是增量备份。

2）简便快捷的恢复方法

Windows Server Backup 能够自动识别备份操作的增量备份动作,然后一次性完成还原,用户可以简单地选择所需还原的文件的不同版本,还可以选择还原一个完整的文件夹或者是文件夹中的某些特定文件。

3）对于 DVD 光盘备份的支持

随着备份量的增大以及刻录工具的普及,DVD 介质的备份使用越来越普遍,Windows Server Backup 也提供了对于 DVD 光盘备份的支持。

5.2 任务1 Windows Server 2008 的基本磁盘管理

5.2.1 任务描述

在 Windows Server 2008 中创建主磁盘分区、创建扩展磁盘分区、对磁盘分区进行相关操作,如设置活动分区等。

5.2.2 任务分析

在 Windows Server 2008 中创建主磁盘分区、创建扩展磁盘分区、对磁盘分区进行相关操作,如设置活动分区等,管理员应完成以下具体任务。

(1) 创建主磁盘分区。

(2) 创建扩展磁盘分区。

(3) 磁盘分区的相关操作。

5.2.3 启动"磁盘管理"控制台

在安装 Windows Server 2008 时,硬盘将自动初始化为基本磁盘。基本磁盘上的管理任务包括磁盘分区的建立、删除、查看以及分区的挂载和磁盘碎片整理等。在 Windows Server 2008 中,磁盘管理任务是以一组磁盘管理实用程序的形式提供给用户的,它们位于"计算机管理"控制台中,都是通过基于图形界面的"磁盘管理"控制台来完成的。

执行【开始】|【管理工具】|【计算机管理】命令,而后单击【存储】|【磁盘管理】按钮,磁盘管理控制台如图 5.1 所示;或者执行【开始】|【管理工具】|【服务器管理器】命令,而后单击【存储】|【磁盘管理】按钮,磁盘管理控制台如图 5.2 所示;或者执行【开始】|【运行】命令,输入"diskmgmt.msc",并单击【确定】按钮,直接进入磁盘管理控制台如图 5.3 所示,都能够进行磁盘管理。

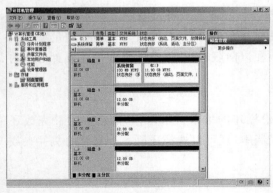

图 5.1 计算机管理

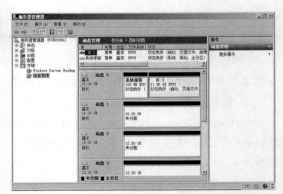

图 5.2 服务器管理

5.2.4 创建主磁盘分区

在如图 5.3 所示的窗口中,选中未指派的磁盘空间,本例选中【磁盘 1】,在如图 5.4 所示窗口中,右击【磁盘 1】右侧的【未分配】区域,执行【新建简单卷(I)…】命令,启动新建简单卷向导,并按如图 5.5－5.8 所示的向导进行操作,单击如图 5.9 所示的【完成】按钮后,系统开始格式化分区如图 5.10 所示,格式化完成后,主分区如图 5.11 所示。

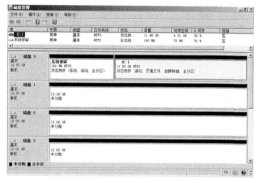

图 5.3 磁盘管理

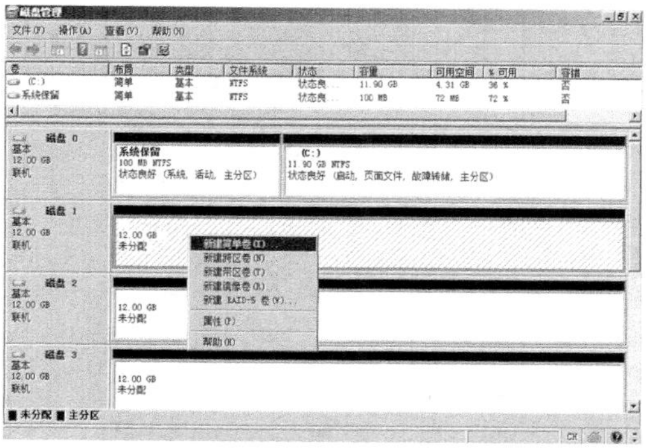

图 5.4 创建主磁盘分区

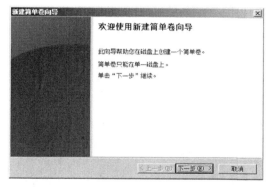

图 5.5 新建简单卷向导

图 5.6 指定卷大小

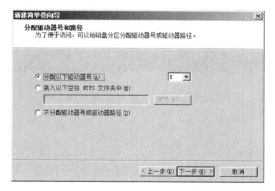

图 5.7 分配驱动器号和路径

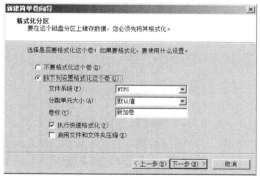

图 5.8 格式化分区

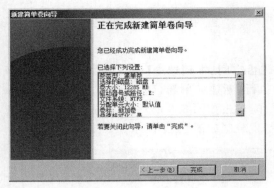

图 5.9　完成新建卷

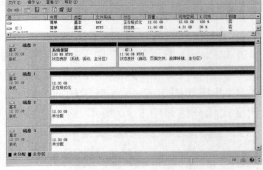

图 5.10　正在格式化分区

5.2.5　创建扩展磁盘分区

在基本磁盘未指派的空间中,可以创建扩展磁盘分区,但是在一个基本磁盘中只能创建一个扩展磁盘分区。扩展分区创建好后,可以在该分区中创建逻辑磁盘驱动器,并给每个逻辑磁盘驱动器指派驱动器号。Windows Server 2008 已经不提供图形方式来创建扩展磁盘分区,但可以用 Diskpart.exe 命令来创建扩展磁盘分区,具体操作步骤如下。

1. 进入命令提示符

执行【开始】|【运行】命令,输入"CMD"并单击【确定】按钮。

2. 输入 diskpart 命令

在命令提示符界面,输入"diskpart"命令并按【Enter 键】确认,进入分区命令配置模式,输入"?"并按【Enter 键】确认,可以查看当前可以使用的配置命令及解释,如图 5.12 所示。

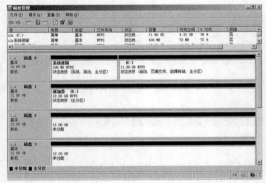

图 5.11　主分区创建完成

图 5.12　创建扩展磁盘分区

3. 选择磁盘并设置分区大小

如图 5.13 所示,输入"select disk 2"命令并按【Enter 键】确认,则选中【磁盘 2】,输入"create partition extended size＝3000"命令并按【Enter 键】确认,则在【磁盘 2】上创建一个大小为 3 GB 的扩展磁盘分区,如图 5.14 所示,新创建的扩展磁盘分区以绿色显示。

图 5.13　选择硬盘设置分区大小

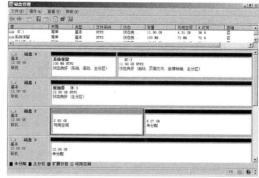

图 5.14　扩展分区创建完成

4. 创建逻辑驱动器

扩展磁盘分区无法直接使用,必须在扩展磁盘分区上划分出逻辑分区才可使用。在如图 5.14 所示的控制台上,右击【磁盘 2】绿色标识的扩展磁盘分区,执行【新建简单卷(I)...】命令,而后按照创建主磁盘分区的方法在"新建简单卷向导"对话框创建一个 3 GB 的逻辑分区,格式化完成后如图 5.15 所示。

5.2.6　磁盘分区的相关操作

1. 标记活动分区

如果安装了多个无法直接相互访问的不同操作系统,如 Windows Server 2008、LINUX 等,则计算机在启动时,会启动被设为"活动"的磁盘分区内的操作系统。假设当前【磁盘 0】第一个主分区中安装的是 Windows Server 2008,【磁盘 0】第二个主分区中安装的是 LINUX,如果【磁盘 0】第一个主分区标记为"活动",则计算机启动时就会启动 Windows Server 2008。若要下一次启动时启动 UNIX,只需将【磁盘 0】第二个主分区标记为"活动"即可。由于用来启动操作系统的磁盘分区必须是主磁盘分区,因此,只能将主磁盘分区设为"活动"的磁盘分区。如图 5.16 所示,设置【磁盘 1】的主分区为活动分区,右击【磁盘 1】的

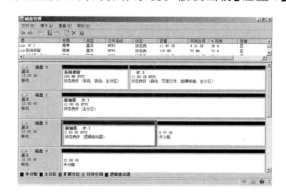

图 5.15　逻辑分区创建完成

【新加卷(E:)】,而后执行【将分区标记为活动分区(M)】,完成后如图 5.17 所示,活动分区设置成功。同一个磁盘只能设置成一个活动分区,但不同磁盘,每个磁盘都可设置一个活动分区。

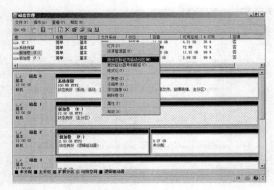

图 5.16 设置活动分区

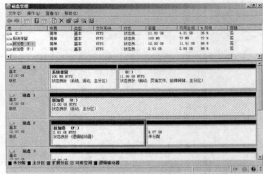

图 5.17 活动分区

2. 格式化分区

如图 5.18 所示,右击【磁盘 1】的【新加卷(E:)】,而后执行【格式化...】命令,在如图 5.19 所示的对话框中设置【卷标】、指定【文件系统】(NTFS 或 FAT32)、设置【分配单元大小】(格式化分区时簇的大小)等,格式化后该分区内的数据都将被清除,另外,不能直接对系统卷和引导卷进行格式化。

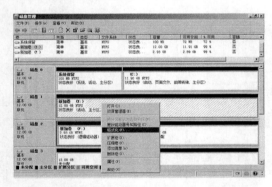

图 5.18 格式化分区

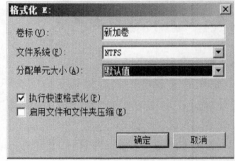

图 5.19 格式化 E:

3. 设置卷标

如图 5.20 所示,右击【磁盘 1】的【新加卷(E:)】,而后执行【属性】命令,在如图 5.21 所示的对话框中设置卷标。

4. 更改磁盘驱动器号及路径

如图 5.22 所示,右击【磁盘 1】的【新加卷(E:)】,而后执行【更改驱动器号和路径(C)...】命令,在如图 5.23 所示的对话框中单击【更改(C)...】按钮,在如图 5.24 所示的对话框中设置驱动器号,而后单击【确定】按钮完成。若单击图 5.23 中的【添加(D)...】按钮,弹出如图 5.25 所示的对话框,在【装入以下空白 NTFS 空白文件夹中(M):】下单击【浏览(B)...】按钮,将当前的分区指定在其他 NTFS 分区的空白文件夹中。另外,系统卷与引导卷的磁盘驱动器号是无法更改的,对其他的磁盘分区最好也不要随意更改磁盘驱动器号,因为有些应用程序会直接参照驱动器号来访问磁盘内的数据,如果更改了磁盘驱动器号,可能造成这些应用程序无法正常运行。

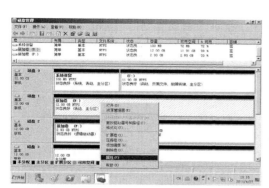

图 5.20　设置分区属性

图 5.21　新加卷(E:)属性

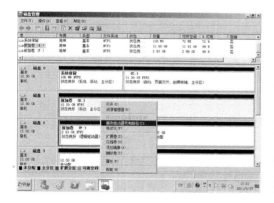

图 5.22　设置分区属性

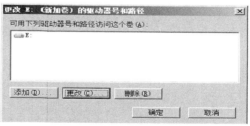

图 5.23　更改 E:(新加卷)

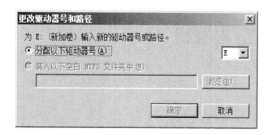

图 5.24　更改驱动器号

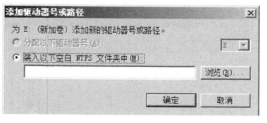

图 5.25　更改路径

5．扩展卷

如果创建的磁盘分区空间不够,可以将未分配的空间合并到磁盘分区中,但必须满足以下条件。

- 只有 NTFS 文件系统的磁盘分区才可以被扩展,而 FAT 和 FAT32 无法实现此功能。
- 新增的容量必须和磁盘分区在空间上是连续的。

FAT 和 FAT32 磁盘分区可以通过命令"convert"转换成 NTFS 磁盘分区,执行【开始】|【运行】,输入"CMD"并单击【确定】按钮,而后在如图 5.26 所示的提示符下进行相关操作。输入"Convert /?"并按【Enter 键】可以查看当前命令的参数,输入"Convert E:/FS:NTFS"并按【Enter 键】确定,系统提示输入卷标,本例输入默认的卷标"新加卷"并按【Enter 键】确定,系统将 FAT32 文件系统转换为 NTFS 文件系统,如图 5.27 所示。

图 5.26　convert 命令　　　　　图 5.27　FAT32 转 NTFS

如图 5.28 所示,右击【磁盘 1】的【新加卷(E:)】执行【扩展卷(X)...】命令,在如图 5.29 所示的扩展卷向导对话框中,单击【下一步】按钮,在如图 5.30 所示的选择磁盘对话框中,选择磁盘并指定磁盘空间大小。

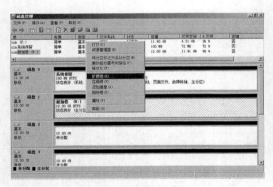 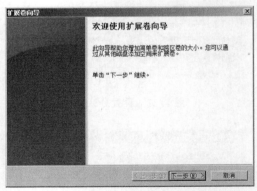

图 5.28　扩展卷　　　　　图 5.29　扩展卷向导

注:如果扩展的空间为同一个磁盘的连续区域,扩展后该磁盘仍然为基本磁盘;如果扩展的空间在同一磁盘的不连续区域或不同磁盘,基本磁盘被转换为动态磁盘。

单击【下一步】按钮,在如图 5.31 所示的对话框中单击【完成】按钮,由于本例指定为不同磁盘,系统弹出如图 5.32 所示的转动态磁盘警告,单击【是】按钮,完成扩展后的磁盘如图 5.33 所示。

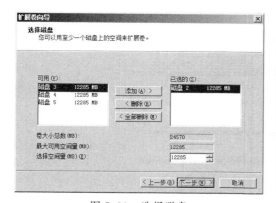

图 5.30　选择磁盘

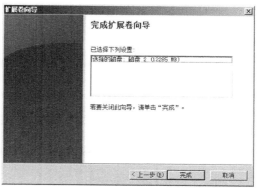

图 5.31　扩展卷完成

图 5.32　转动态磁盘

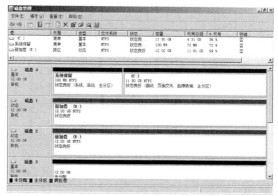

图 5.33　动态磁盘 E

6. 压缩卷

可以对原始磁盘分区进行压缩操作,获取更多的可用空间。如图 5.34 所示,右击【新加卷(E:)】执行【压缩卷(H)...】命令,弹出如图 5.35 所示的对话框,在对话框中能直观地看到能够被分割出去的磁盘空间容量以及原始磁盘分区的总容量,正确输入要压缩的磁盘空间容量大小,系统显示压缩后的总空间大小,单击【压缩(S)】按钮,即可完成压缩卷的操作,完成后如图 5.36 所示。

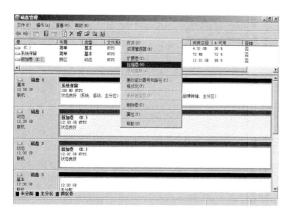

图 5.34　压缩卷

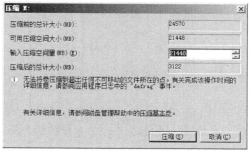

图 5.35　压缩 E:

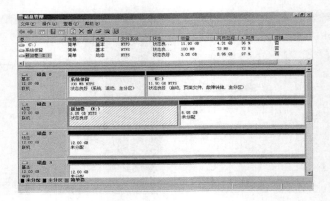

图 5.36　压缩卷

7.　删除卷

如图 5.37 所示,右击【新加卷（E:）】执行【删除卷（D）...】命令,在如图 5.38 所示的对话框中,单击【是（Y）】按钮,则选中的卷被删除。

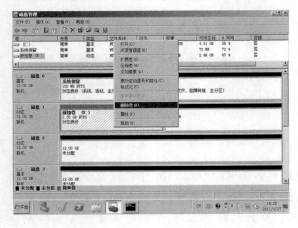

图 5.37　删除卷　　　　　　　　　　　　　　图 5.38　删除简单卷

5.3　任务2　Windows Server 2008 的动态磁盘管理

5.3.1　任务描述

在 Windows Server 2008 中创建简单卷、跨区卷、带区卷、镜像卷、RAID-5 卷,实现基本磁盘和动态磁盘的转换、动态磁盘的数据恢复。

5.3.2　任务分析

在 Windows Server 2008 中创建简单卷、跨区卷、带区卷、镜像卷、RAID-5 卷,实现基本磁盘和动态磁盘的转换、动态磁盘的数据恢复,管理员应实现如下具体任务。

（1）构建多硬盘任务环境。

（2）基本磁盘和动态磁盘的转换。

（3）创建简单卷。

（4）创建跨区卷。

（5）创建带区卷。

（6）创建镜像卷。

（7）创建 RAID-5 卷。

（8）动态磁盘的数据恢复。

5.3.3　构建多硬盘任务环境

使用 VMware Workstation 虚拟机软件,创建 Windows Server 2008 的虚拟机,而后编辑虚拟机设置,再添加 5 块硬盘,要求与安装虚拟机的硬盘类型和大小完全匹配,如图 5.39 所示,单击【Windows Server 2008 R2 X64】虚拟机的【编辑虚拟机设置】,在如图 5.40 所示的【硬件】选项卡上单击选中【硬盘（SCSI）】设备,单击【添加（A）...】按钮,弹出如图 5.41 所示的添加硬件向导对话框,在硬件类型中单击选中【硬盘】,而后单击【下一步】按钮,在如图 5.42所示的选择硬盘对话框中单击【创建一个新的虚拟磁盘（V）】单选项,单击【下一步】按钮,弹出如图 5.43 所示的选择硬盘类型对话框,在虚拟磁盘类型中,单击选中【SCSI（推荐）】单选项,单击【下一步】按钮,在如图 5.44 所示的指定磁盘容量对话框中输入 12（单位为 GB,与虚拟机磁盘容量同）,其他默认,单击【下一步】按钮,在如图 5.45 所示的指定磁盘文件对话框中输入文件名（此处输入 disk1）,默认保存位置与虚拟机相同,单击【完成】按钮,完成了一块硬盘的添加,依此方法,再添加 4 块硬盘,完成后如图 5.46 所示。

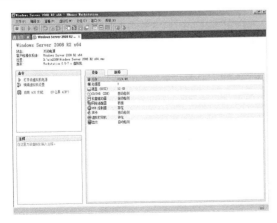

图 5.39　虚拟机界面

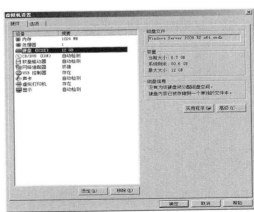

图 5.40　虚拟机设置

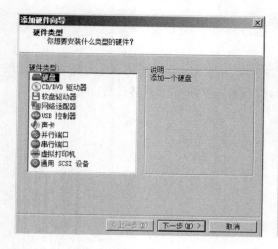

图 5.41　添加硬件向导

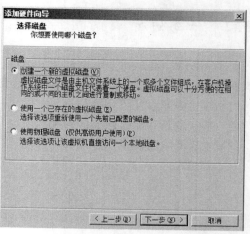

图 5.42　选择硬盘

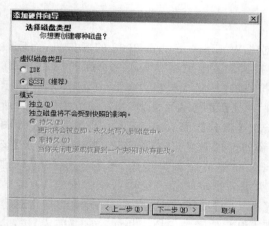

图 5.43　指定磁盘类型

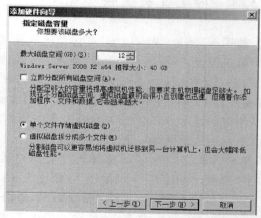

图 5.44　设置磁盘容量

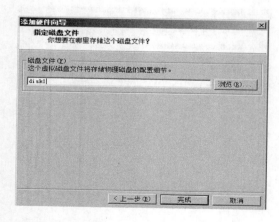

图 5.45　设置磁盘文件名

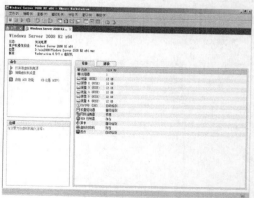

图 5.46　添加的 5 个硬盘

　　启动虚拟机,进入磁盘管理控制台后,如图 5.47 所示,新加入的硬盘显示为【未知】和【脱机】状态,如图 5.48 所示。右击【磁盘 1】执行【联机】命令,并对【磁盘 2】、【磁盘 3】、【磁盘 4】、【磁盘 5】执行【联机】命令,系统显示新加入的磁盘【没有初始化】,如图 5.49 所示,右击【磁盘 1】执行【初始化磁盘】命令,在如图 5.50 所示的对话框中选中【磁盘 1】、【磁盘 2】、【磁盘 3】、【磁盘 4】、【磁盘 5】,选中磁盘分区形式为【MBR(主启动记录)】单选项,单击【完成】按钮,完成后如图 5.51 所示,所有新加入的硬盘显示为【基本】和【联机】状态。

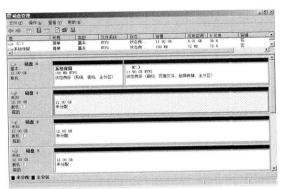

图 5.47　脱机和未初始化

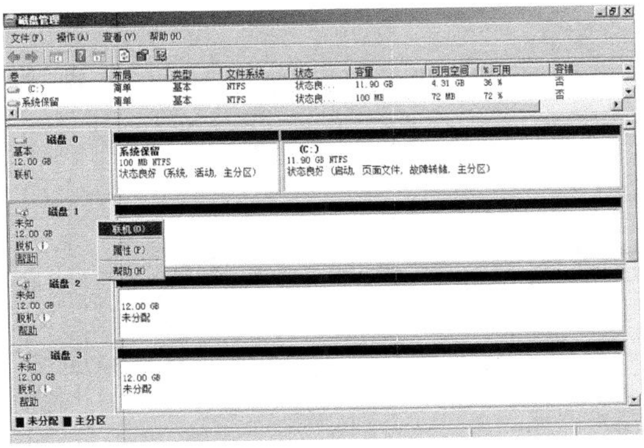

图 5.48　联机

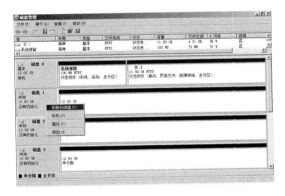

图 5.49　初始化磁盘

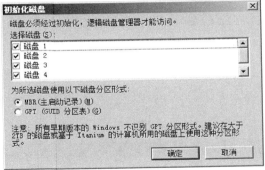

图 5.50　磁盘分区形式

5.3.4　基本磁盘和动态磁盘的转换

1. 基本磁盘转换为动态磁盘

　　如图 5.52 所示,右击基本磁盘【磁盘 1】执行【转换到动态磁盘(C)...】命令,在如图 5.53 所示的对话框中选择要转换的磁盘,单击【确定】按钮,在如图 5.54 所示的对话框中单击【转换】按钮,在如图 5.55 所示的对话框中单击【是(Y)】按钮,磁盘开始转换,完成后如图 5.56 所示。

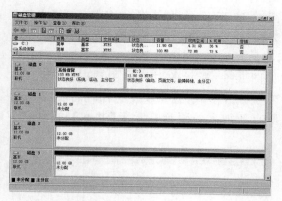

图 5.51　完成初始化

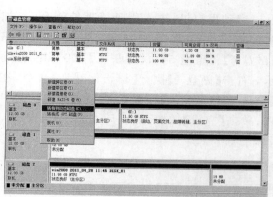

图 5.52　转动态磁盘

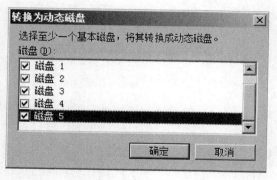

图 5.53　选择磁盘

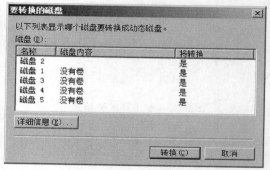

图 5.54　转换

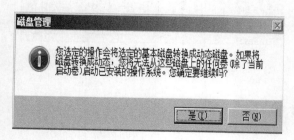

图 5.55　确认

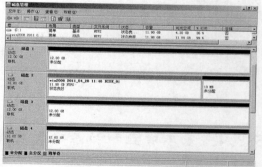

图 5.56　动态磁盘

2. 动态磁盘转换为基本磁盘

如图 5.57 所示，右击动态磁盘【磁盘 1】执行【转换成基本磁盘（C）】命令，动态磁盘转换为基本磁盘，完成后如图 5.58 所示。

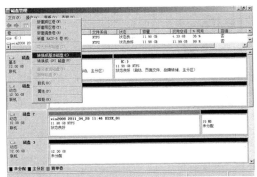

图 5.57　转基本磁盘

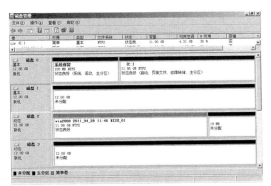

图 5.58　基本磁盘

5.3.5　创建简单卷

1. 新建 D 和 E 两个简单卷

如图 5.59 所示,右击基本磁盘【磁盘 1】执行【新建简单卷(I)...】命令,弹出如图 5.60 所示的新建简单卷向导,单击【下一步】按钮,在如图 5.61 所示的指定卷大小对话框,输入卷大小(MB)为 3 000,单击【下一步】按钮,弹出如图 5.62 所示的分配驱动器号和路径对话框,分配盘符 D,单击【下一步】按钮,在如图 5.63 所示的格式化分区对话框中单击【下一步】按钮,在如图 5.64 所示的对话框中单击【完成】按钮,3 000 MB 的 D 卷创建完成,依此方法创建 2 000 MB 的 E 卷,结果如图 5.65 所示。

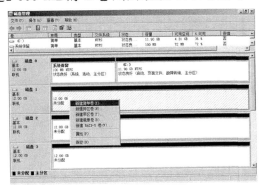

图 5.59　新建简单卷

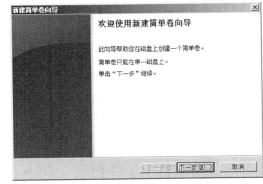

图 5.60　新建简单卷向导

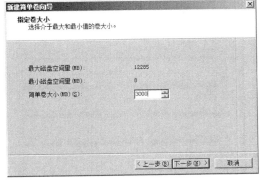

图 5.61　指定卷大小

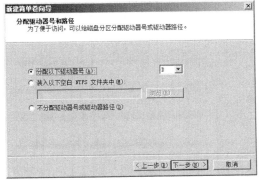

图 5.62　分配驱动器号

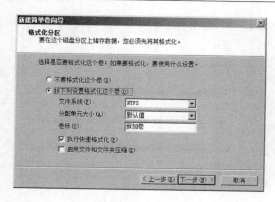 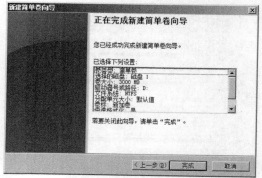

图 5.63　格式化分区　　　　　　　图 5.64　完成创建

2. 扩展 D 卷

如图 5.66 所示,右击需扩展的【新加卷(D:)】执行【扩展卷(I)...】命令,依据扩展卷向导,选择【磁盘 1】设置空间为"3 000" MB,完成后如图 5.67 所示。在同一磁盘的不连续区域,有 2 块【新加卷(D:)】,空间变为了 6 000 MB,【磁盘 1】变成了动态磁盘,并以橄榄绿色标识动态磁盘简单卷。

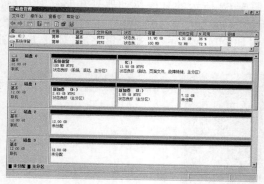 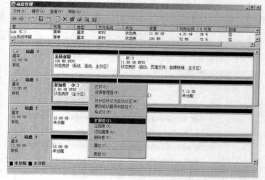

图 5.65　简单卷 D 和 E　　　　　　图 5.66　扩展 D 卷

当然在如图 5.66 所示的基础上,如果扩展【新加卷(E:)】,依据扩展卷向导,选择【磁盘 1】设置空间为"2 000" MB,完成后如图 5.68 所示,在同一磁盘的连续区域,【新加卷(E:)】的扩展空间与原来空间合并,空间变为了 4 000 MB,磁盘依然为基本磁盘。

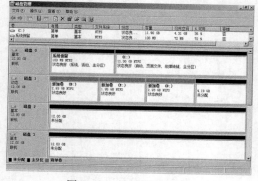 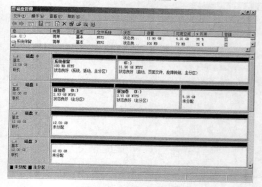

图 5.67　扩展后的 D 卷　　　　　　图 5.68　扩展 E 卷

5.3.6 创建跨区卷

本例以在【磁盘 2】、【磁盘 3】、【磁盘 4】3 个磁盘各取 2 000 MB 空间创建跨区卷。

如图 5.69 所示,右击【磁盘 2】的未分配空间,执行【新建跨区卷(N)...】,在如图 5.70 所示的新建跨区卷向导中,单击【下一步】按钮,在如图 5.71 所示的对话框中添加【磁盘 2】、【磁盘 3】、【磁盘 4】3 个磁盘并各取 2 000 MB 空间,单击【下一步】按钮,在如图 5.72 所示的分配驱动器号和路径对话框中,分配驱动器号为【F】,单击【下一步】按钮,在如图 5.73 所示的卷区格式化对话框,使用默认的格式化方式,单击【下一步】按钮,在如图 5.74 所示的对话框中单击【完成】按钮,在如图 5.75 所示的对话框中单击【是】按钮,而后系统对跨区卷进行格式化,完成后跨区卷 F 如图 5.76 所示,并以枚红色标识跨区卷。

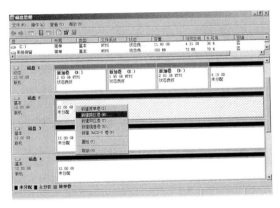

图 5.69 新建跨区卷

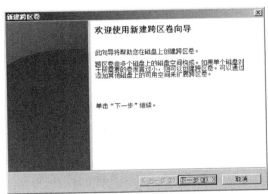

图 5.70 新建跨区卷向导

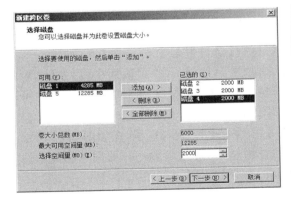

图 5.71 选择磁盘

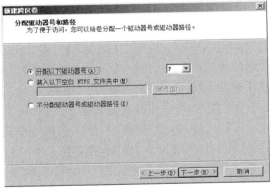

图 5.72 分配驱动器号

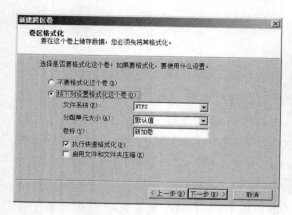

图 5.73　卷区格式化

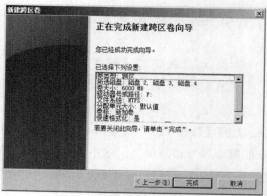

图 5.74　新建跨区卷完成

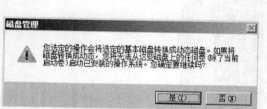

图 5.75　转动态磁盘警告

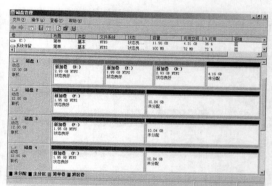

图 5.76　跨区卷 F

5.3.7　创建带区卷

本例以在【磁盘 3】、【磁盘 4】、【磁盘 5】3 个磁盘各取 2 000 MB 空间创建带区卷。

如图 5.77 所示,右击【磁盘 3】的未分配空间,执行【新建带区卷(T)...】,在如图 5.78 所示的新建带区卷向导中,单击【下一步】按钮,在如图 5.79 所示的对话框中,添加【磁盘 3】、【磁盘 4】、【磁盘 5】3 个磁盘并各取 2 000 MB 空间,单击【下一步】按钮,在如图 5.80 所示的分配驱动器号和路径对话框中,分配驱动器号为【G】,单击【下一步】按钮,在如图 5.81 所示的卷区格式化对话框中,使用默认的格式化方式,单击【下一步】按钮,在如图 5.82 所示的对话框中单击【完成】按钮,在如图 5.83 所示的对话框中单击【是】按钮,而后系统对跨区卷进行格式化,完成后跨区卷 G 如图 5.84 所示,并以海绿色标识带区卷。

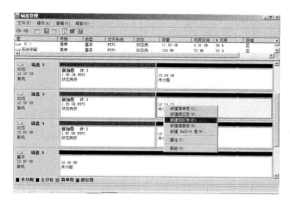

图 5.77　新建带区卷

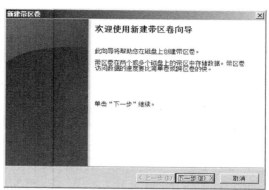

图 5.78　新建带区卷向导

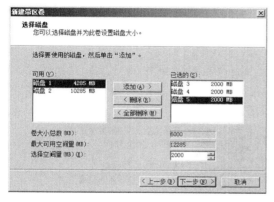

图 5.79　选择磁盘

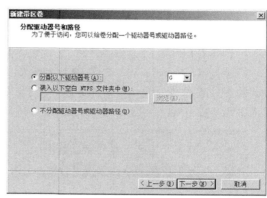

图 5.80　分配驱动器号

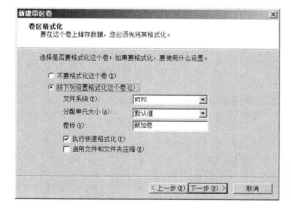

图 5.81　卷区格式化

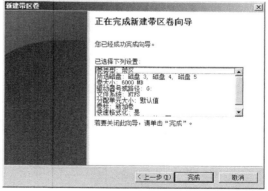

图 5.82　新建带区卷完成

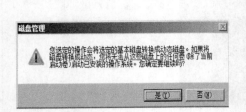

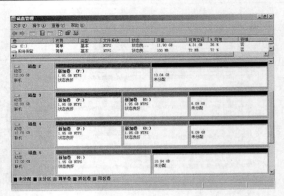

图 5.83　转动态磁盘　　　　　图 5.84　带区卷 G

5.3.8　创建镜像卷

本例以在【磁盘 4】、【磁盘 5】2 个磁盘各取 2 000 MB 空间创建带区卷。

如图 5.85 所示,右击【磁盘 4】的未分配空间,执行【新建镜像卷(R)...】,在如图 5.86 所示的新建镜像卷向导中,单击【下一步】按钮,在如图 5.87 所示的对话框中,添加【磁盘 4】、【磁盘 5】2 个磁盘并各取 2 000 MB 空间,单击【下一步】按钮,在如图 5.88 所示的分配

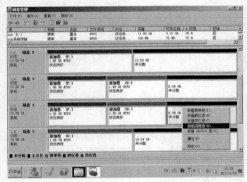

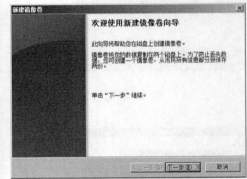

图 5.85　新建镜像卷　　　　　图 5.86　新建镜像卷向导

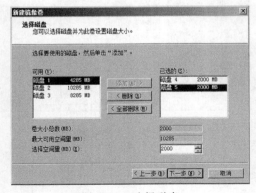

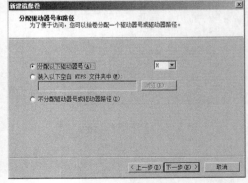

图 5.87　选择磁盘　　　　　图 5.88　分配驱动器号

驱动器号和路径对话框,分配驱动器号为【H】,单击【下一步】按钮,在如图 5.89 所示的卷区格式化对话框,使用默认的格式化方式,单击【下一步】按钮,在如图 5.90 所示的对话框中单击【完成】按钮,而后系统对跨区卷进行格式化,完成后跨区卷 H 如图 5.91 所示,并以褐色标识镜像卷。

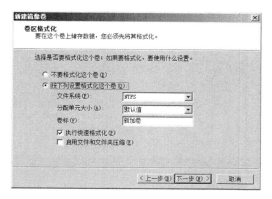

图 5.89　分配驱动器号

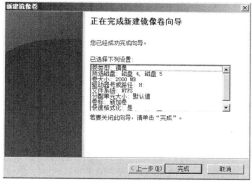

图 5.90　新建镜像卷完成

5.3.9　创建 RAID-5 卷

本例以在【磁盘 2】、【磁盘 3】、【磁盘 4】、【磁盘 5】4 个磁盘各取 2 000 MB 空间创建带区卷。

如图 5.92 所示,右击【磁盘 2】的未分配空间,执行【新建 RAID-5 卷(W)...】,在如图 5.93 所示的新建 RAID-5 卷向导中,单击【下一步】按钮,在如图 5.94 所示的对话框中,添加【磁盘 2】、【磁盘 3】、【磁盘 4】、【磁盘 5】4 个磁盘并各取 2 000 MB 空间,单击【下一步】按钮,在如图 5.95 所示的分配驱动器号和路径对话框中,分配驱动器号为【I】,单击【下一步】按钮,在如图 5.96 所示的卷区格式化对话框中,使用默认的格式化方式,单击【下一步】按钮,在如图 5.97 所示的对话框中单击【完成】按钮,而后系统对跨区卷进行格式化,完成后跨区卷 H 如图 5.98 所示,并以青绿色标识 RAID-5 卷。

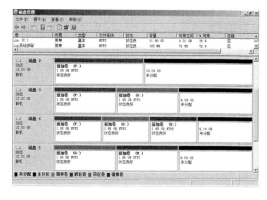

图 5.91　镜像卷 H

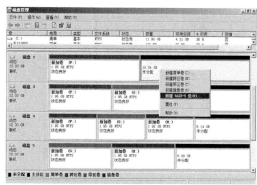

图 5.92　新建 RAID-5 卷

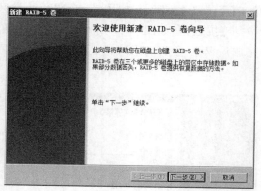

图 5.93　新建 RAID-5 卷向导

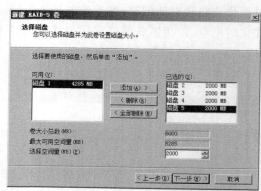

图 5.94　选择磁盘

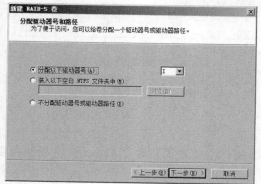

图 5.95　分配驱动器号

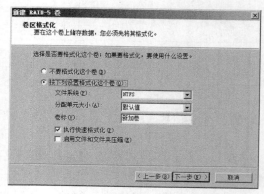

图 5.96　卷区格式化

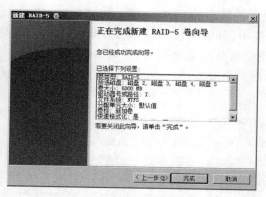

图 5.97　新建 RAID-5 卷完成

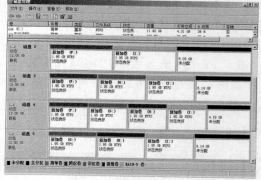

图 5.98　RAID-5 卷 I

5.3.10　动态磁盘的数据恢复

1. 硬盘损坏环境构建

在【磁盘 4】的【新加卷（H：）】和【新加卷（I：）】，分别存储一些数据，而后关闭虚拟机，在

144

如图 5.39 所示的窗口中,单击【Windows Server 2008 R2 X64】虚拟机的【编辑虚拟机设置】,在如图 5.99 所示的【硬件】选项卡上单击选中【硬盘 5(SCSI)】设备,也就是原来新添加的第 4 块硬盘,系统中显示【磁盘 4】,单击【移除(R)】按钮,从而删除硬盘,模拟硬盘损坏。

启动虚拟机后,磁盘管理控制台如图 5.100 所示,显示磁盘丢失,并且原有的磁盘进行了重新排序,多个磁盘显示有失败的卷。

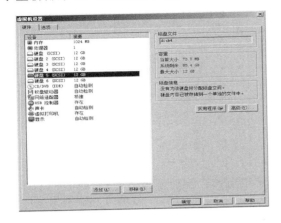

图 5.99　删除第五块硬盘(磁盘 4)

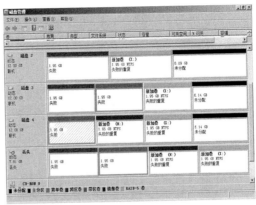

图 5.100　磁盘丢失

再次关闭虚拟机,而后以"5.3.3 构建任务环境"章节的办法,新添加 1 块同样的硬盘,再次启动虚拟机后,磁盘管理控制台如图 5.101 所示,【磁盘 4】重新加入,但所有空间都未分配,丢失的磁盘依然显示。

2. 恢复镜像卷

如图 5.102 所示,右击【丢失】磁盘的【新加卷(H:)】执行【删除镜像(R)...】,在如图 5.103所示的对话框中,单击选中【丢失】磁盘,而后单击【删除镜像(R)】按钮,在如图 5.104 所示的警告对话框中单击【是(Y)】按钮,完成后如图 5.105 所示,【磁盘 5】的【新加卷(H:)】恢复为简单卷的正常状态。

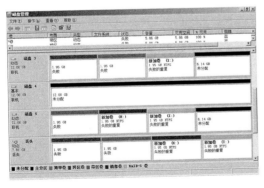

图 5.101　新磁盘 4

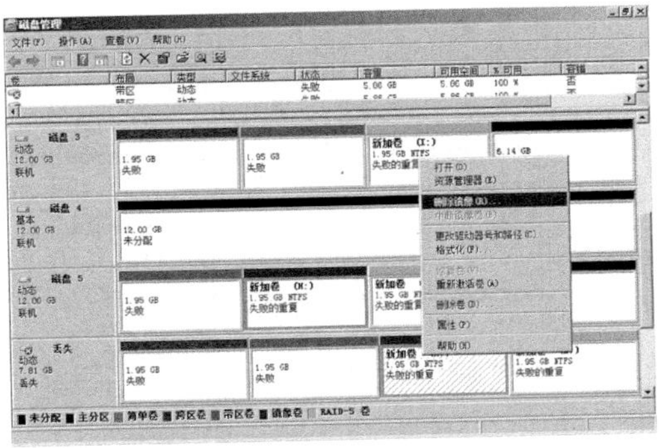

图 5.102　删除镜像

如图 5.106 所示,右击【磁盘 4】执行【转换到动态磁盘(C)...】,转换完成后,在如图5.107所示的对话框中,右击【磁盘 5】的【新加卷(H:)】执行【添加镜像(A)...】,在如图5.108所示的对话框中,单击选中【磁盘 4】,而后单击【添加镜像(A)】按钮,完成后如

图 5.109 所示,【镜像卷 H】恢复,数据自动从没有发生故障的磁盘复制到新磁盘上,这样数据又恢复了镜像,进入【磁盘 4】的【新加卷(H:)】,验证数据的可用性。

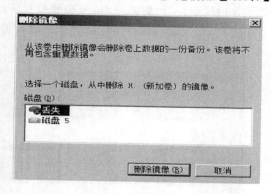

图 5.103　选择磁盘

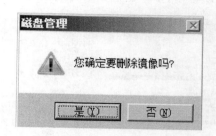

图 5.104　删除镜像警告

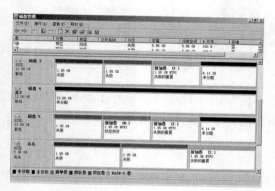

图 5.105　镜像删除

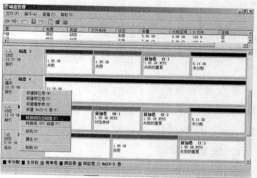

图 5.106　转动态磁盘

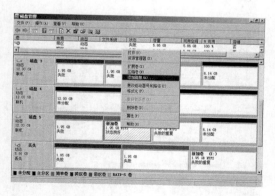

图 5.107　添加镜像

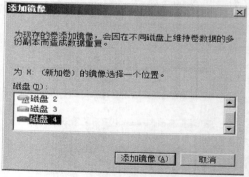

图 5.108　选择镜像盘

3. 恢复 RAID-5 卷

如图 5.110 所示,右击【磁盘 3】的【新加卷(I:)】执行【修复卷(V)...】,在如图 5.111 所示的对话框中单击选中【磁盘 4】,而后单击【确定】按钮,修复后如图 5.112 所示,【磁盘 2】、【磁盘 3】、【磁盘 4】、【磁盘 5】的【新加卷(I:)】都恢复,系统会利用没有发生故障的 RAID-5

卷将数据恢复到新磁盘上,进入【磁盘 4】的【新加卷(I:)】,验证数据的可用性。

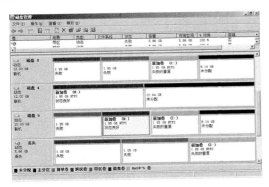

图 5.109　镜像卷恢复　　　　　　　　图 5.110　修复卷

图 5.111　修复 RAID-5 卷　　　　　　图 5.112　RAID-5 卷修复

4. 清除丢失的磁盘

　　如图 5.113 所示,【丢失】磁盘上显示有【失败】的卷,依据颜色判断是【跨区卷】和【带区卷】的组成部分,但由于这两种卷区格式的数据不支持容错,因此不能恢复。分别右击两个【失败】的卷,执行【删除卷(D)...】,如图 5.114 所示,【丢失】的磁盘被清除,分布于其他磁盘的【跨区卷】和【带区卷】也成为【未分配】区域,不可用。

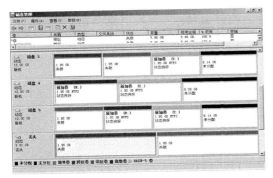
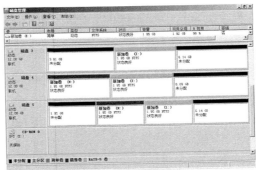

图 5.113　丢失磁盘状态　　　　　　　图 5.114　清除掉丢失磁盘

5.4 小 结

本章介绍了 Windows Server 2008 基本磁盘和动态磁盘的相关知识,重点介绍了 Windows Server 2008 基本磁盘和动态磁盘的创建和管理,动态磁盘的数据恢复,Windows Server Backup 数据的备份和恢复等。

5.5 项目实训 Windows Server 2008 的磁盘管理

1. 实训目标

(1) 掌握 Windows Server 2008 基本磁盘管理。

(2) 掌握 Windows Server 2008 动态磁盘管理。

(3) 掌握 Windows Server 2008 的数据备份和恢复。

2. 实训环境

1) 硬件

2 台以上计算机,配置要求 CPU2.0 GHz 以上,内存不小于 2 G,硬盘不小于 120 GB,有 DVD 光驱和网卡,并通过交换机互联。

2) 软件

Windows Server 2008 安装光盘或硬盘中有安装光盘的 ISO 镜像文件,VMWARE Workstation7.0 安装源程序。

3. 实训要求

完成如下操作。

1) 创建 Windows Server 2008 虚拟机

在运行 Windows XP 等操作系统的计算机上安装 VMWARE Workstation7.0 软件并安装 Windows Server 2008 虚拟机(1 块硬盘大小 20 G,硬盘分区为 C(12 G)、D(4 G)、E(4 G))。

2) 添加 5 块硬盘

在 Windows Server 2008 的虚拟机上,添加 5 块虚拟硬盘(即系统显示的磁盘 1、磁盘 2、磁盘 3、磁盘 4、磁盘 5),类型为 SCSI,大小为 12 G。

3) 初始化新添加的硬盘

Windows Server 2008 的虚拟机开机后,联机并初始化 5 块磁盘。

4) 创建镜像卷

在 Windows Server 2008 的磁盘 1 和磁盘 2 各划分 2 GB 创建镜像卷,盘符为 G,文件系统为 NTFS。

5) RAID-5 卷

在 Windows Server 2008 的磁盘 2、磁盘 3、磁盘 4、磁盘 5 各划分 2 GB 创建 RAID-5 卷,盘符为 H,文件系统为 NTFS。

6）带区卷

在 Windows Server 2008 的磁盘 1、磁盘 2、磁盘 3、磁盘 4、磁盘 5 各划分 2 GB 创建带区卷，盘符为 I，文件系统为 NTFS。

7）扩展卷

在 Windows Server 2008 对 E 盘在磁盘 1、磁盘 3 上进行扩展，在磁盘 1 上扩展 2 GB，在磁盘 3 上扩展 2 GB。

8）数据容错恢复

编辑虚拟机的配置文件，将虚拟硬盘磁盘 4 删除来模拟硬盘损坏，而后添加一块新硬盘（大小为 12 GB），恢复 RAID-5 卷的数据。

9）数据备份

对整个服务器创建一个备份计划，要求 24：00 对数据进行备份，备份至 H 卷。对服务器 D 盘创建一个一次性备份，备份至 E 盘。

4．实训评价

实训评价表					
内　　　容			评　　　价		
学习目标	评价项目		3	2	1
职业能力	能熟练在 Windows Server 2008 进行基本磁盘管理	在 Windows Server 2008 进行基本磁盘管理			
	能熟练在 Windows Server 2008 进行动态磁盘管理	在 Windows Server 2008 进行动态磁盘管理			
	能熟练在 Windows Server 2008 进行数据备份和恢复	在 Windows Server 2008 进行数据备份和恢复			
通用能力	交流表达能力				
	与人合作能力				
	沟通能力				
	组织能力				
	活动能力				
	解决问题的能力				
	自我提高的能力				
	革新、创新的能力				
综合评价					

5.6　习　题

1．填空题

（1）Windows Server 2008 将磁盘存储类型分为 ＿＿＿＿＿＿＿ 和 ＿＿＿＿＿＿＿＿＿＿。

(2) Windows Server 2008 基本磁盘的分区类型为_____、_____、_____。

(3) 镜像卷的磁盘空间利用率____,RAID-5 卷的磁盘利用率____。

(4) 带区卷使用_____技术,镜像卷也称_____卷。

(5) 组成 RAID-5 卷的最少磁盘数量是_____。

2. 选择题

(1) 单个基本磁盘上最多可创建(　　)主分区。

A. 1 个　　　　　　B. 2 个　　　　　　C. 3 个　　　　　　D. 4 个

(2) 支持容错技术的动态卷类型为(　　)。

A. RAID-5 卷　　B. 简单卷　　　　C. 带区卷　　　　　D. 跨区卷

(3) 常用的系统容错和灾难恢复办法是(　　)。

A. 不间断供电系统　　　　　　　B. 数据的备份和恢复

C. 磁盘阵列技术　　　　　　　　D. 以上都是

(4) 4 个磁盘可以设置活动分区的数量为(　　)。

A. 1 个　　　　　　B. 2 个　　　　　　C. 3 个　　　　　　D. 4 个

(5) RAID-5 卷支持的文件系统类型为(　　)。

A. FAT　　　　　　B. FAT32　　　　C. NTFS　　　　　　D. 以上都可以

3. 简答题

(1) 磁盘管理的常用操作有哪些?

(2) 简述 RAID-5 卷的工作原理。

(3) 简述系统卷和引导卷的特点。

(4) 如果 RAID-5 卷的的一块磁盘损坏,应如何进行恢复?

第6章 管理与配置 DHCP 服务

1. 教学目标

(1) 理解 DHCP 协议的基本概念。

(2) 掌握 DHCP 协议原理和工作过程。

(3) 掌握 DHCP 服务器的安装、配置与维护过程。

(4) 掌握 DHCP 客户端的配置。

(5) 掌握复杂网络中 DHCP 服务器的部署过程。

2. 教学要求

知识要点	能力要求	关联知识
DHCP 服务器服务原理	理解 DHCP 服务器的工作原理	DHCP 多服务器环境
DHCP 服务器服务过程	理解 DHCP 服务如何提供服务	DHCP 发现、续约
DHCP 域的配置管理	掌握如何配置域	DNS、WINS、排除、保留
DHCP 超级域配置管理	掌握如何配置超级域	DHCP 中继
DHCP 客户端配置	掌握不同 DHCP 客户端配置	用户权限管理

3. 重点难点

(1) DHCP 服务过程。

(2) DHCP 的地址池、排除、保留。

(3) DHCP 域和超级域的管理配置。

(4) DHCP 客户端的配置。

在 TCP/IP 网络中，每台计算机在连接网络后，都必须进行基本的网络配置，如配置 IP 地址、子网掩码、默认网关、DNS 等。如果网络规模较大，手工为每台计算机配置这些参数费工费力而且容易出错。通常使用 DHCP 服务器技术来进行网络的 TCP/IP 动态配置管理可以避免这些麻烦。所以现在 DHCP 服务是网络中使用最多、最普通的网络服务之一。

6.1 DHCP 协议的基本概念

6.1.1 DHCP 的基本概念

传统上在一个 TCP/IP 网络中分配部署 IP 地址并不是一件容易的事情。首先如果网络规模较大,管理员为每一台计算机配置 IP 地址的工作量就很大。其次在正常运行的网络中,也常常由于用户修改 IP 地址或忘记 IP 地址而导致 IP 地址冲突、不能联网的故障,而此类故障通常无法快速有效地追查到故障计算机,对于网络管理造成了致命的隐患。另外在大中型网络中由于需要划分多个网段,而笔记本类的移动办公设备经常更换网段,此时还需要管理员为其分配与各网段相对应的 IP 地址,既浪费了 IP 地址又不利于管理。DHCP 就是针对此要求应运而生的,采用 DHCP 配置计算机 IP 地址的方案称为动态 IP 地址方案。在动态 IP 地址方案中,每台计算机并不手工设置 IP 地址,而是在计算机开机时自动申请并获得一个 IP 地址,这个地址会在一定的时间内或当计算机从 DHCP 服务器注销时收回并再次分发,这样就解决了上述的网络管理问题。

DHCP(Dynamic Host Configuration Protocol)是动态主机分配协议的缩写,其作为一种 IP 标准,主要目的是通过 DHCP 服务器来动态地分配管理网络中主机的 IP 地址和其相关配置,以提高 IP 地址的利用率和降低管理人员手工分配 IP 地址的工作量。管理员可以利用 DHCP 服务器,从预先设置的一个或多个 IP 地址池中,动态地给不同网络内的主机分配 IP 地址,这样既能保证 IP 地址分配不重复,又能及时回收 IP 地址,提高 IP 地址的利用率。而且在特殊要求下,也可以根据计算机网卡的物理地址固定分配 IP 地址。

在 DHCP 网络中有三类对象:DHCP 客户端、DHCP 服务器和 DHCP 数据库。DHCP 是采用客户端/服务器(Client/Server)模式,有明确的客户端和服务器角色的划分,获取 IP 地址的计算机被称为 DHCP 客户端(DHCP Client),负责给 DHCP 客户端分配 IP 地址的计算机称为 DHCP 服务器,DHCP 数据库是 DHCP 服务器上的数据库,存储了 DHCP 服务配置的各种信息。

作为优秀的 IP 地址管理工具,DHCP 具有以下优点。

1. 提高效率

DHCP 使计算机自动获取 IP 地址及相关信息并完成配置,其中可以包括网关、子网掩码、WINS、DNS 等设置参数,减少了由于手工设置而可能出现的错误,并极大地提高了工作效率,降低了劳动强度。

2. 便于管理

当网络所用的 IP 地址段改变时,只需在新网段进行一次 IP 地址重新获取操作即可,无须人工修改客户端计算机地址。

3. 节约 IP 地址资源

只有客户端计算机请求分配地址时才能获取服务器分配的 IP 地址。如果超时或者客户端注销,服务器会回收已分配的 IP 地址并准备分配给其他客户端计算机。一般情况下,网络中并非所有计算机都同时开机,因此较少 IP 地址也可能满足网络内较多计算机的需求。

但同时 DHCP 的部署也会带来相应的风险,在部署 DHCP 服务时应尽量避免。DHCP 服务器配置错误或出现故障无法启动,将影响到全网络客户端计算机的正常工作。如果情况允许,建议使用至少两天 DHCP 服务器提供服务。如果网段中存在多个子网,就需要配置多个域并在网络节点上配置 DHCP 中继代理或在每个子网配置 DHCP 服务器。

6.1.2　DHCP 工作过程

DHCP 客户端计算机启动时,将从 DHCP 服务器端获得 TCP/IP 协议的配置信息,并获知 IP 地址的租期。租期是指客户端拥有对该 IP 地址的使用时间。

DHCP IP 地址分配的过程如下。

1. IP 租约的发现过程

发现阶段是 DHCP 客户端寻找 DHCP 服务器的过程。客户端启动时以广播方式发送 DHCP DISCOVER 发现报文消息,来寻找 DHCP 服务器并请求租用一个 IP 地址(由于客户端还没有自己的 IP 地址,所以使用 0.0.0.0 作为源地址,同时客户端也不知道服务器的 IP 地址,所以它以 255.255.255.255 作为目标地址)。在该报文中包括网卡的物理地址和 NetBIOS 信息。网络上每一台主机都会接收到这种广播信息,但只有 DHCP 服务器才会作出响应。

发送第一个 DHCP DISCOVER 发现报文消息后,DHCP 客户端等待 1 秒钟。如果期间没有获得 DHCP 服务器响应,DHCP 将在第 9、13、16 秒重发 DHCP DISCOVER 发现报文消息。如果仍然没有获得 DHCP 服务器响应,此后每隔 5 分钟重发一次 DHCP DISCOVER 发现报文消息。

对于 Windows 的客户端,如果没有获取 DHCP DISCOVER 发现报文消息,将自动分配微软保留的 IP 地址段 169.254.0.1~169.254.255.254 内的地址。所以对于运行微软操作系统的网络,即使没有 DHCP 服务器,也可以使用网上邻居、共享等功能。

2. IP 租约的提供过程

如果网络中有多台 DHCP 服务器都收到了 DHCP DISCOVER 发现报文消息,它们都将广播回复一个 DHCP OFFER 提供报文消息。其中包括以下内容:源地址、DHCP 服务器的 IP 地址、目标地址(因为这时客户端还没有自己的 IP 地址,用广播地址 255.255.255.255)、客户端地址、DHCP 服务器可提供的一个客户端使用的 IP 地址;另外还有客户端的硬件地址、子网掩码、租约的时间长度和该 DHCP 服务器的标识符等。

3. IP 租约的选择过程

如果有多台 DHCP 服务器响应 DHCP 客户端的 DHCP OFFER 提供报文消息,则 DHCP 客户端只接受第一个收到的 DHCP OFFER 提供报文消息,然后就以广播方式回答一个 DHCP REQUEST 请求报文消息,该消息中包含向它所选定的 DHCP 服务器请求 IP 地址的内容。之所以要以广播方式回答,是为了通知所有的 DHCP 服务器,它将选择某台 DHCP 服务器所提供的 IP 地址,其他的 DHCP 服务器会撤销它们提供的租约。

4. IP 租约的确认过程

当 DHCP 服务器收到 DHCP 客户端回答的 DHCP REQUEST 请求报文消息之后,它便向 DHCP 客户端发送一个包含它所提供的 IP 地址和其他相关设置的 DHCP ACK 确认报文消息,告诉 DHCP 客户端可以使用该 IP 地址及相关参数。然后 DHCP 客户端便将其与网卡绑定,这样就可以利用这些配置同局域网中其他设备通信了。

6.1.3 IP 租约的更新与释放

DHCP 客户端获取 IP 地址后并不能长期占用,而是有一个租期。当使用时间达到租期的一半时,将向 DHCP 服务器发送一个新的 DHCP 请求。如果 DHCP 服务器收到该信息,将发回一个 DHCP 应答信息重新开始一个新的租用周期。

在 IP 地址续租中有以下两种特殊情况。

1. DHCP 客户端重新启动时

不管 IP 地址的租期有没有到期,DHCP 客户端每次重新登录网络时,会以广播方式向网络中的 DHCP 服务器发送 DHCP REQUEST 请求报文消息,请求继续使用原来的 IP 地址。当 DHCP 服务器收到这一消息后,它会尝试让 DHCP 客户端继续使用原来的 IP 地址,并回答一个 DHCP ACK 确认报文消息。当此 IP 地址已无法再分配给原来的 DHCP 客户端使用时(如此 IP 地址已分配给其他 DHCP 客户端使用),则 DHCP 服务器给 DHCP 客户端回答一个 DHCP NACK 否认报文消息。当原来的 DHCP 客户端收到此 DHCP NACK 否认报文消息后,它就必须重新发送 DHCP DISCOVER 发现报文消息来请求新的 IP 地址。

2. IP 地址租约超过一半时

如果 IP 地址的租约到达一半时间,DHCP 客户端将向 DHCP 服务器端发送一个续租请求。如果成功,DHCP 客户端将开始一个新的租约周期。如果失败,DHCP 客户端继续使用当前 IP 地址并在到达租约时间 87.5% 时再广播一个 DHCP 续租请求。如果再次失败,DHCP 客户端会立即放弃当前 IP 地址,并发送广播 DHCP DISCOVER 发现报文消息以获取一个新的 IP 地址。

在以上的过程中,如果续租成功,DHCP 服务器会向 DHCP 客户端发送一个 DHCP ACK 确认报文消息。DHCP 收到该报文后进入一个新的地址租用周期;当续约失败时,DHCP 服务器将会给该 DHCP 客户端发送一个 DHCP NACK 确认报文消息,DHCP 客户端收到该信息说明该 IP 地址已经无效或被其他 DHCP 客户端使用。

6.2 任务 1 安装配置 DHCP 服务器

6.2.1 任务描述

在大中型网络中,通常使用 DHCP 服务器实现网络的 TCP/IP 协议动态配置与管理。DHCP 服务系统是基于客户端/服务器(C/S)网络服务模式,因此应该首先安装配置服务器端。

6.2.2 任务分析

DHCP 服务虽然是 Windows Server 2008 操作系统自带的组件,但是在默认安装的过程中并没有安装该服务,因此需要系统管理员手动安装。在 Windows Server 2008 中要为服务器添加 DHCP 角色并配置 DHCP 服务器,应该逐步实现如下的任务环节。

(1) 安装 DHCP 服务器角色。

(2) 通过向导配置 DHCP 作用域。

(3) 通过向导配置客户端网关、子网掩码、DNS、WINS 等相关参数。

6.2.3 DHCP 服务器角色安装

1. 打开服务器管理器窗口

在 Windows Server 2008 服务器上,执行【开始】|【管理工具】|【服务器管理器】命令,打开服务器管理器窗口,单击左侧【管理器树】|【角色】选项,显示【角色管理和配置】窗口,如图 6.1 所示。

2. 添加 DHCP 服务器角色

单击右侧【服务器管理器】窗格【角色摘要】栏目中的【添加角色】启动添加角色向导,选择【DHCP 服务器】角色,如图 6.2 所示。

图 6.1 添加角色   图 6.2 选择服务器角色

3. 查看 DHCP 服务器简介

在打开的窗口中单击【下一步】按钮,显示【DHCP 服务器简介】对话框,安装 DHCP 服务器要求计算机必须有至少一个静态的 IP 地址。如图 6.3 所示。

4. 选择网络连接

单击【下一步】按钮,显示【选择网络连接绑定】对话框,选择为 DHCP 客户端提供服务的网络连接,在【详细信息】栏目中可以看到网络连接的详细信息。如图 6.4 所示。

5. 指定 IPv4 DNS 服务器设置

单击【下一步】按钮,显示【指定 IPv4 DNS 服务器设置】对话框,需要输入父域名称以及本地网络中所用的 DNS 服务器的 IPv4 地址。如图 6.5 所示。

6. 指定 IPv4 WINS 服务器设置

单击【下一步】按钮,显示【指定 IPv4 WINS 服务器设置】对话框,可以添加选择是否要应用 WINS 服务,在本实例中选中【此网络上的应用程序不需要 WINS】单选框。如果需要网络中需要 WINS 服务器,请选中【此网络上的应用程序需要 WINS】单选框并输入 WINS 服务器的 IP 地址。如图 6.6 所示。

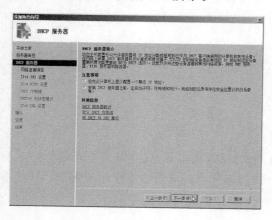

图 6.3　DHCP 服务器简介

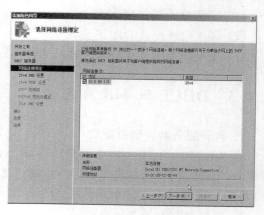

图 6.4　选择网络连接

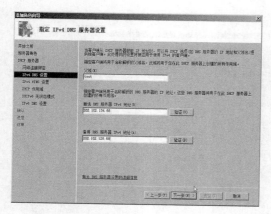

图 6.5　指定 IPv4 DNS 服务器设定

图 6.6　指定 IPv4 WINS 服务器设定

7. 显示添加或编辑 DHCP 作用域

单击【下一步】按钮,显示【添加或编辑 DHCP 作用域】对话框,单击【添加】按钮可以添加 DHCP 作用域,向 DHCP 客户端分配 IP 地址。如图 6.7 所示。

8. 添加 DHCP 作用域

在打开的【添加作用域】对话框中添加 DHCP 作用域,输入作用域的名称、起始 IP 地址、结束 IP 地址、子网掩码、默认网关以及子网类型(租约时间)。如果选中【激活此作用域】复选框,则在 DHCP 作用域创建完成后自动激活。如图 6.8 所示。

9. 配置 DHCPv6 无状态模式

单击【确定】按钮后再单击【下一步】按钮,在【配置 DHCPv6 无状态模式】对话框中选择【对此服务器禁用 DHCPv6 无状态模式】单选框(本实例不进行 DHCPv6 协议配置)。如图 6.9 所示。

10. 确认安装选择

单击【下一步】按钮,检查【确认安装选择】对话框,如果需要修改,单击【上一步】按钮返

回。如果不需修改,单击【安装】按钮安装 DHCP 服务器。安装结束后单击【完成】按钮结束
安装。如图 6.10 所示。

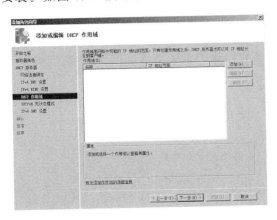

图 6.7　添加 DHCP 作用域

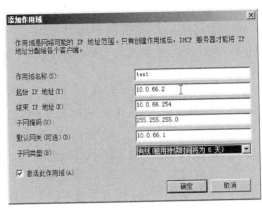

图 6.8　配置 DHCP 作用域信息

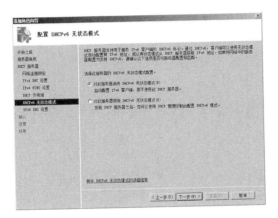

图 6.9　配置 DHCPv6 无状态模式

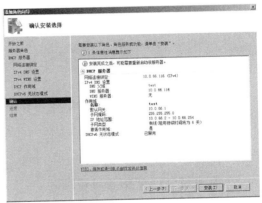

图 6.10　确认安装选择

6.3　任务 2　通过 DHCP 管理器建立作用域

6.3.1　任务描述

　　通过添加角色向导配置的 DHCP 作用域一般不能完全符合实际网络环境的服务要求。
多数情况下需要管理员利用 DHCP 管理器对 DHCP 作用域进行细化配置管理。
　　DHCP 作用域是为了方便管理而对网络中使用 DHCP 服务的计算机根据 IP 地址进行
的分组,是最基本的管理单位。在 DHCP 作用域中,需要指定客户端所需的 IP 地址及相关
配置参数。

在管理 DHCP 网络时，管理员首先需要为每个物理子网创建一个作用域，然后使用该作用域定义 DHCP 客户端所使用的参数。只有给 DHCP 服务器设置了作用域，当 DHCP 客户端向 DHCP 服务器发出 IP 地址请求时，DHCP 服务器才能从不同域的地址段内选择一个合适的 IP 地址，并将其出租给发出请求的 DHCP 客户端。DHCP 服务器中每个作用域的 IP 地址段内所包含的 IP 地址的数量，决定了该网段中最多能容纳 DHCP 客户端计算机的数量。

DHCP 作用域包括下列属性。

（1）IP 地址的范围：可在其中包含或排除用于提供 DHCP 服务租用的地址。

（2）子网掩码：用于确定特定 IP 地址的子网。

（3）作用域名称：DHCP 作用域的名称，用于区分不同作用域。

（4）租用期限：DHCP 客户端使用所分配 IP 地址的最长期限。

（5）作用域选项：如域名系统（DNS）服务器、路由器 IP 地址和 Windows Internet 名称服务（WINS）服务器地址。

（6）保留：可以确保 DHCP 客户端始终接收相同的 IP 地址。

在 Windows Server 2008 中，如果在安装 DHCP 服务的向导中没有配置好以上参数，也可以在 DHCP 管理器中进行配置。

6.3.2　任务分析

在 Windows Server 2008 的 DHCP 管理器中配置管理 DHCP 作用域，管理员应逐步实现的任务环节如下。

（1）新建作用域。

（2）配置要分配的 IP 地址范围。

（3）配置要排除的 IP 地址范围。

（4）配置租用期限。

（5）配置 DHCP 选项，包括 DNS、WINS、网关、子网掩码等。

6.3.3　创建 DHCP 作用域

1. 打开 DHCP 管理器

在 Windows Server 2008 服务器上，执行【开始】|【管理工具】|【DHCP】命令，打开【DHCP 管理器】窗口。展开服务器，右键单击【IPv4】选择【新建作用域】命令，打开【欢迎使用新建作用域向导】对话框。如图 6.11 所示。

2. 配置作用域名称

单击【下一步】按钮，打开【新建作用域向导】对话框，在【名称】文本框中输入作用域的名称，在【描述】文本框中输入作用域的说明。如图 6.12 所示。

3. 配置要分配的 IP 地址范围

单击【下一步】按钮，显示【地址范围】对话框，在【起始 IP 地址】和【结束 IP 地址】文本框中输入要分配给 DHCP 客户端的 IP 地址范围。在【长度】或【子网掩码】文本框中指定子网掩码。如图 6.13 所示。

图 6.11　新建作用域菜单

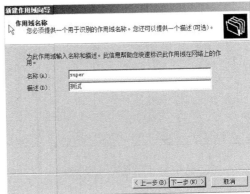

图 6.12　输入作用域名称

4. 添加排除

单击【下一步】按钮，显示【添加排除】对话框，在【起始 IP 地址】和【结束 IP 地址】文本框中输入要排除的 IP 地址范围。该范围内的 IP 地址不会分配给 DHCP 客户端，如果需要添加某个具体的 IP 地址，只需在起始 IP 地址键入该地址。单击【添加】按钮添加该地址范围。如图 6.14 所示。

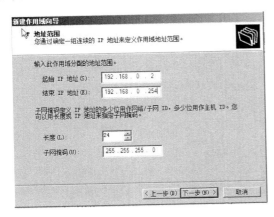

图 6.13　配置要分配的地址范围

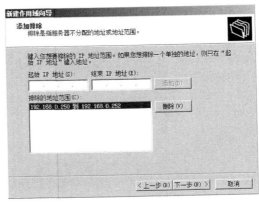

图 6.14　添加排除的地址范围

5. 配置租用期限

单击【下一步】按钮，显示【租用期限】对话框，这里可以设置客户端租用 IP 地址的时间，默认是 8 天。如图 6.15 所示。

6. 配置 DHCP 选项

单击【下一步】按钮，显示【配置 DHCP 选项】对话框，选择【是，我想现在配置这些选项】按钮来配置 DHCP 选项。如图 6.16 所示。

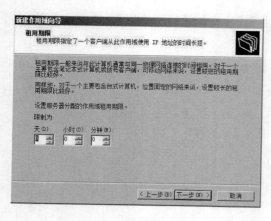 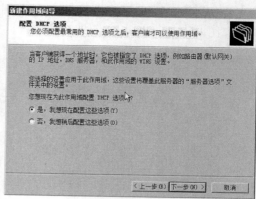

图 6.15　配置租用期限　　　　　图 6.16　配置 DHCP 选项

7. 配置默认网关

单击【下一步】按钮，显示【路由器（默认网关）】对话框，在【IP 地址】文本框中输入要分配的网关，单击【添加】按钮添加到列表框中。如图 6.17 所示。

8. 配置 DNS 服务器地址

单击【下一步】按钮，显示【域名称和 DNS 服务器】对话框，在【父域】文本框中输入进行 DNS 解析时用到的父域，在【IP 地址】文本框中输入 DNS 服务器的 IP 地址，单击【添加】按钮添加到列表框中。如图 6.18 所示。

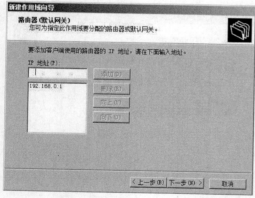 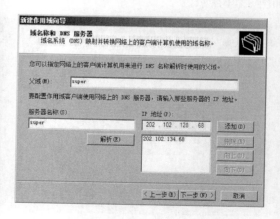

图 6.17　配置默认网关　　　　　图 6.18　配置 DNS 服务器地址

9. 配置 WINS 服务器地址

单击【下一步】按钮，显示【WINS 服务器】对话框，如果网络中有 WINS 服务器，输入 WINS 服务器的 IP 地址。如果没有 WINS 服务器，单击【下一步】按钮跳过。如图 6.19 所示。

10. 激活作用域

单击【下一步】按钮，显示【激活作用域】对话框，选择【是，我想现在激活此作用域】单选框，单击【下一步】按钮激活作用域。如图 6.20 所示。

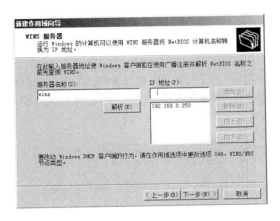
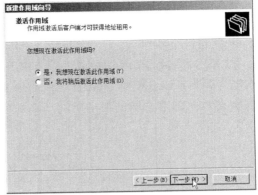

图 6.19　配置 WINS 服务器地址　　　　图 6.20　激活作用域

6.4　任务 3　通过 DHCP 管理器管理作用域

6.4.1　任务描述

DHCP 服务器除了可以为 DHCP 客户端计算机提供 IP 地址外,还能设置 DHCP 客户机启动时的工作环境(如设置客户机登录的域名称、DNS 服务器、WINS 服务器、路由器和默认网关等)。在客户机启动或更新租约时,通过 DHCP 服务器可以获取 TCP/IP 协议相关参数。

6.4.2　任务分析

在创建一个作用域后,可能会需要根据要求对作用域的参数进行调整。一般情况下,需要进行配置的任务环节如下。

(1) 调整租期。

(2) 调整需要保留的 IP 地址。

(3) 配置 DNS 服务器地址。

(4) 配置网络访问保护。

(5) 配置高级 IP 地址分配。

(6) 配置保留地址。

6.4.3　管理 DHCP 作用域

1. 打开 DHCP 管理器属性对话框

在 Windows Server 2008 服务器上,执行【开始】|【管理工具】|【DHCP】命令,打开

【DHCP 管理器】窗口,展开服务器,右击【IPv4】内的作用域并选择【属性】命令,如图 6.21 所示。

2. 配置常规选项

在【作用域名称】文本框中可以修改作用域的名称,在【起始 IP 地址】和【结束 IP 地址】文本框中调整可以分配给 DHCP 客户端的 IP 地址段,在【DHCP 客户端的租用期限】区域可以修改 DHCP 客户端的租用期限。如图 6.22 所示。

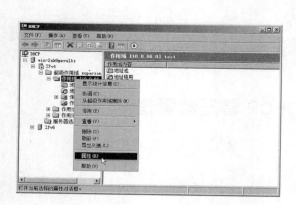

图 6.21　作用域的属性菜单

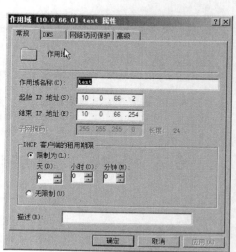

图 6.22　常规选项卡

3. 配置 DNS 选项

选中【根据下面的设置启用 DNS 动态更新】复选框中表示 DNS 服务器上该客户端的 DNS 设置参数如何变化,有两种方式:选择【只有在 DHCP 客户端请求时才动态更新 DNS A 和 PTR 记录】单选框,表示 DHCP 客户端主动请求时,DNS 服务器上的数据才进行更新;选择【总是动态更新 DNS A 和 PTR 记录】单选框,表示 DNS 客户端的参数发生变化后,DNS 服务器的参数就发生变化。选中【在租约被删除时丢弃 A 和 PTR 记录】复选框,表示 DHCP 客户端的租约失效后,其 DNS 参数也被丢弃。选中【为不请求更新的 DHCP 客户端动态更新 DNS A 和 PTR 记录】复选框,表示 DNS 服务器可以对非动态的 DHCP 客户端执行更新。如图 6.23 所示。

4. 网络访问保护选项卡

选中【对此作用域启用】单选框即可启用针对该作用域的网络保护功能,之后可以选择【使用默认网络访问保护配置文件】单选框或者选择【使用自定义配置文件】单选框并指定一个配置文件;选中【对此作用域禁用】单选框即可关闭针对该作用域的网络保护功能。如图 6.24 所示。

5. 高级选项卡

可以在此选择 DHCP 服务器提供 DHCP 和 BOOTP 的服务。如果选择启用支持 BOOTP 协议,则可以在【BOOTP 客户端的租用期限】区域中指定 IP 地址的租期。如图

6.25所示。

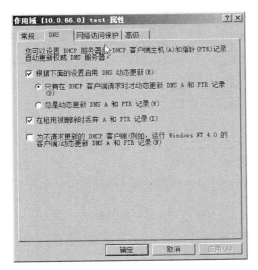

图 6.23　DNS 选项卡

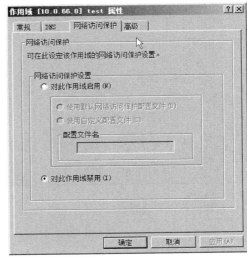

图 6.24　网络访问保护选项卡

6. 配置保留地址

保留地址可以确保 DHCP 客户端永远得到同一个 IP 地址,这个功能有助于网络管理。如图 6.26 所示,双击【保留】打开【新建保留】对话框,在【保留名称】文本框中输入名称,在【IP 地址】文本框中输入要保留的 IP 地址,在【MAC 地址】文本框输入 DHCP 客户端的 MAC 地址。在【支持的类型】区域中选择 DHCP 服务器可以支持的 IP 分配类型,如图 6.27所示。单击【添加】按钮完成添加后,可以看到已建好的保留,如图 6.28 所示。

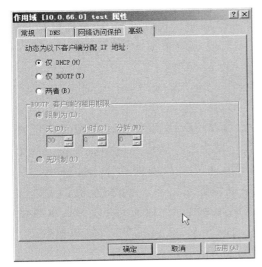

图 6.25　高级选项卡

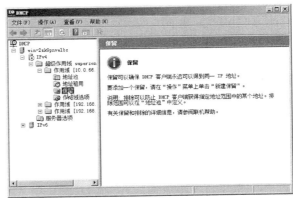

图 6.26　新建保留

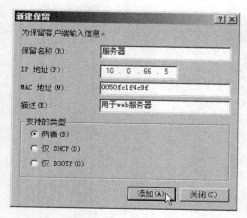

图 6.27　新建保留

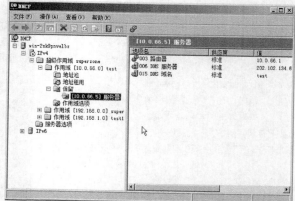

图 6.28　建好的保留

6.5　任务 4　通过 DHCP 管理器建立并管理超级作用域

6.5.1　任务描述

　　超级作用域是自 Windows Server 2003 以来 DHCP 服务器的一种新的管理功能，Windows Server 2008 继承了这一强大功能。当 DHCP 服务器上有多个作用域时，就可以组成超级作用域，作为单个实体来管理。超级作用域常用于多网段环境，传统上在每个网段中都需要一台 DHCP 服务器来提供服务。如果网段过多，就会造成大量的服务器浪费。一台 DHCP 超级作用域服务器可为多个网段上的 DHCP 客户端提供相对应的 IP 地址租约，这大大减轻了管理员的工作量并节省了投资。

6.5.2　任务分析

　　在 Windows Server 2008 的 DHCP 管理器中配置管理超级作用域，管理员应该先配置两个或更多 DHCP 作用域，并将其合并到一个超级作用域中。在网络环境中实现超级作用域，需要配合 DHCP 中继来实现，DHCP 服务器根据 DHCP 中继转发的源 IP 地址来确定从哪个 DHCP 作用域中分配 IP 地址。所有的网络三层设备如路由器、三层交换机都可以实现 DHCP 中继，在 Windows Server 2008 中可以通过添加路由和远程访问来实现。实现的任务环节如下。

　　（1）新建超级作用域。

　　（2）将 IP 作用域添加到超级作用域。

　　（3）从超级作用域中移除 IP 作用域。

　　（4）删除超级作用域。

6.5.3　创建管理超级作用域

1. 打开新建超级作用域向导

在 Windows Server 2008 服务器上,执行【开始】|【管理工具】|【DHCP】命令,打开【DH-CP 管理器】窗口,展开服务器,右击【IPv4】选择【新建超级作用域】命令,打开【新建超级作用域向导】对话框。如图 6.29 所示。

2. 指定超级作用域名称

在【新建超级作用域向导】对话框中单击【下一步】,在打开的【超级作用域名】对话框的【名称】文本框中输入超级作用域的名称。如图 6.30 所示。

图 6.29　新建超级作用域菜单

图 6.30　输入超级作用域名称

3. 选择作用域

从【可用作用域】列表中选择一个或多个作用域将其添加到超级作用域中,可见在本任务中事先已经创建了名为 super 和 test 的两个作用域。如图 6.31 所示。

4. 完成创建超级作用域

单击【下一步】按钮,显示当前超级作用域的配置,单击【完成】即可创建该超级作用域。如图 6.32 所示。

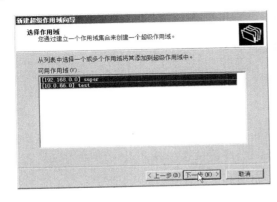

图 6.31　选择作用域

图 6.32　完成创建超级作用域

5. 查看创建好的超级作用域

回到 DHCP 管理器,可以看到刚才创建的超级作用域 superzone。展开它可以看到其包括两个作用域。如图 6.33 所示。

6. 在已建成的超级作用域中加入新作用域

在 DHCP 管理器中右击要添加的作用域,选择【添加到超级作用域】命令,可以将该作用域加入超级作用域。如图 6.34 所示。

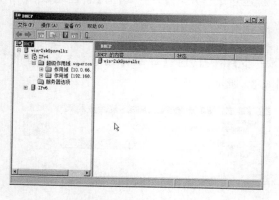

图 6.33　查看创建好的超级作用域

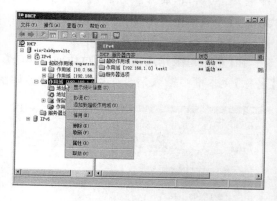

图 6.34　在超级作用域中加入新作用域

7. 选择需要加入的超级作用域

在【可用的超级作用域】选择框中选择要加入的超级作用域。如图 6.35 所示。

8. 加入成功后的超级作用域

单击【确定】按钮完成添加。在 DHCP 管理器中可以看到名为 superzone 的超级作用域中新加入了一个作用域。如图 6.36 所示。

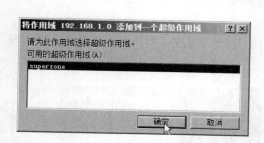

图 6.35　选择要加入的超级作用域

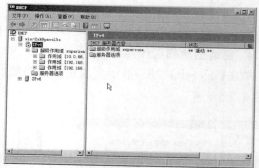

图 6.36　完成添加后的超级作用域

9. 从超级作用域中移除作用域

在 DHCP 管理器中展开超级作用域 superzone,右击要删除的作用域选择【从超级作用域删除】命令。之后在弹出的警告对话框中选择【是】按钮。这个操作仅仅将作用域从超级作用域中移除,并不会真的删除作用域。如图 6.37 所示。

10. 删除超级作用域

右击要删除的超级作用域选择【删除】命令,之后在弹出的警告对话框中选择【是】按钮。

这个操作仅仅将超级作用域删除,其包含的作用域并不会被删除。如图 6.38 所示。

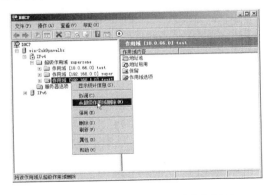
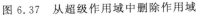

图 6.37 从超级作用域中删除作用域

图 6.38 删除超级作用域

6.6 任务5 DHCP 客户端的配置

6.6.1 任务描述

DHCP 客户端的操作系统有很多种类,如 Windows 98/2000/xp/2003/Vista、Linux、UNIX 等,本任务将重点介绍 Windows 类和 Linux 类操作系统客户端的设置,并以 Windows XP 和 RedHat Enterprise Linux 5 的配置为例。

6.6.2 任务分析

DHCP 客户端用户如果要正确地获取 IP 地址及相关配置,应实现的任务环节如下。

(1) 配置自动获得 IP 地址及其相关参数。

(2) 查看当前获取的 IP 地址及其相关参数。

(3) 释放或重新获取 IP 地址及其相关参数。

6.6.3 配置并测试 Windows XP DHCP 客户端

1. 打开本地连接属性对话框

在 Windows XP DHCP 客户端上,执行【控制面板】|【网络连接】命令,打开【网络连接】窗口,列出所有可用的连接。右击需要获取 IP 地址的本地连接选择【属性】命令,打开【本地连接属性】对话框。如图 6.39 所示。

2. 配置 Internet 协议属性

在【此连接使用下列项目】列表框中,选择【Internet 协议(TCP/IP)】并单击【属性】按钮,打开【Internet 协议(TCP/IP)属性】对话框。如图 6.40 所示。

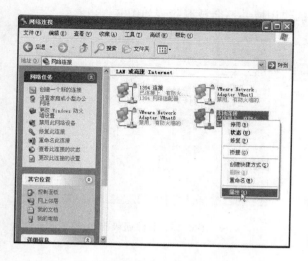

图 6.39　本地连接属性

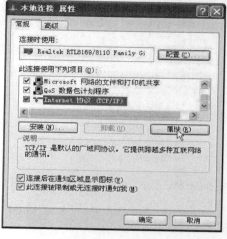

图 6.40　Internet 协议属性

3. 配置自动获取 IP 地址

在【Internet 协议（TCP/IP）属性】对话框中，选择【自动获得 IP 地址】单选框。如果在 DNS 服务器配置了 DNS 的参数，应同时选择【自动获得 DNS 服务器地址】单选框，否则应选择【使用下面的 DNS 服务器地址】单选框并输入正确的 DNS 服务器 IP 地址。如图 6.41 所示。

4. 检查是否正确获取了 IP 地址

执行【开始】|【运行】命令，并输入"cmd"命令并单击【确定】按钮，打开 Windows XP 的命令窗口。之后输入"ipconfig /all"命令，可以检查通过 DHCP 获取的 IP 地址及其相关参数。如图 6.42 所示。

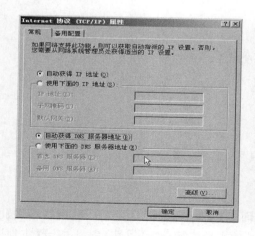

图 6.41　配置自动获取 IP 地址

图 6.42　查看获取的 IP 地址

5. 重新获取 IP 地址

在 Windows XP 的命令窗口中输入"ipconfig /renew"命令，可以重新从 DHCP 服务器端获取 IP 地址及其相关参数。如图 6.43 所示。

6．释放获取的 IP 地址

在 Windows XP 的命令窗口中输入"ipconfig /release"命令，可以释放从 DHCP 服务器端获取的 IP 地址。如图 6.44 所示。

图 6.43　重新获取 IP 地址　　　　　　图 6.44　释放获取的 IP 地址

6.6.4　配置并测试 Linux DHCP 客户端

1．打开网络配置

在 Linux 客户端上，执行【系统】|【管理】|【网络】命令，打开【网络配置】窗口，列出所有可用的连接。在【设备】选项卡中选中需要获取 IP 地址的本地连接，单击【编辑】按钮。如图 6.45 所示。

2．配置 DHCP 客户端自动获取 IP 地址

在【以太网设备】对话框中，选择【自动获取 IP 地址设置使用：DHCP】单选框，在【DHCP 设置】区域中选择【自动从提供商处获取 DNS 信息】复选框，如图 6.46 所示。

图 6.45　Linux 的网络配置　　　　　　图 6.46　Linux 以太网设备配置

3. 保存并重新激活网络

在【网络配置】对话框中,选择【文件】|【保存】命令保存当前网络配置。选中该网卡并单击【取消激活】按钮停止网卡,然后单击【激活】按钮激活网卡,这样网卡才能加载新的配置。如图 6.47 所示。

4. 检查是否正确获取了 IP 地址

执行【应用程序】|【附件】|【终端】命令,打开 Linux 终端窗口。之后输入"ifconfig"命令,可以看到本例正确获取了 IP 地址及其相关参数。如图 6.48 所示。

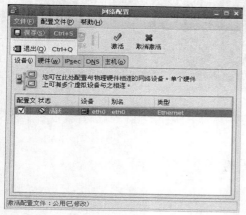

图 6.47 保存并重启网卡

图 6.48 查看获取的 IP 地址

6.7 小 结

本章介绍了 DHCP 服务器的相关知识,重点介绍了 DHCP 服务器的安装、DHCP 域的配置过程、DHCP 的地址池管理、DHCP 域和超级域的管理、DHCP 客户端的配置等。

6.8 项目实训 DHCP 服务器的配置

1. 实训目标

(1) 熟悉 Windows Server 2008 DHCP 服务器的安装。
(2) 熟悉 Windows Server 2008 DHCP 服务器的配置。
(3) 掌握 Windows XP 和 Linux DHCP 客户端的配置。

2. 实训环境

1) 硬件和网络

已经建好的 100 M 网络,要求交换机 1 台、五类 UTP 直通线多条、计算机 2 台(计算机配置要求 CPU 单核 2.0 GHz 以上、内存 1 G 以上、20 G 硬盘剩余空间、光驱和网卡)。

2）软件

Windows Server 2008 安装光盘,根据计算机的要求选择 32 或 64 位版本。如果使用虚拟机的话,还需要 VMWARE Workstation 6.5 以上版本。

3. 实训要求

(1) 在虚拟操作系统 Windows Server 2008 中安装 DHCP 服务器,并设置其 IP 地址为192.168.1.250,子网掩码为 255.255.255.0,网关和 DNS 分别为 192.168.1.1 和 192.168.1.2。

(2) 新建作用域名为 student.com,IP 地址的范围为 192.168.1.1～192.168.1.254,掩码长度为 24 位。

(3) 排除地址范围为 192.168.1.1～192.168.1.5、192.168.1.250～192.168.1.254(服务器使用及系统保留的部分地址)。

(4) 设置 DHCP 服务的租约为 24 小时。

(5) 设置该 DHCP 服务器向客户端分配的相关信息如下:DNS 的 IP 地址为 192.168.1.2,父域名称为 teacher.com,路由器(默认网关)的 IP 地址为 192.168.1.1。

(6) 将 IP 地址 192.168.1.251(MAC 地址 00-00-3c-12-23-25)保留,用于 FTP 服务器使用,将 IP 地址 192.168.1.252(MAC 地址 00-00-3c-12-D2-79)保留,用于 WINS 服务器。

(7) 在 Windows XP 或 Linux 上测试 DHCP 服务器的运行情况,用 ipconfig 或 ifconfig命令查看分配的 IP 地址以及 DNS、默认网关等信息是否正确。

4. 实训评价

实训评价表					
内　　　容			评　　价		
学习目标	评价项目		3	2	1
职业能力	能熟练正确安装 Windows Server 2008 DHCP服务器	安装 Windows Server 2008 DHCP 服务器			
	能熟练正确进行 Windows Server 2008 DHCP 管理	Windows Server 2008 的 DHCP 域和超级域管理			
	能熟练正确进行 DHCP 客户端管理	Window XP 和 Linux 的 DHCP 客户端管理			
通用能力	交流表达能力				
	与人合作能力				
	沟通能力				
	组织能力				
	活动能力				
	解决问题的能力				
	自我提高的能力				
	革新、创新的能力				
综合评价					

6.9 习 题

1. 填空题

(1) DHCP 服务的优点包括_____、_____、_____。

(2) DHCP 域保留的作用是_____。

(3) DHCP 服务器的主要功能是_____。

(4) DHCP 域中排除的作用是_____。

(5) DHCP 超级作用域的作用是_____。

2. 选择题

(1) 要实现动态 IP 地址分配,网络中至少要求有一台计算机的网络操作系统中安装（　　）。

A. DNS 服务器　　　　　　　　B. DHCP 服务器

C. IIS 服务器　　　　　　　　　D. PDC 主域控制器

(2) 在 Windows Server 2008 中,关于 DHCP 中继代理叙述正确的是（　　）。

A. DHCP 中继代理有本网段的作用域

B. DHCP 中继代理有其他网段的作用域

C. 配置 DHCP 中继代理使用【路由和远程访问】管理工具

D. 配置 DHCP 中继代理使用【DHCP】管理工具

(3) DHCP 客户端可以从 DHCP 服务器获得（　　）。

A. DHCP 地址　　　　　　　　　B. WEB 服务器地址

C. FTP 服务器地址　　　　　　　D. DNS 地址

(4) DHCP 客户端启动时将发出（　　）报文消息。

A. DHCP DISCOVER　　　　　　B. DHCP OFFER

C. DHCP REQUEST　　　　　　　D. DHCP RELAY

(5) 在 Windows XP 中,（　　）命令可以重新获取 IP 地址。

A. ipconfig/all　　　　　　　　　B. ipconfig/release

C. ifconfig　　　　　　　　　　　D. ipconfig/renew

3. 简答题

(1) 在什么情况下可以应用 DHCP 动态分配 IP 地址? 这种方式有什么缺点?

(2) 如果网络内存在多台 DHCP 服务器,DHCP 客户端如何确定从哪台服务器获取 IP 地址?

(3) 怎样才能使 DHCP 客户端每次都获得同样的 IP 地址配置?

(4) 在超级域中,DHCP 服务器如何能根据网络的不同分配不同的 IP 地址?

(5) 服务器如何根据租约回收 IP 地址?

第7章　管理与配置 DNS 服务

1. 教学目标

(1) 理解 DNS 协议的基本概念。

(2) 掌握 DNS 协议原理和工作过程。

(3) 掌握 DNS 服务器的安装、配置与维护过程。

(4) 掌握 DNS 客户端的配置。

2. 教学要求

知识要点	能力要求	关联知识
DNS 服务器	安装 DNS 服务器角色	服务器管理
正向查询区域	正向查询区域的配置管理	正向区域和子区域
反向查询区域	反向查询区域的配置管理	反向区域和子区域
DNS 资源记录	主机记录、别名记录、MX 记录、指针记录	各种记录的用途
DNS 的参数调整	地址老化、起始授权机构、名称服务器	各种参数的作用
DNS 客户端查询过程	了解能获取名称与 IP 地址关系的方法	NetBIOS WINS
DNS 客户端配置	不同系统的 DNS 客户端配置	不同系统 DNS 配置

3. 重点难点

(1) DNS 资源记录的类型及作用。

(2) DNS 的递归查询和迭代查询。

(3) DNS 的反向查询。

(4) 常见客户端 DNS 服务器的配置。

在 TCP/IP 网络特别是互联网中,DNS 服务是最重要的服务之一。它负责无论互联网还是局域网的域名解析任务,在 Windows Server 的动态目录中,它还承担着用户账户名、计算机名、组名和各种对象的名称解析服务。DNS 服务器的运行状态直接影响整个网络的运行。

7.1 DNS 的基本原理与概念

7.1.1 DNS 概述

DNS(Domain Name System)是域名系统的缩写,用于实现名称与 IP 地址的转换,广泛应用于局域网、广域网以及因特网等运行 TCP/IP 协议的网络中。DNS 由名称分布数据库组成,基于域名空间的逻辑树结构是负责分配、改写和查询域名的综合性服务系统。该空间中的每个节点或域都有一个唯一的名称。

众所周知,在互联网中唯一能够用来标识计算机身份和定位计算机位置的方式就是 IP 地址,但网络中往往存在太多服务器,如提供 E-mail、Web、FTP 等服务的服务器,记忆这些服务器的 IP 地址不仅枯燥无味,而且容易出错。DNS 服务可以使用更形象易记的域名代替复杂的 IP 地址,将这些 IP 地址与域名一一对应,不但使得对网络服务的访问更加简单,而且完美地实现了与因特网的融合。另外,许多重要的网络服务(如 E-mail 服务)也需要借助于 DNS 来实现。因此,DNS 服务可视为网络服务的基础。

DNS 系统的核心是 DNS 服务器,它的作用是应答域名查询行为,为局域网和互联网中的客户提供域名查询服务。DNS 服务器保存了包含主机名和相应 IP 地址的数据库。DNS 系统包括 DNS 域命名空间、DNS 资源记录、DNS 服务器和 DNS 客户端 4 部分,其含义如下。

(1) DNS 域命名空间:指定用于组织名称的域的层次结构。

(2) DNS 资源记录:将 DNS 域名映射到特定类型的资源信息,以供在命名空间中注册或解析名称时使用。

(3) DNS 服务器:用于存储和应答资源记录的名称查询。

(4) DNS 客户端:称做解析程序,用于查询服务器,以搜索并将名称解析为查询中指定的资源记录类型。

DNS 是一种树型结构的域名方案,域名通过使用标记"."分隔每个分支来表示一个域在逻辑 DNS 层次中相对于其父域的位置。而当定位一个主机名时,从最终位置到父域再到根域如图 7.1 所示,显示了顶级域的名字空间及下一级子域之间的树型结构关系,图中的每一个节点以及其下的所有节点叫做一个域。域可以有主机(计算机)和其他域(子域)。例如,在图 7.1 中,www.jsj.dz.com 是一台 jsj.dz.com 域中的主机,而 www.dz.com 则是一台域 dz.com 中的主机,dz.com 是 com 的一个子域。一般情况下,在某个域中可能会有多台主机。

域名和主机名只能包含字母 a～z(在 Windows 操作系统中不区分大小写,而在 UNIX 和 LINUX 类的操作系统中则区分大小写)、数字 0～9 和符号"-"。其他字符均不能用于表示域名或主机名。

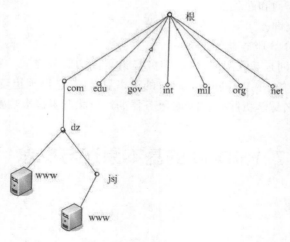

图 7.1　域的组成结构

各级结构说明如下。

（1）根域：代表域名命名空间的根，这里为空。

（2）顶级域：直接处于根域下面的域，代表一种类型的组织或一些国家。在 Internet 中，由 InterNIC（Internet Network Information Center）进行管理和维护。

（3）二级域：在顶级域下面，用来标明顶级域以内的一个特定的组织。在 Internet 中，也是由 InterNIC 负责对二级域名进行管理和维护，以保证二级域名的唯一性。

（4）子域：在二级域的下面所创建的域，它一般由各个组织根据自己的要求自行创建和维护。

（5）主机：域名命名空间中的最下面一层，它被称为完全合格的域名（Fully Qualified Domain Name，FQDN）。

组成 DNS 系统的核心是 DNS 服务器，它的作用是回答域名服务查询，它为私有 TCP/IP 网络或 Internet 服务器保存了包含主机名和相应 IP 地址的数据库。例如，查询域名 www.sohu.com，DNS 服务器将返回网站的 IP 地址 123.129.214.145 给 DHCP 客户端，这样客户端计算机才可以正确地通过 TCP/IP 协议访问搜狐服务器。

1）DNS 的域名空间申请

在局域网中可以任意规划设置域名空间，但是若要在 Internet 上使用自己的 DNS 解析域名并将企业网络与 Internet 很好地整合在一起，用户必须先向 DNS 域名注册颁发机构申请合法的域名，并至少获得一个可使用在 Internet 上的 IP 地址。如果准备在网络中使用 Active Directory，则应先从 Active Directory 设计着手，并相应地配置 DNS 域名空间支持它。

2）DNS 服务器的规划

确定网络中需要的 DNS 服务器的数量及其各自的作用，根据通信负载、复制和容错问题，确定在网络上放置 DNS 服务器的位置。为了实现容错，至少应该在每个区域配置两台 DNS 服务器，一台用做主服务器，另一台用做备份或辅助服务器。

3）Zone（区域）

区域是一个用于存储单个 DNS 域名的数据库，它是域名空间树状结构的一部分，DNS 服务器是以 Zone 为单位来管理域名空间的，Zone 中的数据保存在管理它的 DNS 服务器中。在现有的域中添加子域时，该子域既可以包含在现有的 Zone 中，也可以为它创建一个新 Zone 或包含在其他的 Zone 中。一个 DNS 服务器可以管理一个或多个 Zone，一个 Zone 也可以由多个 DNS 服务器来管理。用户可以将一个域划分成多个区域分别进行管理，以减轻网络管理的负担。

4）区域传输和复制

鉴于 DNS 的重要性，一般需要配置多台 DNS 服务器，提高域名解析的可靠性和容错性，当一台 DNS 服务器发生故障时，其他 DNS 服务器可以继续提供域名解析服务。这就需要利用区域复制和同步方法，保证管理区域的所有 DNS 服务器中域的记录相同。在 Windows Server 2008 服务器中，DNS 服务支持增量区域传输，也就是在更新区域中的记录时，DNS 服务器之间只传输发生改变的记录，因此提高了传输的效率。在以下情况下将启动区域传输：管理区域的辅助 DNS 服务器启动、区域的刷新时间间隔过期、在主 DNS 服务器记录发生改变并设置了 DNS 通告列表。在这里，DNS 通告是利用"推"的机制，当 DNS 服务器中的区域记录发生改变时，它将通知选定的 DNS 服务器进行更新，被通知的 DNS 服务器启动区域复制操作。

7.1.2　名称解析与地址解析

1.计算机名称的表示

在网络中,存在以下 3 种计算机名称方式。

(1) 计算机名:通过计算机【系统属性】对话框或 hostname 命令,可以查看和设置本地计算机名(Local Host Name)。

(2) NetBIOS 名称:网络基本输入/输出系统(Network Basic Input/Output System, Net BIOS)使用长度限制在 16 个字符的名称来标识计算机资源,这个标识称为 NetBIOS 名称。在一个网络中,NetBIOS 名称是唯一的,在计算机启动、服务被激活、用户登录到网络时,NetBIOS 名称将被动态地注册到数据库中。

该名称主要用于早期 Windows 的客户端,NetBIOS 名称可以通过广播或查询网络中的 WINS 服务器进行解析。随着 Windows 2000 Server 的发布,网络中的计算机逐渐不再需要 NetBIOS 名称接口的支持。

(3) FQDN 名:完全合格域名(Fully Qualified Domain Name,FQDN),是指主机名加上域名,域名中列出了序列中所有域成员。完全合格域名可以从逻辑上准确地表示出主机在什么地方,也可以说它是主机名的一种完全表示形式。该名字不可超过 256 个字符,我们平时访问 Internet 使用的就是完整的 FQDN。

2.名称和地址的解析

在客户端计算机上提交地址的查询请求之后,计算机会遵循以下的顺序来解析。

(1) 检查该名称是不是自己(Local Host Name)。

(2) 查看 NetBIOS 名称缓存:在本地内存缓存中会保存最近与自己通信过的计算机的 NetBIOS 名和 IP 地址的对应关系,这些记录可以通过 nbtstat-c 命令查看。

(3) 查询 WINS 服务器:WINS(Windows Internet Name Server)是 Windows 系统特有的一种名称解析服务,原理和 DNS 有些类似,但是可以动态地将 NetBIOS 名和计算机的 IP 地址进行映射。它的工作过程为:当计算机启动时,先在 WINS 服务器注册自己的 NetBIOS 名和 IP 地址,其他计算机需要查找 IP 地址时,只要向 WINS 服务器提出请求,WINS 服务器就将已经注册了 NetBIOS 名的计算机的 IP 地址返回给它。当计算机关机时,也会通知 WINS 服务器把本计算机的记录删除。

(4) 在本网段广播查找。

(5) Lmhosts 文件。用来进行 NetBIOS 名静态解析,作用是将 NetBIOS 名和 IP 地址对应起来。

(6) hosts 文件。在本地的%systmeroot%\system32\drivers\etc 目录下有一个系统自带的 hosts 文件,该文件中记录了一些主机名和 IP 地址的映射关系。

(7) 查询 DNS 服务器。

3.DNS 的查询模式

DNS 的域名解析包括正向解析和逆向解析两个不同方向的解析。其中,正向解析是指从主机域名到 IP 地址的解析,而逆向解析是指从 IP 地址到域名的解析。

当客户机需要访问 Internet 上某一主机时,首先向本地 DNS 服务器查询对方的 IP 地址,如果本地 DNS 服务器没有该记录,该 DNS 服务器将继续向另外一台 DNS 服务器查询,直到解析出需访问主机的 IP 地址,这一过程称为查询。DNS 查询模式有 3 种,即递归查询、迭代查询和反向查询。

(1) 递归查询(Recursive Query)。递归查询指 DNS 客户端发出查询请求后,如果 DNS 服务器内没有所需的数据,则该 DNS 服务器会代替客户端向其他的 DNS 服务器进行查询。在递归查询中,该 DNS 服务器必须向 DNS 客户端作出回答。DNS 客户端与 DNS 服务器之间的查询通常采用递归查询方式。

(2) 迭代查询(Iterative Query)。迭代查询多用于 DNS 服务器与 DNS 服务器之间的查询。它的工作过程是:当第一台 DNS 服务器向第二台 DNS 服务器提出查询请求后,如果在第二台 DNS 服务器内没有所需要的数据,则它会提供第三台 DNS 服务器的 IP 地址给第一台 DNS 服务器,让第一台 DNS 服务器直接向第三台 DNS 服务器进行查询。依次类推,直到找到所需的数据为止。如果到最后一台 DNS 服务器中还没有找到所需的数据,则通知第一台 DNS 服务器查询失败。

(3) 反向查询(Reverse Query)。反向查询是依据 DNS 客户端提供的 IP 地址来查询它的主机名。由于 DNS 名字空间中域名与 IP 地址之间无法建立直接对应关系,所以必须在 DNS 服务器内创建一个反向型查询的区域,该区域名称的最后部分为 in-addr.arpa。由于反向查询会占用大量的系统资源,并给网络带来不安全因素,因此很少提供反向查询。

7.1.3　DNS 资源记录

在创建新的主区域成功后,就可以对所属域名提供解析服务了。根据需要,管理员可以向域中添加各种类型的 DNS 资源记录,常用记录类型如下。

1. 主机(A)记录

主机记录用于记录在正向搜索区域内建立的主机名与 IP 地址的关系。在实现虚拟机技术时,管理员通过为同一主机设置多个不同的 A 类型记录,来达到同一 IP 地址的主机对应不同主机域名的目的。

2. 别名(CNAME)记录

别名用于将 DNS 域名映射为另一个主要的或规范的名称。有时一台主机可能担当多个服务器,这时可以给这台主机创建多个别名。

3. 邮件交换器(MX)记录

邮件交换器记录的全称是 Mail Exchanger。MX 记录为电子邮件服务专用,用来查询收邮件服务器的 IP 地址。域里可以存在多台邮件服务器,但是它们的优先级不同。数值越低,优先级越高(0 最高),取值范围 0～65 535。

4. 名称服务器(NS)记录

用于记录管辖此区域的名称服务器(Name Server,NS)包括主要名称服务器和辅助名称服务器。

5. 起始授权机构(SOA)记录

起始授权机构(Start of Authority,SOA)用于记录此区域中的主要名称服务器以及管理此 DNS 服务器的管理员的电子邮件信箱名称。在 Windows Server 2008 操作系统中，每创建一个区域，就会自动建立 SOA 记录，因此这个记录就是所建区域内的第一条记录。

7.2 任务 1 安装 DNS 服务器

7.2.1 任务描述

DNS 服务虽然是 Windows Server 2008 操作系统自带的组件，但是在默认安装的过程中没有安装该服务，因此需要系统管理员手动安装。如果服务器已经安装了活动目录，则 DNS 服务器已经安装完成，无须进行本任务操作。

7.2.2 任务分析

在 Windows Server 2008 中要为服务器添加 DNS 角色并配置 DNS 服务器，应该逐步实现如下的任务环节：
（1）添加 DNS 服务器角色。
（2）打开 DNS 管理器。

7.2.3 安装 DNS 服务器角色

1. 打开服务器管理器窗口
在 Windows Server 2008 服务器上，执行【开始】|【管理工具】|【服务器管理器】命令，打开服务器管理器窗口，选中左侧窗格【角色】选项，显示角色管理和配置窗口，如图 7.2 所示。

2. 添加 DNS 服务器角色
单击右侧【角色】窗格的【添加角色】启动添加角色向导，选择【DNS 服务器】角色，单击【下一步】按钮，显示 DNS 服务简介窗口，而后单击【下一步】按钮，继续角色服务操作，如图 7.3 所示。

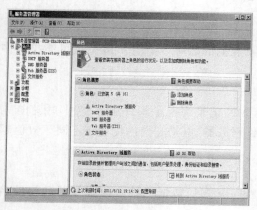

图 7.2 服务器管理器窗口

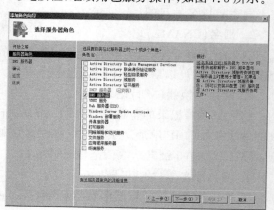

图 7.3 选择服务器角色

3. 查看 DNS 服务器简介

单击【下一步】按钮，显示【DHCP 服务器简介】对话框。如图 7.4 所示。

4. 确认安装 DNS 服务器

单击【下一步】按钮，显示【确认安装】对话框，如果没有错误，单击【安装】按钮安装 DNS。如图 7.5 所示。

图 7.4　DNS 服务器简介　　　　　　　图 7.5　确认安装 DNS 服务器

5. 安装结果

安装完成后，显示【安装结果】对话框，提示 DNS 服务已经安装成功。单击【管理】按钮结束安装。如图 7.6 所示。

6. 打开 DNS 管理器

执行【开始】|【管理工具】|【DNS 服务器】命令，打开 DNS 管理器，通过它可以对 DNS 服务器进行配置和管理。如图 7.7 所示。

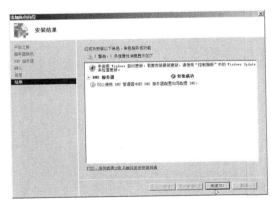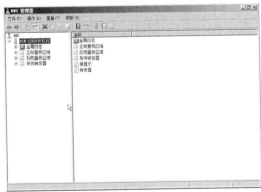

图 7.6　安装结果　　　　　　　　　　图 7.7　DNS 管理器

7.3 任务 2 创建并配置 DNS 正向区域和记录

7.3.1 任务描述

要使 DNS 服务器能够将域名解析成 IP 地址,首先必须添加一个或多个正向查找区域,然后在正向查找区域中按需要添加各种 DNS 记录,才能为客户端提供正确的解析。

7.3.2 任务分析

熟悉 DNS 服务器的正向区域的配置,掌握主机、别名和邮件交换等记录的管理方法,正确理解配置的过程和配置的参数。

(1) 新建正向区域。

(2) 添加主机、别名、邮件交换器等各种记录。

(3) 配置动态更新。

(4) 配置转发器。

7.3.3 DNS 正向区域的配置

1. 打开 DNS 服务器配置向导

在 Windows Server 2008 服务器上,执行【开始】|【管理工具】|【DNS 服务器】命令,打开【DNS 管理器】窗口,在服务器名称上右击选择【配置 DNS 服务器】命令,即可激活 DNS 服务器向导,如图 7.8 所示。

2. 选择配置操作

单击【下一步】按钮,打开【选择配置操作】对话框,在这里可以选择配置网络查找区域类型,默认选中【创建正向查找区域(适合小型网络使用)】单选框。如图 7.9 所示。

图 7.8 打开 DNS 服务器配置向导

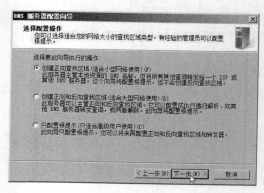

图 7.9 选择配置操作

3. 选择主服务器位置

单击【下一步】按钮，显示【主服务器位置】对话框，如果当前所设置的 DNS 服务器是网络中的第一台 DNS 服务器，选择【这台服务器维护该区域】单选框，将该 DNS 服务器作为主 DNS 服务器使用，否则可以选择【ISP 维护该项区域，一份只读的次要副本常驻在这台服务器上】单选框。如图 7.10 所示。

4. 配置区域名称

单击【下一步】按钮，显示【区域名称】对话框，在【区域名称】文本框中输入区域的名称，建议使用域名。如图 7.11 所示。

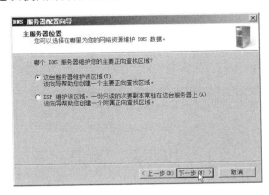
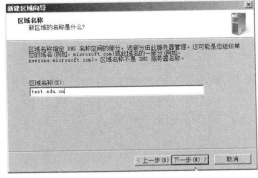

图 7.10　主服务器位置　　　　　　图 7.11　配置区域名称

5. 配置区域文件

单击【下一步】按钮，显示【区域文件】对话框，系统根据区域名默认生成了一个文件名。该文件是一个 ASCII 文本文件，其中保存着该区域的信息，默认情况下保存在％systemroot％\system32\dns 文件夹中，通常情况下不需要更改默认值。如图 7.12 所示。

6. 配置动态更新

单击【下一步】按钮，显示【动态更新】对话框，默认选项是【不允许动态更新】。各选项功能如下。

（1）只允许安全的动态更新（适合 Active Directory 使用）：只有在安装了 Active Directory 集成的区域才能使用该项，所以该选项目前是灰色状态，不可选取。

（2）允许非安全和安全动态更新：如果要使用任何客户端都可接受资源记录的动态更新，可选择该项，但由于可以接受来自非信任源的更新，所以使用此项时可能会不安全。

（3）不允许动态更新：可使此区域不接受资源记录的动态更新，使用此项比较安全。如图 7.13 所示。

7. 配置转发器

单击【下一步】按钮，显示【转发器】对话框，默认选项是【是，应当将查询转送到有下列 IP 地址的 DNS 服务器上】。可以在 IP 地址编辑框中键入 ISP 或者上级 DNS 服务器提供的 DNS 服务器 IP 地址，添加到列表框中。如果没有上级 DNS 服务器，则可以选中【否，不向前转发查询】单选框。如图 7.14 所示。

8. 完成 DNS 服务器配置

单击【下一步】按钮，显示【正在完成 DNS 服务器配置向导】对话框，单击【完成】按钮完成配置。如图 7.15 所示。

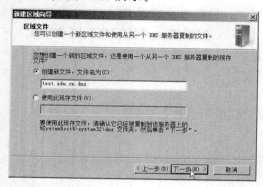

图 7.12　配置区域文件

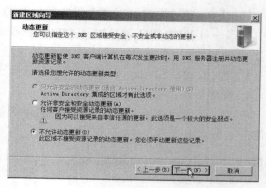

图 7.13　配置动态更新

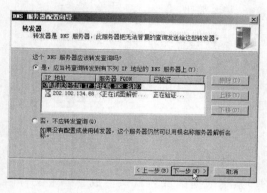

图 7.14　配置转发器

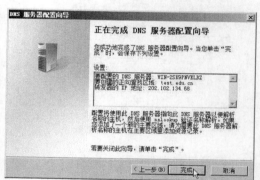

图 7.15　完成 DNS 服务器配置

9. 新建主机(A)记录

在【DNS 管理器】中右击需要添加主机记录的域，选择【新建主机（A 或 AAA）】命令。如图 7.16 所示。然后在【新建主机】文本框中输入要创建的主机名称和 IP 地址。选择【创建相关的指针(PTR)记录】可以同时创建指针，但前提是已经建好了相对应的反向查找区域，最后单击【添加主机】按钮即可创建成功。如图 7.17 所示。

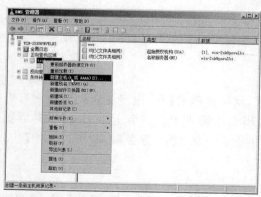

图 7.16　新建主机记录

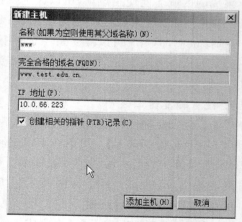

图 7.17　配置主机记录参数

10．新建别名(CNAME)记录

在【DNS 管理器】中右击需要添加主机记录的域,选择【新建别名(CNAME)】命令。如图 7.18 所示。然后在【别名】文本框中输入要创建的别名。单击【浏览】按钮在域中已经创建的主机记录中选择要创建别名的主机,最后单击【确定】按钮即可创建成功。如图 7.19 所示。

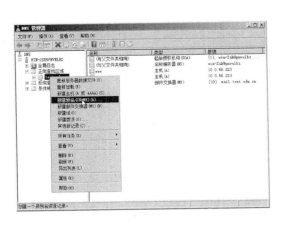

图 7.18　新建别名记录

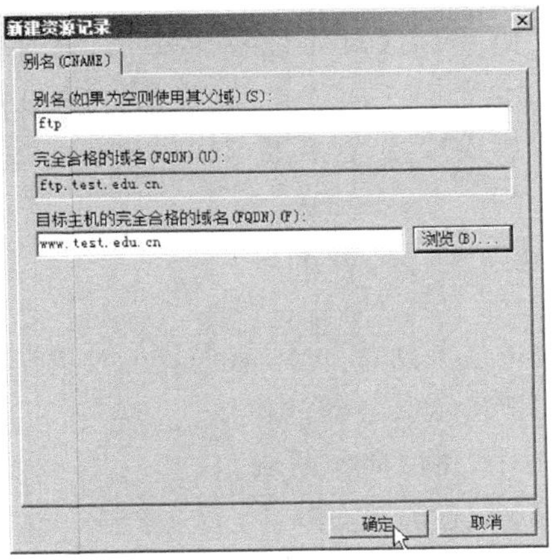

图 7.19　配置别名记录参数

11．新建邮件交换器(MX)记录

在【DNS 管理器】中右击需要添加主机记录的域,选择【新建邮件交换机(MX)】命令。如图 7.20 所示。然后在【主机或子域】文本框中输入要创建的邮件交换器名称。单击【浏览】按钮在域中已经创建的主机记录中选择要成为邮件服务器的主机,在【邮件服务器优先级】文本框中输入优先级。最后单击【确定】按钮即可创建成功。如图 7.21 所示。

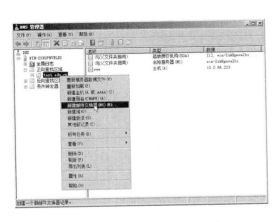

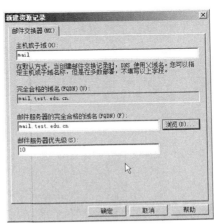

图 7.20　创建邮件交换器记录

图 7.21　配置邮件交换器记录参数

7.4 任务 3 创建并配置 DNS 反向区域和记录

7.4.1 任务描述

反向查找区域可以提供将 IP 地址解析成域名的 DNS 解析功能。在网络中大部分 DNS 搜索都是正向查找,但某些特殊情况下为了实现客户端对服务器的访问也需要将 IP 地址解析成域名,这就要求提供反向查找服务。

7.4.2 任务分析

通过任务熟悉 DNS 服务器的反向区域的配置,掌握指针记录的管理方法,正确理解转发器或根提示服务器的作用。

(1) 新建反向作用域。

(2) 配置动态更新。

(3) 新建指针记录。

7.4.3 创建并配置 DNS 反向区域

1. 打开 DNS 服务器配置向导

打开【DNS 管理器】窗口,右击【反向查找区域】并选择【新建区域】命令,即可激活新建区域向导。如图 7.22 所示。

2. 选择配置操作

单击【下一步】按钮,打开【区域类型】对话框,在这里可以选择配置网络查找区域类型,默认是创建一个【主要区域】。如图 7.23 所示。

图 7.22 打开新建区域向导

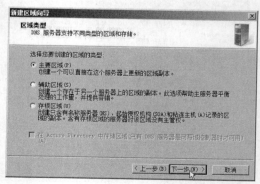

图 7.23 选择区域类型

3．选择反向查找区域的 IP 协议类型

单击【下一步】按钮，显示【反向查找区域名称】对话框，本任务仅仅针对 IPv4 协议，所以选择【IPv4 反向查找区域】单选框，如图 7.24 所示。

4．配置反向查找区域的网络 ID

单击【下一步】按钮，在【网络 ID】文本框中输入区域的 IP 范围，也可以选择直接在【反向查找区域名称】中直接指定名称。如图 7.25 所示。

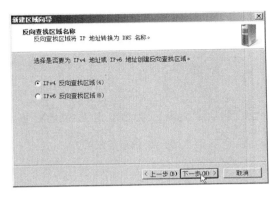

图 7.24　反向查找区域类型

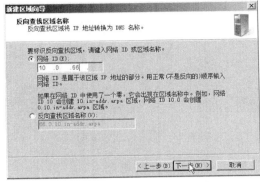

图 7.25　反向查找区域的网络 ID

5．配置区域文件

单击【下一步】按钮，显示【区域文件】对话框，系统根据区域名默认生成了一个文件名。如果有从其他服务器手工备份的反向区域记录，可以选择【使用此现存文件】并指定文件名，前提是该文件已经复制到％systemroot％\system32\dns 文件夹。如图 7.26 所示。

6．配置动态更新

单击【下一步】按钮，显示【动态更新】对话框，默认选项是【不允许动态更新】。各选项功能如任务 7.3 所述，此处不再累述。如图 7.27 所示。

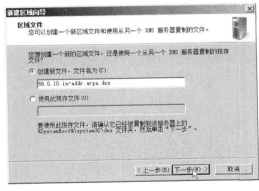

图 7.26　配置区域文件

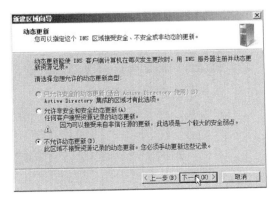

图 7.27　配置动态更新

7．完成新建区域配置

单击【下一步】按钮，显示【正在完成新建区域配置】对话框，如果没有错误，单击【完成】按钮即可完成配置。如图 7.28 所示。

8. 打开新建资源记录对话框

在【DNS 管理器】窗口,右击刚创建的反向区域并选择【新建指针(PTR)】命令打开【新建资源记录】对话框,如图 7.29 所示。

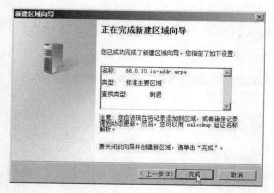
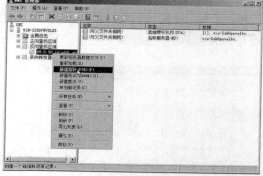

图 7.28　完成新建区域配置　　　　　　图 7.29　新建指针菜单

9. 新建指针(PTR)记录

在【新建资源记录】对话框中的【主机 IP 地址】文本框中输入 IP 地址,如图 7.30 所示。单击【浏览】按钮在正向区域中查询相对应的主机记录,如图 7.31 所示。

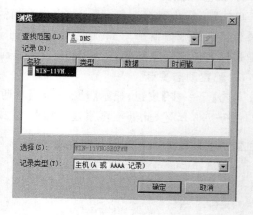

图 7.30　创建指针记录　　　　　　图 7.31　查找对应主机记录

7.5　任务 4　调整 DNS 服务器的参数

7.5.1　任务描述

DNS 服务器及域创建成功后,为了更好地优化服务,还需要进行具体的参数调整。

7.5.2 任务分析

在创建一个作用域后,可能会需要根据要求对作用域的参数进行调整。一般情况下,需要实现的任务环节如下。

(1) 配置转发器。

(2) 配置 SOA。

(3) 配置区域传送。

(4) 配置 DNS 性能监视。

7.5.3 DNS 服务器的参数调整

1. 打开 DNS 属性对话框

在 Windows Server 2008 服务器上,执行【开始】|【管理工具】|【DNS 管理器】命令,打开【DNS 管理器】窗口,右键单击服务器名并选择【属性】,如图 7.32 所示。

2. 接口选项卡

在【接口】选项卡中可以选择要在哪个 IP 地址上提供 DNS 解析服务,默认选项是【所有 IP 地址】。如图 7.33 所示。

图 7.32 DNS 属性菜单

图 7.33 接口选项卡

3. 转发器选项卡

转发器指本 DNS 服务器不存在的记录将转发到哪里去查询,实际上指定的是另外的 DNS 服务器地址,如图 7.34 所示。点击【编辑】按钮,可以添加或删除转发服务器的 IP 地址,如图 7.35 所示。使用转发器实际是使用了迭代查询方式。

4. 高级选项卡

可以在这里修改 DNS 服务器进行解析时的具体参数,一般按默认即可。选择【启用过时记录自动清理】复选框,可以在规定时间内清除 DNS 缓存。如图 7.36 所示。

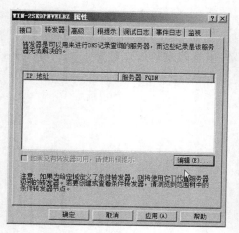

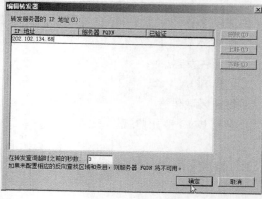

图 7.34　转发器选项卡　　　　图 7.35　编辑转发器 IP 地址

5. 根提示选项卡

在这里可以配置 DNS 转发查询的另外一种方式，即递归查询方式。一般保持默认即可。如果有特殊的服务器，可以单击【添加】按钮添加，也可以单击【从服务器复制】按钮从其他服务器复制，如图 7.37 所示。

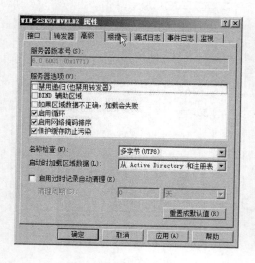

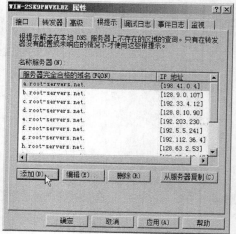

图 7.36　高级选项卡　　　　图 7.37　根提示选项卡

6. 监视选项卡

可以在这里对 DNS 服务器进行测试。测试有简单查询和递归查询两种方式。单击【立即测试按钮即可测试】按钮进行测试，也可以选择【以下列间隔进行自动测试】复选框自动测试。如图 7.38 所示。

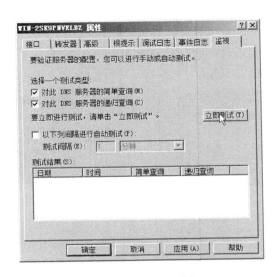

图 7.38 高级选项卡

7.5.4 调整 DNS 域的参数

1. 打开 DNS 域属性对话框

在 Windows Server 2008 服务器上,执行【开始】|【管理工具】|【DNS 管理器】命令,打开【DNS 管理器】窗口,右键单击域名并选择【属性】,如图 7.39 所示。

2. 常规选项卡

在【常规】选项卡中单击【暂停】按钮可以暂停 DNS 该域的解析服务,单击【更改】按钮可以更改区域的类型,【动态更新】下拉列表可以配置是否允许动态更新,单击【老化】按钮可以修改老化相关参数。如图 7.40 所示。

图 7.39 选择域属性菜单

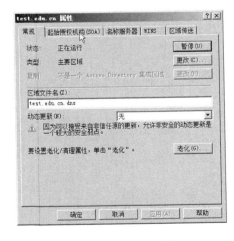

图 7.40 常规选项卡

3. 起始授权机构(SOA)选项卡

在【起始授权机构(SOA)】选项卡中可以修改主服务器和负责人的信息。如图 7.41

所示。

4. 名称服务器选项卡

在【名称服务器】选项卡中可以对名称服务器进行管理,如图 7.42 所示。

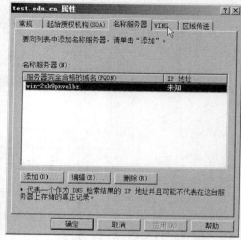

图 7.41　SOA 选项卡　　　　　　　　图 7.42　名称服务器选项卡

5. WINS 选项卡

如果网络中有 WINS 服务器,可以选中【使用 WINS 正向查找】复选框并单击【添加】按钮添加 WINS 服务器的 IP 地址。如图 7.43 所示。

6. 区域传送选项卡

区域传送主要是规定主服务器和备份服务器间的 DNS 数据备份,可以配置允许哪些服务器对区域进行备份。如图 7.44 所示。

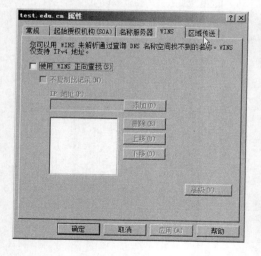

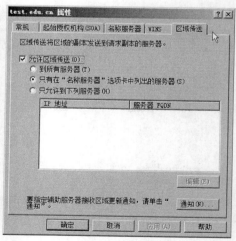

图 7.43　WINS 选项卡　　　　　　　　图 7.44　区域传送选项卡

7.6　任务 5　配置 DNS 客户端

7.6.1　任务描述

DNS 客户端的操作系统有很多种类，如 Windows 98/2000/XP/2003/Vista 或 Linux 等。本任务将重点介绍 Windows 2000/XP/2003 客户端的设置，并以常见的 Windows XP 和 Linux 的配置为例。

7.6.2　任务分析

DNS 客户端用户如果要正确获得地址解析服务，应该正确配置 TCP/IP 协议中 DNS 服务器的 IP 地址。主要实现的任务环节如下。

（1）Windows XP 客户端的配置。

（2）Linux 客户端的配置。

（3）常见的 DNS 测试方式。

7.6.3　配置并测试 Windows XP DNS 客户端

1. 打开本地连接属性对话框

在 Windows XP DNS 客户端上，执行【控制面板】|【网络连接】命令，打开【网络连接】窗口，列出所有可用的连接。右击需要获取 IP 地址的本地连接，在右键菜单中选择【属性】，打开【本地连接属性】对话框。如图 7.45 所示。

2. 配置 Internet 属性

在【此连接使用下列项目】列表框中，选择【Internet 协议（TCP/IP）】并单击【属性】按钮，打开【Internet 协议（TCP/IP）属性】对话框。如图 7.46 所示。

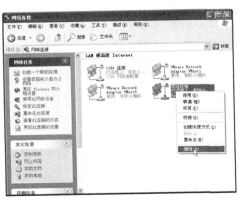

图 7.45　本地连接属性

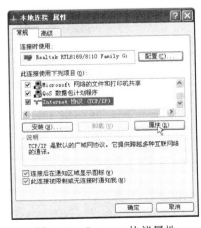

图 7.46　Internet 协议属性

3. 配置 DNS 服务器地址

在【Internet 协议（TCP/IP）属性】对话框中，选择【使用下面的 DNS 服务器地址】，输入 DNS 服务器的 IP 地址，本例中是 10.0.66.116。如图 7.47 所示。

4. 使用 ping 命令检查 DNS 解析

执行【开始】|【运行】命令，并输入【cmd】命令，打开 Windows XP 的命令窗口。之后输入"ping www.dz.cn"命令，可以看到正确的 DNS 解析，该主机的 IP 地址是 10.0.66.116。如图 7.48 所示。

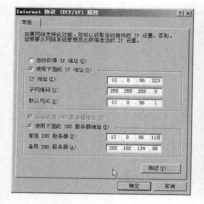
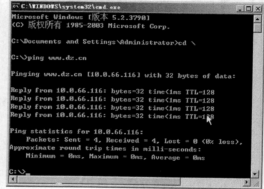

图 7.47　配置 DNS 服务器地址　　　　图 7.48　ping 命令查看 DNS 解析

5. 使用 nslookup 命令检查 DNS 解析

在 Windows XP 命令窗口中输入"nslookup www.dz.cn"命令，可以看到正确的 DNS 解析。如图 7.49 所示。

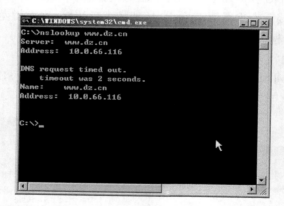

图 7.49　nslookup 命令查看 DNS 解析

7.6.4　配置并测试 Linux 客户端

1. 打开网络配置

在 Linux 客户端上，执行【系统】|【管理】|【网络】命令，打开【网络配置】窗口，这里列出所有系统可用的连接。如图 7.50 所示。

2．配置 DNS 服务器 IP 地址

在【网络配置】对话框中打开【DNS】选项卡，在【主 DNS(P)】文本框中输入 DNS 服务器的 IP 地址，本例是 10.0.66.116。如图 7.51 所示。

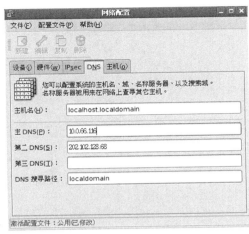

图 7.50　Linux 的网络配置

图 7.51　Linux DNS 配置

3．保存并重新激活网络

在【网络配置】对话框中，选择【文件】|【保存】命令保存当前网络配置。选中该网卡并单击【取消激活】按钮停止网卡，然后单击【激活】按钮激活网卡，这样网卡才能加载新的配置。如图 7.52 所示。

4．使用 ping 检查 DNS 解析

执行【应用程序】|【附件】|【终端】命令，打开 Linux 终端窗口。之后输入"ping www.dz.cn"命令，可以看到本例正确获取了 IP 地址及其相关参数。如图 7.53 所示。

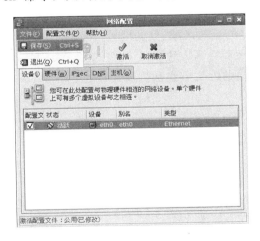

图 7.52　保存并重启网卡

图 7.53　使用 ping 命令检查 DNS 解析

5．使用 nslookup 命令检查 DNS 解析

在 Linux 终端窗口中输入"nslookup www.dz.cn"命令，可以看到 DNS 解析结果。如

图 7.54 所示。

图 7.54 nslookup 命令查看 DNS 解析

7.7 小 结

本章介绍了 DNS 的相关知识,重点介绍了 Windows Server 2008 DNS 服务器的安装和配置,如安装 DNS 服务器、配置正向区域、添加相关记录、配置反向区域、配置 DNS 客户端等。

7.8 项目实训 Windows Server 2008 DNS 服务器配置

1. 实训目标

(1) 熟悉 Windows Server 2008 DNS 服务器的安装。

(2) 掌握 Windows Server 2008 DNS 服务器的正向区域、反向区域。

(3) 掌握主机、别名和邮件交换等记录的含义和管理方法。

(4) 掌握 Windows XP 和 Linux DNS 客户端的配置方法和测试命令。

2. 实训环境

1) 硬件和网络

已经建好的 100 M 网络,要求交换机 1 台、五类 UTP 直通线多条、计算机 2 台(计算机配置要求 CPU 单核 2.0 GHz 以上、内存 1 G 以上、20 G 硬盘剩余空间、光驱和网卡)。

2) 软件

Windows Server 2008 安装光盘,根据计算机的要求选择 32 或 64 位版本。如果使用虚拟机的话,还需要 VMWARE Workstation 6.5 以上版本。

3. 实训要求

(1) 将虚拟操作系统 Windows Server 2008 的 IP 地址设置为 192.168.0.1,子网掩码为 255.255.255.0,DNS 地址为 192.168.0.1,网关为 192.168.0.254,其他网络设置暂不修改,为其安装 DNS 服务器,域名为 test.com。

（2）配置该 DNS 服务器，创建 student.com 正向查找区域。

（3）新建主机 www，IP 为 192.168.0.100，别名为 web，指向 www，MX 记录为 mail，邮件优先级为 40。

（4）创建 test.com 反向查找区域。

（5）在该虚拟机的宿主操作系统 Windows XP 中，配置该 DNS 服务器的客户端，并用 ping、nslookup、ipconfig 等命令测试 DNS 服务器能否正常工作。

4. 实训评价

实训评价表					
内 容			评 价		
学习目标	评价项目		3	2	1
职业能力	能熟练正确安装 Windows Server 2008 DNS 服务器	安装 Windows Server 2008 DNS 服务器			
	能熟练正确进行 Windows Server 2008DNS 服务器的管理	Windows Server 2008 DNS 服务器的管理			
	能熟练正确对 Windows Server 2008 DNS 的域进行配置	Windows Server 2008 Internet DNS 域配置			
通用能力	交流表达能力				
	与人合作能力				
	沟通能力				
	组织能力				
	活动能力				
	解决问题的能力				
	自我提高的能力				
	革新、创新的能力				
综合评价					

7.9 习 题

1. 填空题

（1）DNS 查询有_____、_____两种模式。

（2）DNS 是一个分布式数据库系统，它提供将域名转换成对应的_____信息。

（3）域名空间由_____和_____两部分组成。

（4）邮件交换机优先级的取值范围是_____。

（5）在名称 www.dz.cn 中，主机名是_____，域名是_____。

2. 选择题

（1）应用层 DNS 协议主要用于实现（　　）网络服务功能。

A. 网络设备名字到 IP 地址的映射

B. 网络硬件地址到 IP 地址的映射

C. 进程地址到 IP 地址的映射

D. 用户名到进程地址的映射

（2）测试 DNS 可以使用（　　）命令。

A. ping B. ipconfig C. ifconfig D. winipcfg

（3）以下（　　）称之为主机记录。

A. A 记录 B. MX 记录 C. cname 记录 D. PTR 记录

（4）以下（　　）可以解析到域内邮件服务器。

A. A 记录 B. MX 记录 C. cname 记录 D. PTR 记录

（5）以下（　　）称之为指针记录。

A. A 记录 B. MX 记录 C. cname 记录 D. PTR 记录

3. 简答题

（1）简述 DNS 服务器的工作过程。

（2）反向区域的功能是什么？

（3）邮件交换记录的优先级有什么意义？

（4）常用哪些命令来检查 DNS 解析服务是否正常？

（5）递归查询和迭代查询的区别是什么？

第 8 章　管理与配置 Web 服务

1. 教学目标

（1）掌握 HTTP 协议的基本概念。

（2）掌握 Windows Server 2008 的 IIS7 基本概念以及安装。

（3）掌握 Windows Server 2008 的 IIS7 网站管理。

（4）熟悉 Windows Server 2008 的 Web 服务的配置与管理。

（5）掌握 Windows Server 2008 的安全与远程管理。

2. 教学要求

知识要点	能力要求	关联知识
IIS 服务器	安装 IIS 服务器角色	服务器管理
添加 ISAPI 和 CGI 支持	添加 IIS 服务器角色	服务器管理
IIS 网站管理	配置主目录、默认文档、网站限制	
虚拟目录管理	创建配置虚拟目录	
虚拟主机管理	网站绑定	TCP/IP 协议、端口
安全管理	身份验证、访问限制、远程管理	

3. 重点难点

（1）安装 IIS 服务角色。

（2）开启 ISAPI 和 CGI 支持。

（3）配置网站参数。

（4）创建管理虚拟主机及虚拟目录。

（5）配置 IIS 服务器及站点安全性。

　　Web 服务是当今网络中最流行的应用服务之一。特别随着因特网的不断高速发展,通过浏览器上因特网浏览信息、搜索资源、下载资源是计算机用户使用最多的服务。对于企事业单位来说,通过架设 Web 服务器为用户提供信息和资源共享也成了工作必不可少的一部分。

8.1　HTTP 协议概述与 IIS7 简介

8.1.1　HTTP 协议概述

　　HTTP(HyperText Transfer Protocol)是超文本传输协议的缩写,它用于传送 WWW

方式的数据,关于 HTTP 协议的详细内容请参考 RFC2616。HTTP 协议采用了请求/响应模型,客户端向服务器发送一个请求,请求头包含请求的方法,URL,协议版本,以及包含请求修饰符、客户信息和内容的类似于 MIME 的消息结构。服务器以一个状态行作为响应,相应的内容包括消息协议的版本,成功或者错误编码加上包含服务器信息、实体元信息以及可能的实体内容。

当我们想浏览一个网站的时候,需要在浏览器的地址栏里输入网站的地址,该地址可能是"www. sohu. com",回车后在浏览器的地址栏里显示的却是"http://www. sohu. com",这是一个标准的统一资源定位符(Uniform Resource Locator,URL)。前面的"http:"表示使用了 http 协议,而"www. sohu. com"则表明是 sohu. com 域中的一台名为 www 的主机。当浏览器通过 DNS 解析并获得 www. sohu. com 的 IP 地址后,就可以通过 HTTP 协议访问服务器的服务了。

8.1.2 IIS7.0 的特性

微软在 Windows Server 2008 操作系统中集成了 Internet 信息服务(Internet Information Server,IIS),当前版本为 7.0。利用 IIS 管理器,管理员可以配置 IIS 安全、性能和可靠性功能,也可以进行添加或删除网站、管理网站、备份和还原服务器配置以及创建虚拟目录以改善内容管理等工作。

IIS7.0 相比之前的 IIS6.0 版本,加强了如下特性。

1. 完全模块化

IIS7 从核心层被分割成了 40 多个不同功能的模块,像验证、缓存、静态页面处理和目录列表等功能全部被模块化。这意味着 Web 服务器可以按照管理员的运行需要来安装相应的功能模块。可能存在安全隐患和不需要的模块将不会再加载到内存中去,程序的受攻击面减小了,同时性能方面也得到了增强。

2. 可以通过文本文件配置

IIS7 管理工具使用了新的分布式 web. config 配置系统,允许管理员把配置和 Web 应用的内容一起存储和部署,方便了管理员对服务器的配置。IIS7 管理工具支持"委派管理"(Delegated Administration),用户可以对自己的网站进行独立设置。

3. 对安全特性进行了强化

在之前的 IIS 版本中,安全问题主要集中在有关. NET 程序的有效管理以及权限管理方面。而 IIS7 中 IIS 和 ASP. NET 管理设置集成到了单个管理工具里,这样方便了管理的统一性.. NET 程序代码也不再发送到 Internet Server API 扩展上,这样就减少了风险而且提升了性能。同时管理工具内置对 ASP. NET 2.0 的成员和角色管理系统提供管理界面的支持,管理员可以在管理工具里创建和管理角色和用户,以及给用户指定角色。

4. 与 ASP. NET 进行了集成

之前的 IIS 版本需要程序员编写 ISAPI 扩展/过滤器来扩展服务器的功能,功能有限而且编写困难。在 IIS7 中可以通过与 Web 服务器注册一个 HTTP 扩展性模块(HTTP Extensibility Module),在任意一个 HTTP 请求的生命周期的任何地方编写代码。

5. 图形模式管理工具

在 IIS 7.0 中，管理员可以用管理工具在 Windows 客户端上创建和管理任意数目的网站，不再局限于单个网站。和以前版本的 IIS 相比，IIS 7.0 的管理界面也更加友好和强大，再加上 IIS 7.0 的管理工具是可以被扩展的，意味着用户可以添加自己的模块到管理工具里，为自己的 Web 网站运行时的模块和配置设置提供管理支持。

8.1.3　虚拟目录的简介

Web 中的目录分为两种类型：物理目录和虚拟目录。物理目录是计算机物理文件系统中的目录。虚拟目录是在网站主目录下建立的一个名称，它是在 IIS 中指定并映射到本地或远程服务器上的物理目录的目录名称。虚拟目录可以在不改变别名的情况下改变其对应的物理目录。虚拟目录并不一定位于网站的物理目录内，对于访问 Web 站点的用户来说是无法区分虚拟目录和物理目录的。虚拟目录具有以下特点。

1. 便于扩展

随着网站内容的增加，可能造成的结果是硬盘的空间耗尽。传统上，管理员需要为服务器添加硬盘并移动网站文件。虚拟目录功能可以轻松实现网站容量的扩展而不更新服务器硬件。虚拟目录允许网站文件存放于多个分区或不同磁盘中，甚至可以不在同一计算机中。

2. 增删灵活

虚拟目录可以随时从 Web 网站中进行添加或删除操作，因此具有非常大的灵活性。在添加或删除虚拟目录时，不会对 Web 网站的运行造成任何影响。

3. 易于配置

虚拟目录使用与宿主网站相同的 IP 地址、端口号和主机头名，因此不会与其标识产生冲突。新建的虚拟目录将自动继承宿主网站的配置。当对宿主网站配置时，这些配置也将直接传递至虚拟目录，使得配置 Web 网站（包括虚拟目录）更加简单。

8.1.4　虚拟主机的简介

在一般情况下，服务器上往往会运行多个网站（也称为虚拟主机）。使用 IIS 7.0 可以很方便地架设多个 Web 网站。虽然在安装 IIS 时系统已经建立了一个默认 Web 网站，直接将网站内容放到其主目录或虚拟目录中即可直接使用，但是为了保证网站的安全，最好还是使用新建网站。在一台服务器上建立多个虚拟主机来实现多个 Web 网站可以节约硬件资源、节省空间、降低能源成本。

如果要区分服务器上不同的网站，可以通过如下 3 种方式。

1. 通过 IP 地址

如果服务器有多个 IP 地址，可以将不同的网站绑定到不同的 IP 地址，根据 IP 地址可以访问到绑定的网站。这种方案称为 IP 虚拟主机技术，也是比较传统的解决方案。如果用户需要使用域名访问网站，则每个 IP 地址都必须通过 DNS 服务器进行主机名记录。

2. 通过 TCP 端口号

如果服务器只有一个 IP 地址，可以为不同的网站分配不同的 TCP 协议端口号，访问时在 URL 后面加上端口号。默认的网站 TCP 协议端口号是 80,此时不需要手动在 URL 后附加 TCP 协议端口号。但是如果 TCP 协议端口号不是 80,则应该以类似于 http://192. 168.0.1:8080 的形式访问,冒号后面的 8080 就是指该网站的 TCP 协议端口号。该方式使用起来并不方便,因为用户必须事先获知网站的 TCP 协议端口号,否则就无法访问网站。

3. 通过主机名

主机名有时也被称为主机头。如果服务器只有一个 IP 地址,并且不想使用 TCP 协议端口号,也可以通过配置主机名的方式进行网站区分。前提是网络中必须有一个 DNS 服务器,该 DNS 服务器能正确地解析域名。在 IIS7 中为网站指定主机名后,用户只需要在浏览器中输入网站的 URL 就可以了。

8.2　任务1　安装 Web 服务器(IIS)角色并测试

8.2.1　任务描述

Windows Server 2008 集成的 IIS 7.0 在默认情况下并没有安装,因此要使用 IIS7.0 架设 Web 服务器进行网站的发布,首先必须安装 IIS 7.0 服务器角色。

8.2.2　任务分析

在 Windows Server 2008 中要为服务器添加 Web 服务器角色并配置 IIS7,应该逐步实现如下的任务环节。

(1) 安装 Web 服务器角色。

(2) 选择需要安装的组件。

8.2.3　Web 服务器(IIS)角色安装

1. 打开服务器管理器窗口

在 Windows Server 2008 服务器上,执行【开始】|【管理工具】|【服务器管理器】命令,打开服务器管理器窗口,选中左侧窗格【角色】选项,显示角色管理和配置窗口。如图 8.1 所示。

2. 添加 Web 服务器(IIS)角色

单击右侧【角色管理和配置窗口】的【添加角色】启动添加角色向导,选择【Web 服务器 (IIS)】角色,单击【下一步】按钮,显示打印服务简介窗口,而后单击【下一步】按钮,继续角色服务操作。如图 8.2 所示。

3. 确认添加 Web 服务器(IIS)所需的功能

在打开的窗口中单击【下一步】按钮,显示【添加角色向导】对话框。由于添加 IIS 角色可能对服务器安全造成影响,所以会弹出对话框询问是否确认要安装,单击【添加必需的功能】按钮。如图 8.3 所示。

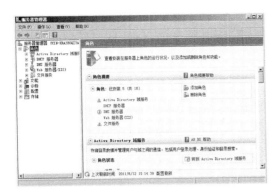

图 8.1 服务器管理器窗口

图 8.2 选择要添加的服务器角色

4. 查看 Web 服务器简介(IIS)

在打开的窗口中单击【下一步】按钮,显示【Web 服务器简介(IIS)】对话框。如图 8.4
所示。

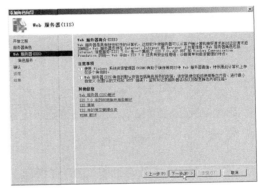

图 8.3 添加 Web 服务器(IIS)所需的功能

图 8.4 Web 服务器简介(IIS)

5. 选择角色服务

单击【下一步】按钮,显示【选择角色服务】对话框,IIS7 是模块化的,需要根据需求选择
模块,默认包括【常见的 HTTP 功能】复选框,如果要在服务器端运行程序,还应该根据程序
的要求选择【应用程序开发】复选框里的功能支持。如图 8.5 所示。

6. 确认添加应用程序开发所需的功能

在弹出的【是否添加应用程序开发所需的功能】对话框中单击【添加必需的功能】按钮,
如图 8.6 所示。

7. 确认安装选择

在【确认安装选择】对话框中可以看到本次安装的模块和支持的功能,如果符合要求的
话单击【安装】按钮进行安装。如图 8.7 所示。

8. 安装结果

在弹出的【安装结果】对话框中可以检查本次安装的角色、角色服务或功能。单击【关
闭】按钮结束安装。如图 8.8 所示。

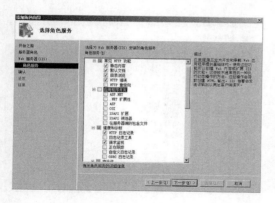

图 8.5　选择角色服务

图 8.6　添加应用程序开发所需的功能

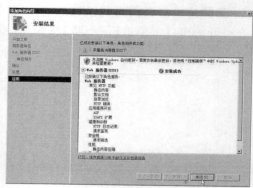

图 8.7　确认选择安装

图 8.8　安装结果

9. 打开 Internet 信息服务(IIS)管理器

在 Windows Server 2008 服务器上,执行【开始】|【管理工具】|【Internet 信息服务(IIS)管理器】,即可打开【Internet 信息服务(IIS)管理器】窗口。如图 8.9 所示。

10. 测试 IIS7

在服务器的 IE 浏览器地址栏中输入"http://127.0.0.1"或者"http://localhost",如果 IIS7 安装正常,则可以正常打开默认页面。如图 8.10 所示。

图 8.9　Internet 信息服务(IIS)管理器

图 8.10　测试 IIS7

8.3　任务 2　IIS 的网站基本配置

8.3.1　任务描述

当 IIS 安装完成以后,系统自动生成一个名为 Default Web Site 的网站,该网站位于"%SystemDrive%\inetpub\wwwroot"。但是使用默认的配置提供服务对于服务器的管理来说往往是不合适的,而且一台服务器上一般还需要运行多个不同的网站,这就需要管理员对网站的属性和各项参数进行配置和调整。

为了节约硬件资源,降低成本,网络管理员可以通过虚拟主机技术在一台服务器上创建多个网站。由于服务器磁盘分区的空间是有限的,随着网站内容的增加,可能出现磁盘容量不足的问题,网络管理员可以通过创建虚拟目录来解决。

8.3.2　任务分析

当网站创建完成或者需要修改网站配置投入运行时,对网站的配置与管理工作(如设置网站属性、IP 地址、指定网站路径、默认文档、虚拟主机和虚拟目录等)是必不可少的。应该逐步实现如下的任务环节。

(1) 绑定网站。
(2) 配置网站参数,如主目录、默认文档、程序池。
(3) 配置网站的性能参数。
(4) 创建管理虚拟目录。
(5) 创建管理虚拟主机。

8.3.3　配置网站基本参数

1. 绑定网站

在 Windows Server 2008 服务器上,执行【开始】|【管理工具】|【Internet 信息服务(IIS)管理器】命令,打开 Internet 信息服务(IIS)管理器。在网站上右击选择【编辑绑定】命令或者在右侧【操作】窗格中选择【绑定】命令,如图 8.11 所示。之后会弹出【网站绑定】对话框,如图 8.12 所示。单击【添加】按钮打开【添加网站绑定】对话框,如图 8.13 所示。在这里配置网站的协议类型、IP 地址、端口、主机名,通过这些可以将不同的网站区分开来,一个网站可以拥有多个绑定,单击【确定】按钮确认绑定。再次检查绑定结果可以看见该网站有两条绑定。如图 8.14 所示。同样,在【网站绑定】对话框中单击【编辑】按钮,可以编辑当前网站绑定。

2. 修改网站主目录

在创建网站的过程中,已经指定过物理路径。如果需要修改的话,在【操作】栏中选择【基本设置】,打开【编辑网站】对话框,在物理路径中重新指定目录即可。如图 8.15 所示。也可以选择【高级设置】命令,在物理路径中指定目录。如图 8.16 所示。

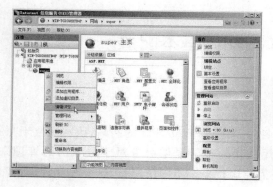

图 8.11 绑定菜单

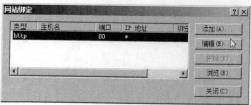

图 8.12 网站绑定对话框

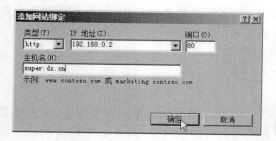

图 8.13 添加网站绑定

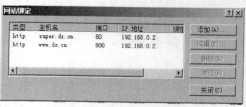

图 8.14 网站绑定结果

图 8.15 编辑网站修改物理路径

图 8.16 指定网站主目录

3. 配置默认文档

为了使用户在访问网站时只输入域名和目录名就可打开主页而不必输入具体的网页文件名,可通过设置默认文档来实现。利用 IIS 搭建 Web 网站时,默认文档的文件名有 5 种,分别为 Default.htm、Default.asp、index.htm、index.html 和 iisstar.htm。当用户访问 Web 服务器时,IIS 根据默认文档的顺序依次在网站目录中查找这些默认文档。如果找到的话就将其返回给客户端。如果没有找到任何默认文档,则返回给客户端一个"Directory listing

Denied"(目录列表被拒绝)错误提示。

　　通常情况下,Web 网站至少需要一个默认文档,当在 IE 浏览器中使用 IP 地址或域名访问时,Web 服务器会将默认文档回应给浏览器,管理员也可以根据需要调整各个默认文档的优先级。

　　选中网站,然后在【功能视图】中双击【默认文档】图标,如图 8.17 所示。在打开的对话框中的【默认文档】窗格中可以看到当前默认文档的配置和优先级,如图 8.18 所示。

图 8.17　默认文档图标

图 8.18　默认文档对话框

4.新建默认文档

　　在右侧【操作】窗格中单击【添加】菜单,打开【添加默认文档】对话框,在【名称】文本框中输入新默认文档的名称,单击【确定】按钮即可完成添加。添加完成后成为优先级最高的默认文档。如图 8.19 所示。

5.管理默认文档

　　选中要管理的默认文档,在右侧【操作】窗格中单击【删除】可以删除该默认文档,也可以单击【上移】或【下移】命令调整默认文档的优先级。如图 8.20 所示。

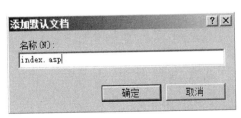

图 8.19　新建默认文档

图 8.20　管理默认文档

6.配置网站性能参数

　　在实际应用中,往往需要控制某个网站的访问量,以免对服务器或其他网站的性能产生影响。可以通过限制带宽和连接数达到这个目的。选中要管理的网站,在右侧【操作】窗格中单击【限制】菜单,打开【编辑网站限制】对话框。选择【限制带宽使用(字节)】复选框可以限制该网站的带宽占用率。选择【限制连接数】复选框并输入数值可以控制该网站最大并发连接数。如图 8.21 所示。

7. 新建应用程序池

IIS 7.0 支持工作进程隔离模式,在这种模式下用户可以建立多个应用程序池为不同的网站服务,防止某个应用程序或站点崩溃而影响其他的应用程序或网站,大大增强了 IIS 的可靠性。在左侧【连接】窗格中右击【应用程序池】选择【添加应用程序池】命令打开【添加应用程序池】对话框。在【名称】文本框中输入应用程序池的名称,在【. NET Framework 版本】下拉列表中选择要使用的.NET 版本,选中【立即启动应用程序池】复选框并单击【确定】按钮即可创建并启动新应用程序池。如图 8.22 所示。

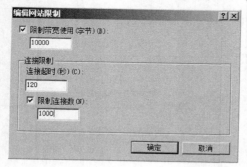

图 8.21　配置网站性能参数

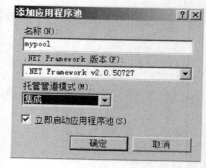

图 8.22　添加应用程序池

8. 修改网站的应用程序池

在【连接】窗格中选中网站,在【操作】窗格中选择【高级设置】链接,在【高级设置】对话框中可以修改网站的应用程序池。如图 8.23 所示。

9. 修改站点绑定属性

通过站点绑定可以实现虚拟主机功能。对于每个绑定,需要指定协议(HTTP 或 HT-TPS)、IP 地址、端口和主机名。在【连接】窗格中选中网站,在【操作】窗格中选择【绑定】链接,打开【网站绑定】对话框,如图 8.24 所示。选中绑定后单击【编辑】按钮,可以修改绑定参数,如图 8.25 所示。单击【添加】按钮可以添加新绑定,如果选择 HTTPS 协议类型,其默认使用 TCP 协议端口号为 443,可以在【SSL 证书】下拉列表中指定 SSL 证书。如图 8.26 所示。

图 8.23　修改网站应用程序池

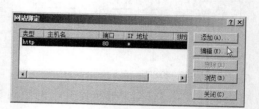

图 8.24　网站绑定对话框

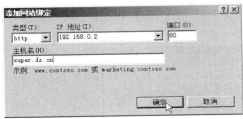
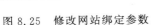
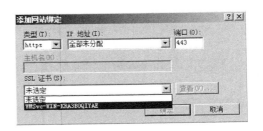

图 8.25 修改网站绑定参数　　　　　图 8.26 添加 HTTPS 协议绑定

8.3.4 虚拟目录和虚拟主机的基本配置

1. 查看虚拟目录

在左侧【连接】窗格中选中 Web 站点,在右侧【操作】窗格中单击【查看虚拟目录】命令,打开虚拟目录查看窗口。如图 8.27 所示。

2. 添加虚拟目录

在右侧【操作】窗格中单击【添加虚拟目录】命令,打开【添加虚拟目录】对话框。在【别名】文本框中输入该虚拟目录要显示的名称,在【物理路径】文本框中指定虚拟目录的物理路径。单击【连接为】按钮可以为该虚拟目录指定有权限的用户,单击【测试设置】按钮可以对用户权限进行测试。如图 8.28 所示。

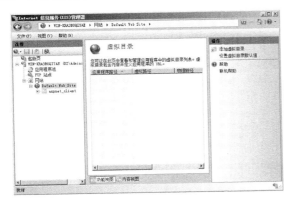
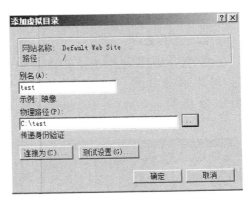

图 8.27 虚拟目录查看窗口　　　　　图 8.28 添加虚拟目录

3. 管理虚拟目录属性

在【虚拟目录】窗格中选中要管理的虚拟目录,在右侧【操作】窗格中可以单击【删除】命令删除该虚拟目录。单击【编辑权限】命令,在弹出的目录属性对话框中可以配置该虚拟目录的共享、安全等属性。如图 8.29 所示。

4. 虚拟目录的高级设置

在【虚拟目录】窗格中选中要管理的虚拟目录,在右侧【操作】窗格中可以单击【高级设置】命令打开虚拟目录高级设置对话框。在这里可以对虚拟目录的相关设置进行修改。如图 8.30 所示。

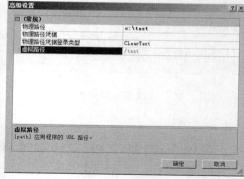

图 8.29　管理虚拟目录属性　　　　图 8.30　虚拟目录的高级设置

5. 新建虚拟主机

前面讲过,通过不同的 IP 地址、TCP 端口号和主机头可以在一台服务器上架设多个虚拟的站点。在左侧【连接】窗格中选中网站,在右侧【操作】窗格中单击【添加网站】命令,打开【添加网站】对话框。必须指定【网站名称】和【物理路径】。【绑定】的相关配置此处不再累述。单击【选择】按钮可以特殊指定应用程序池。如果不特殊指定,则系统会自动生成与网站同名的程序池。选中【立即启动网站】复选框并单击【确定】按钮,如果网站参数不冲突,IIS 将立即启动该网站。如图 8.31 所示。

6. 管理虚拟主机

在左侧【连接】窗格中选择要管理的 Web 网站,在右侧【操作】|【管理网站】栏目中可以重启、启动、停止站点。如果要删除 Web 网站,请右击要删除的网站,选择【删除】命令即可。如图 8.32 所示。

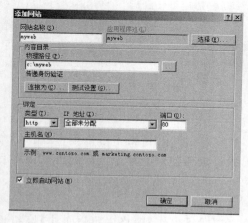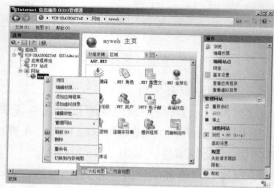

图 8.31　"添加网站"对话框　　　　图 8.32　删除网站

8.4　任务 3　网站安全性与远程管理

8.4.1　任务描述

保障网站的安全是特别重要的问题，需要通过各种方法来降低受攻击的风险。如果 IIS 服务器采用了正确的安全措施，就可以最大限度地抵御恶意攻击或避免无意识造成的网站配置疏漏。同时为了方便网络管理员管理，IIS 服务器还可以配置远程管理支持。

8.4.2　任务分析

通过任务熟练掌握网站的各种安全措施，如启用与停用动态属性，使用各种验证用户身份的方法，IP 地址和域名访问限制的方法，以及进行 IIS 的远程管理。应该逐步实现如下的任务环节。

(1) 管理网站 ISAPI 和 CGI 限制。

(2) 配置网站验证用户身份。

(3) 配置网站访问限制。

(4) 配置 IIS 远程管理。

8.4.3　安装管理网站 ISAPI 和 CGI 限制

1. 添加 IIS 应用程序开发角色服务

默认情况下为了增强系统安全性，安装 IIS7.0 时并未安装对 ASP、ASP. NET、ISAPI、CGI 扩展的支持。用户可以自行添加这些功能。

在 Windows Server 2008 服务器上，执行【开始】|【管理工具】|【服务器管理器】命令，打开服务器管理器窗口，单击左侧【角色】|【Web 服务器（IIS）】选项，选择【添加角色服务】命令。如图 8.33 所示。

2. 选择要安装的角色服务

根据需要选择要添加的功能，如果需要全部功能，可以直接选中【应用程序开发】复选框，之后选择【下一步】按钮进行安装即可。如图 8.34 所示。

3. 打开 ISAPI 和 CGI 限制管理窗口

在【Internet 信息服务（IIS）管理器】中选中服务器，然后双击【ISAPI 和 CGI 限制】图标查看其设置。如图 8.35 所示。

4. 管理 ISAPI 和 CGI 限制

在【ISAPI 和 CGI 限制】窗格中选中要管理的项目，在右侧【操作】窗格中根据当前状态可以选择【拒绝】或【允许】命令。如图 8.36 所示。

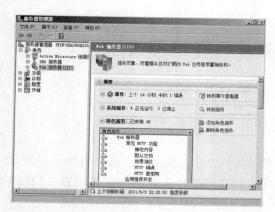

图 8.33　为 IIS 添加角色服务

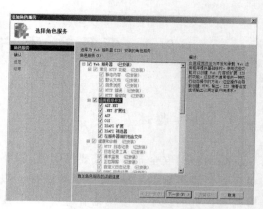

图 8.34　选择要安装的角色服务

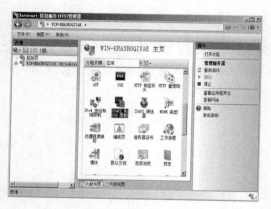

图 8.35　ISAPI 和 CGI 限制图标

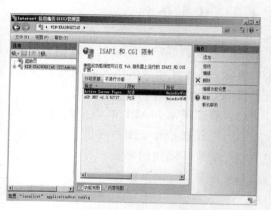

图 8.36　管理 ISAPI 和 CGI 限制

8.4.4　验证用户的身份

要配置 IIS 对用户身份进行验证,必须先确认已经为 IIS 安装了【安全性】角色服务,安装方法不再累述。默认情况下 IIS7.0 是开启匿名访问的,客户端请求时不需要提供账户即可访问。但对安全性有特殊要求的网站,则需要对用户进行身份验证,只有验证成功才可以访问。IIS7.0 支持如下不同的身份验证方式。

1）匿名身份验证

在安装 IIS 时,系统会自动建立名为"IUSR_计算机名"的用户账户,此账户属于 Gusers 用户组。用户匿名访问站点时,系统将根据该账户权限来进行访问。

2）基本身份验证

该方法要求用户提供账户名和密码,但由于账户信息以明文传输,因此安全性较低。一般只有在确认客户端和服务器之间的连接是安全时,才使用此种身份验证方法。

3）摘要式身份验证

摘要式身份验证使用 Windows 域控制器来对请求访问服务器上内容的用户进行身份验证。摘要式身份验证将用户账户信息作 MD5 哈希运算或消息摘要运算后在网络上传输,所以具有较强的安全性。支持 HTTP 1.1 协议的浏览器才能支持摘要式身份验证。

4）Windows 身份验证

Windows 身份验证使用 NTLM 或 Kerberos 协议对客户端进行身份验证。Windows 身份验证最适用于 Intranet 环境。Windows 身份验证不适合在 Internet 上使用，因为该方式不需要用户凭据，也不对用户凭据进行加密。

5）Active Directory（AD）客户证书身份验证

AD 客户证书身份验证允许使用 Active Directory 目录服务功能将用户映射到客户证书，以便进行身份验证。将用户映射到客户证书可以自动验证用户的身份，而无须使用基本、摘要式或集成 Windows 身份验证等其他身份验证方法。

6）ASP. NET 模拟

使用 ASP. NET 模拟身份验证时，ASP. NET 应用程序可以用发出请求的用户的 Windows 标识（用户账户）执行，其通常用于依赖 Microsoft Internet 信息服务（IIS）来对用户进行身份验证的应用程序。默认情况下禁用 ASP. NET 模拟，如果对某 ASP. NET 应用程序启用了模拟，该应用程序将运行在标识上下文中，其访问标记被 IIS 传递给 ASP. NET。该标记既可以是已通过身份验证的用户标记（如已登录的 Windows 用户的标记），也可以是 IIS 为匿名用户提供的标记（通常为"IUSR_计算机名"标识）。

7）Forms 身份验证

Forms 身份验证提供了一种方法，使您可以使用自己的代码对用户进行身份验证，然后将身份验证标记保留在 Cookie 或页的 URL 中。要使用 Forms 身份验证，可以创建一个登录页。该登录页既收集了用户的凭据，又包括验证这些凭据时所需的代码。如果这些凭据有效，再使用适当的身份验证票证（Cookie）将请求重定向到最初请求的资源。Forms 使用明文进行数据传输，如果有更高的安全要求，应该对应用程序使用安全套接字（SSL）进行加密。

1. 打开身份验证窗口

可以对 IIS7.0 服务器进行全局身份验证配置，也可以针对具体的网站进行身份验证配置。在【Internet 信息服务（IIS）管理器】窗口中选中服务器，然后双击【身份验证】图标查看其设置。如图 8.37 所示。

2. 配置身份验证方式

在【身份验证】窗格中选中要管理的项目，在右侧【操作】窗格中根据当前状态可以选择【启用】或【禁用】命令。如图 8.38 所示。

图 8.37　身份验证图标

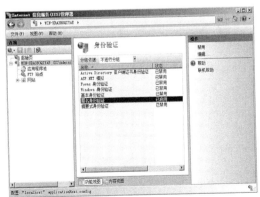

图 8.38　配置身份验证方式

8.4.5 IP 地址和域名访问限制

IIS 会检查每个来访者的 IP 地址,可以通过管理 IP 地址访问限制,来防止或允许某些特定的计算机、计算机组、域甚至整个网络访问 Web 站点。可以对 IIS7.0 服务器进行全局 IP 地址和域名访问限制配置,也可以针对具体的网站进行 IP 地址和域名访问限制配置。本任务仅以 IPv4 协议为例。

1. 打开 IPv4 地址和域限制窗口

在【Internet 信息服务(IIS)管理器】窗口中选中服务器,然后双击【IPv4 地址和域限制】图标查看其设置。如图 8.39 所示。

2. 添加访问限制

在右侧【操作】窗格可以选择【添加允许条目】或【添加拒绝条目】命令。添加允许条目代表只有指定的 IP 地址或某段 IP 地址范围内的计算机被授权访问,类似于白名单。添加拒绝条目代表指定的 IP 地址、域名和 IP 地址范围内的计算机被禁止访问,除此之外的计算机都被授权访问,类似于黑名单。如图 8.40 所示。

图 8.39　IPv4 地址和域限制图标

图 8.40　IPv4 地址和域限制窗口

3. 添加允许/拒绝条目

在【添加允许限制规则】对话框中,选中【特定 IPv4 地址】单选框可以指定单个 IP 地址,如图 8.41 所示。选中【IPv4 地址范围】单选框可以指定一个 IP 网段,如图 8.42 所示。添加拒绝条目的方法与此类似。

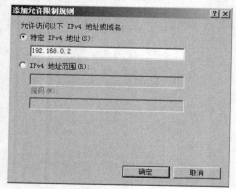

图 8.41　指定特定的 IPv4 地址

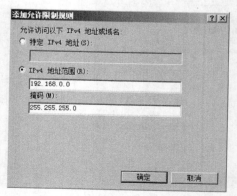

图 8.42　指定 IPv4 地址范围

8.4.6　远程管理网站

　　IIS7.0 提供了多种新方法来远程管理服务器、站点、Web 应用程序以及非管理员的安全委派管理权限。可以通过在图形界面中直接构建远程管理功能（通过不受防火墙影响的 HTTPS 工作）来对此进行管理。IIS7.0 中的远程管理服务在本质上是一个小型 Web 应用程序，它作为单独的服务在服务名为 WMSVC 的本地服务账户下运行，此设计使得即使在 IIS 服务器自身无响应的情况下仍可维持远程管理功能。出于安全性考虑，远程管理服务功能并不是默认安装的，因此需要用户自行添加。为 IIS7.0 添加管理服务的过程不再累述。

1. 打开管理服务窗口

　　打开【Internet 信息服务(IIS)管理器】，在左侧【连接】窗格选中服务器，在管理功能中双击【管理服务】图标，打开管理服务窗口如图 8.43 所示。

2. 配置并开启远程连接

　　默认情况下，远程连接功能是禁用的。要启用远程管理服务，需要选中【启用远程连接】复选框。如果要使连接仅限于具有 Windows 凭据的用户，选中【仅限于 Windows 凭据】单选框。如果要接受来自具有 Windows 凭据的用户以及具有 IIS 管理器凭据的用户的连接，选中【Windows 凭据或 IIS 管理器凭据】单选框。在【IP 地址】下拉列表中指定服务使用的 IP 地址，在【SSL 证书】下拉列表中可以选择要使用的 SSL 证书。需要注意的是，只有管理服务停止时才可以进行配置，配置完成后在右侧【操作】窗格中选中【应用】命令即可选择【启动】命令加载当前配置。如图 8.44 所示。

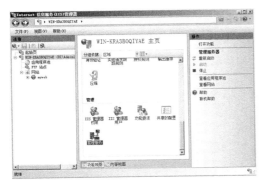

图 8.43　管理服务图标　　　　　　　　图 8.44　配置远程连接

3. 打开连接至服务器窗口

　　打开【Internet 信息服务(IIS)管理器】窗口，在左侧【连接】窗格【起始页】上右击选择【连接至服务器】命令或者在右侧选择【连接至服务】命令，打开【连接至服务器】对话框。在【服务器名称】下拉列表中输入名称。如图 8.45 所示。

4. 提供凭据

　　单击【下一步】按钮，在弹出的对话框中输入有管理权限的用户名和密码。如图 8.46 所示。

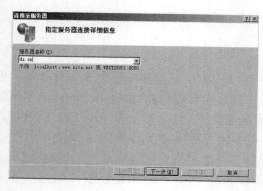

图 8.45 输入服务器名称

图 8.46 提供凭据

5. 指定连接名称

单击【下一步】按钮,在【连接名称】文本框中输入该远程连接的名称。如图 8.47 所示。

6. 管理远程连接

回到【Internet 信息服务(IIS)管理器】窗口,在左侧【连接】窗格中可以看到新创建的远程连接,可以像管理本地网站一样远程管理网站。如图 8.48 所示。

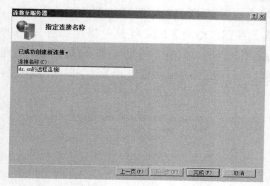

图 8.47 指定远程连接的名称

图 8.48 查看远程连接

8.5 小 结

本章介绍了 Web 服务和 IIS7.0 的相关知识,重点介绍了 Windows Server 2008 Web 服务器的安装和管理,如安装 IIS7.0 服务器、配置网站参数、添加管理虚拟目录、添加管理虚拟主机、管理网站安全性等。

8.6 项目实训 Windows Server 2008 Web 服务器配置

1. 实训目标

(1) 熟悉 Windows Server 2008 IIS 7.0 的安装。

（2）掌握 Windows Server 2008 Web 服务器的基本配置。

（3）掌握 Windows Server 2008 Web 服务器的虚拟目录及虚拟主机的配置。

（4）掌握 Windows Server 2008 Web 服务器的安全管理。

2．实训环境

1）硬件和网络

已经建好的 100 M 网络,要求交换机 1 台、五类 UTP 直通线多条、计算机 2 台(计算机配置要求 CPU 单核 2.0 GHz 以上、内存 1 G 以上、20 G 硬盘剩余空间、光驱和网卡)。

2）软件

Windows Server 2008 安装光盘,根据计算机的要求选择 32 或 64 位版本。如果使用虚拟机的话,还需要 VMWARE Workstation 6.5 以上版本。

3．实训要求

（1）在虚拟操作系统 Windows Server 2008 中安装 IIS7.0 与 DNS 服务,启用应用程序服务器,并配置 DNS 解析域名 dz.cn,然后分别新建主机记录 www、www1、www2。

（2）删除默认网站,创建新网站 www.dz.cn,修改网站的相关属性,包括默认文件、主目录、访问权限等,然后添加虚拟目录 test,位于 c:\test。添加新网站 www1 和 www2,使用主机头进行区分。

（3）设置安全属性,访问 www.dz.cn 时采用 Windows 域服务器的摘要式身份验证方法,禁止 IP 地址为 192.168.0.1 的主机和 192.168.1.0/24 网络访问 www1.dz.cn,配置该网站的远程管理。

4．实训评价

实训评价表					
内　　容			评　　价		
学习目标	评价项目		3	2	1
职业能力	能熟练正确安装 Windows Server 2008 IIS7.0	安装 Windows Server 2008 IIS7.0			
	能熟练正确进行 Windows Server 2008 IIS7.0 的网站管理	Windows Server 2008 IIS7.0 网站管理			
	能熟练正确进行 Windows Server 2008 IIS7.0 的安全配置	Windows Server 2008 IIS7.0 安全配置			
通用能力	交流表达能力				
	与人合作能力				
	沟通能力				
	组织能力				
	活动能力				
	解决问题的能力				
	自我提高的能力				
	革新、创新的能力				
综合评价					

8.7 习 题

1. 填空题

(1) Web 网站中的目录分为两种类型：_____、_____。

(2) WEB 默认的匿名访问账号是_____。

(3) Windows Server 2008 的 IIS 为 Web 服务提供了各种选项，利用这些选项可以更好地配置 Web 服务的性能、行为和安全等，其中"限制连接数"选项属于_____菜单。

(4) 如果使用 URL http://www.dz.cn:81 访问网站，说明该网站的 TCP 协议端口号是_____。

(5) 如果使用 URL https://www.dz.cn:81 访问网站，说明该网站使用的是_____协议。

2. 选择题

(1) 在 Windows 操作系统中可以通过安装（   ）组件创建 Web 站点。

A. IIS   B. IE   C. POP3   D. DNS

(2) 默认情况下 HTTP 协议使用 TCP 端口（   ）。

A. 21   B. 8080   C. 80   D. 443

(3) 为增强访问网页的安全性，可以采用（   ）协议。

A. Telnet   B. POP3   C. DNS   D. HTTPS

(4) 远程管理 IIS 服务器时的端口号是（   ）。

A. 80   B. 8080   C. 8172   D. 21

(5) 虚拟主机技术，不能通过（   ）来区分不同网站。

A. 计算机名   B. IP 地址   C. 主机头   D. TCP 端口

3. 简答题

(1) 什么是虚拟主机？

(2) 什么是虚拟目录？

(3) IIS7.0 支持的不同身份认证方式都适用于什么情况？

(4) 通过什么来区分不同的虚拟主机？

(5) 增强网站安全一般应用哪些方法？

第 9 章　管理与配置 FTP 服务

1. 教学目标
(1) 理解 FTP 协议的基本概念。
(2) 掌握 FTP 协议原理和工作过程。
(3) 掌握 FTP 服务器的安装、配置与维护过程。
(4) 掌握常见 FTP 客户端的使用方法。

2. 教学要求

知识要点	能力要求	关联知识
FTP 服务器	安装 FTP 服务器角色	服务器管理
FTP 主目录	FTP 服务器配置管理	FTP 站点属性
FTP 连接限制	FTP 服务器配置管理	FTP 性能配置
FTP 站点标识	FTP 服务器配置管理	TCP/IP 协议
隔离用户 FTP	创建隔离用户 FTP 站点	本地用户管理
AD 隔离用户 FTP	创建 AD 隔离用户 FTP 站点	AD 用户管理
FTP 客户端使用	不同 FTP 客户端使用方法	IE LeapFTP

3. 重点难点
(1) 配置 FTP 站点标识。
(2) 配置 FTP 主目录。
(3) 管理 FTP 连接限制。
(4) 创建隔离用户 FTP 站点。
(5) 创建 AD 隔离用户 FTP 站点。
(6) 常见 FTP 客户端软件的使用。

　　FTP 服务是网络中最传统也是应用最广泛的资源共享方式之一。通过 FTP 服务,用户可以从服务器上下载文件,也可以将本地文件上传到服务器中。虽然通过 HTTP 也可以做到,但是 FTP 能更严格地控制文件的读写权限,可以很方便地实现细致的用户权限划分。如今,在企事业单位中架设 FTP 服务器也成为必要的工作之一。

9.1　FTP 的基本原理与概念

　　文件传输协议(File Transport Protocol,FTP)是应用非常普及的一种文件传输协议,用于实现客户端与服务器之间的文件传输。虽然通过 HTTP 协议也可以实现文件上传下载,但是使用 FTP 可以获得更高效率并且可以严格控制文件的读写权限。一般来说,FTP 有两个意思:一个指文件传输服务,另一个指文件传输协议。FTP 使用客户端/服务器模式,用户通过支持 FTP 协议的客户端软件连接到服务器上的 FTP 服务进程。当通过账户验证后,可以向服务器端发出命令,服务器端执行完成后返回结果到客户端。

在使用 FTP 过程中,需要熟悉以下相关概念。

1. 下载(download)

下载是指通过客户端软件将 FTP 服务器存储系统中的文件复制到本地计算机存储系统中的过程。

2. 上传(upload)

上传是指将本地计算机存储系统中的文件复制到 FTP 服务器存储系统中的过程。

3. 匿名 FTP 验证

为了保护 FTP 服务器安全,一般 FTP 服务要先验证用户合法身份和权限后才提供服务。但一些提供公开 FTP 服务的服务器无须用户注册即可提供一定权限的服务。客户端 FTP 软件自动使用名为"anonymous"的账户登录服务器,该过程无须客户参与。

4. 基本 FTP 验证

用户需要提供有效的用户账户进行登录。如果 FTP 服务器不能验证用户身份,则返回错误信息并且拒绝用户登录。基本 FTP 用户验证只提供较低的安全性,用户的账户信息以不加密的方式在网络上传输。

9.2　任务 1　通过添加角色向导安装 FTP 服务器

9.2.1　任务描述

FTP 服务虽然是 Windows Server 2008 操作系统自带的组件,但是在默认安装过程中并没有安装。而且 FTP 服务是由 IIS6.0 而不是 IIS7.0 提供的,所以需要系统管理员手动安装。

9.2.2　任务分析

在 Windows Server 2008 中要为服务器添加 IIS 角色并配置 FTP 服务器,应该逐步实现如下的任务环节。

(1)打开服务器管理窗口。

(2)添加 FTP 服务器角色服务。

9.2.3　添加 FTP 服务器角色

1. 打开服务器管理器窗口

在 Windows Server 2008 服务器上,执行【开始】|【管理工具】|【服务器管理器】命令,打

开服务器管理器窗口,单击左侧【控制台树】|【角色】|【Web 服务器 IIS】选项,显示角色管理和配置窗口,如图 9.1 所示。

2.添加 FTP 服务器角色

单击右侧【Web 服务器(IIS)】窗格中的【添加角色】命令添加角色向导,选择【Web 服务器(IIS)】角色,在【角色服务】栏目中选中【FTP 发布服务】复选框,之后弹出窗口询问是否添加该功能。单击【添加必需的功能】按钮,可以看见【FTP 发布服务】多选框已经被选中。如图 9.2 所示。

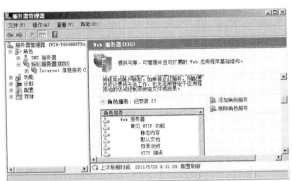

图 9.1　添加角色

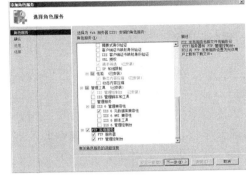

图 9.2　选择服务器角色

3.检查并确认安装 FTP 服务器

单击【下一步】按钮进行功能的添加。当安装角色结束后查看【安装结果】,如果没有错误,单击【关闭】按钮结束安装。如图 9.3 所示。

4.打开 Internet 信息服务(IIS)6.0 管理器

Windows Server 2008 的 FTP 服务是由 IIS6.0 提供的。执行【开始】|【管理工具】|【服务器管理器】|【Internet 信息服务(IIS)6.0 管理器】命令,打开 Internet 信息服务(IIS)6.0 管理器控制台。如图 9.4 所示。

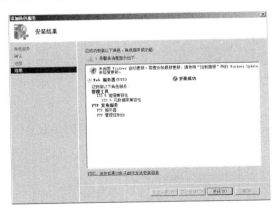

图 9.3　安装结果

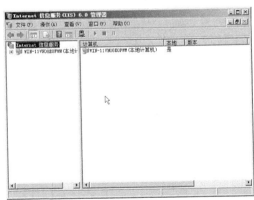

图 9.4　IIS6.0 管理器

9.3 任务 2 FTP 的基本配置

9.3.1 任务描述

当添加完成 FTP 服务时,系统自动创建了一个名为"Default FTP Site"的 FTP 站点。我们可以直接使用其提供 FTP 服务,也可以自行创建新的站点提供服务。不过默认的 FTP 站点配置一般不符合实际使用要求,还需要管理员对 FTP 站点的各项基本属性进行配置以达到最佳效果。

9.3.2 任务分析

通过对 FTP 服务的配置过程,掌握站点标识、站点消息、连接限制、日志记录、主目录、目录安全性、用户身份验证等属性的配置方法。应该逐步实现如下的任务环节。

（1）启动 FTP 站点。

（2）配置站点标识、站点连接数、日志记录。

（3）配置允许匿名连接。

（4）配置站点消息。

（5）配置站点主目录、目录权限和目录列表样式。

（6）配置目录安全性。

9.3.3 管理 FTP 站点

1. 启动 FTP 站点

为了保证系统安全,在默认情况下 FTP 站点服务是停止的。在 IIS6.0 管理器展开 FTP 站点,右击 Default FTP Site 站点并选择【启动】命令来启动 FTP 站点,如图 9.5 所示。在弹出的警告窗口中单击【是】按钮,如图 9.6 所示。

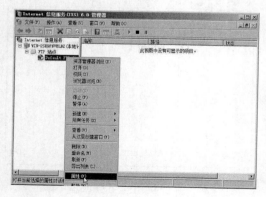

图 9.5 启动 FTP 站点

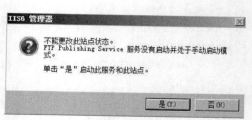

图 9.6 开启 FTP Publishing Service 服务

2. 打开 FTP 站点属性配置窗口

开启 FTP 站点服务后,右击 Default FTP Site 站点并选择【属性】命令,如图 9.7 所示。打开的站点属性配置窗口如图 9.8 所示。

图 9.7　站点属性菜单

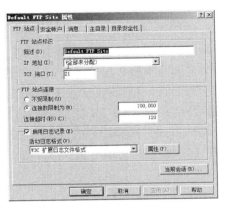

图 9.8　站点属性管理

3. 配置 FTP 站点标识和 FTP 站点连接

在站点属性【FTP 站点】选项卡中的【FTP 站点标识】区域可以配置 FTP 站点的描述信息、该 FTP 站点监听的 IP 地址和 TCP 协议端口号。默认的 TCP 协议端口号是 21,除非有特殊要求,否则不建议修改。通过管理站点的连接数和连接超时数,可以控制 FTP 服务对服务器性能的使用率。如图 9.9 所示。

4. 管理 FTP 站点日志记录

默认情况下,FTP 站点的日志记录是启用的,其以 W3C 扩展日志文件格式存放于 ％system％\system32\LogFiles 目录下,以 exyymmdd.log 的命名方式命名。单击【属性】按钮,可以选择日志记录文件的生成方式,可以以时间和日志文件大小来确定如何生成新日志文件。在【日志文件目录】文本框中可以指定日志文件的存放位置,也可以单击【浏览】选择存放位置。如图 9.10 所示。

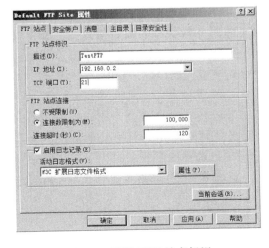

图 9.9　配置 FTP 站点标识

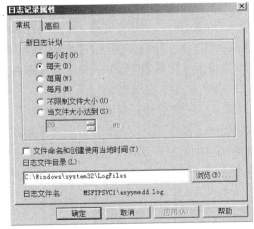

图 9.10　日志记录属性

5．管理当前会话

单击【当前会话】按钮，打开【FTP 用户会话】对话框。如果该 FTP 站点有用户登录，可以看见登录的用户名、连接方的 IP 地址和连接时间。选择要管理的用户，单击【断开】按钮可以断开与该 FTP 用户的连接。单击【全部断开】按钮则断开与所有用户的连接。如图9.11所示。

6．FTP 安全账户管理

默认情况下，IIS6.0 允许匿名连接。系统自动创建一个名为"IUSR_主机名"的用户账户。主机名指本服务器的名称。如果需要，可以单击【浏览】按钮，为匿名用户指定一个合适的用户账户，但一定要注意该账户的权限，建议不要过大，否则会对服务器造成危险。如果不选择【允许匿名连接】复选框，则 FTP 用户在登录时必须提供正确的用户账户才能登录FTP 站点。如果选择【只允许匿名连接】复选框，则不允许用户使用其他的账户登录，以避免用户账户在网络传输时被窃听。如图 9.12 所示。

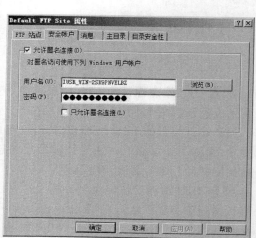

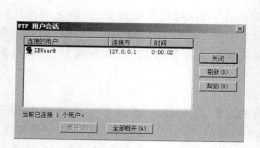

图 9.11　FTP 用户会话管理

图 9.12　配置 FTP 安全账户

7．FTP 消息管理

用户登录 FTP 站点时，服务器可以向 FTP 用户发送站点的信息。该信息包括用户登录时的问候信息、用户注销时的推出信息、告知用户当前服务器状态的通告信息等。其中，【横幅】消息在用户登录时首先显示；【欢迎】消息在用户登录成功时显示；【退出】消息在用户注销时显示；【最大连接数】消息用于提示当前服务器已经达到最大连接数。如图 9.13 所示。

8．FTP 站点主目录管理

每个 FTP 站点都必须有独立的主目录，默认 FTP 站点主目录位于 LocalDrive:\inet-pub\ftproot。主目录可以位于本地存储系统，也可以是另外计算机上的共享目录。可以在【本地路径】对话框中输入目录名称或者单击【浏览】按钮选择一个目录。为了保证服务器安全，默认权限只允许读取、记录访问，不允许写入。如果 FTP 用户需要上传文件，必须选中【写入】复选框。如图 9.14 所示。

9．FTP 目录列表样式配置

IIS6.0 的 FTP 服务提供 UNIX 和 MS-DOS 两种不同的目录列表样式。默认是 MS-DOS 样式，以两位数字显示年份。UNIX 样式以四位数字显示年份，并且显示文件的权限设置。两种样式在客户端显示的区别如图 9.15 和 9.16 所示。

图 9.13　FTP 消息配置

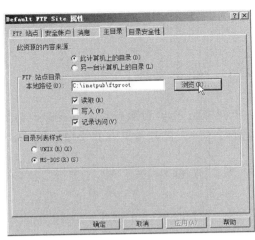

图 9.14　FTP 主目录配置

图 9.15　MS-DOS 目录列表　　　　　图 9.16　UNIX 目录列表

10. FTP 站点目录安全性配置

通过配置 FTP 站点安全性,可以允许或拒绝特定的计算机访问 FTP 站点。配置类似于 Web 站点的安全性管理。可以选择【授权访问】或者【拒绝访问】单选框,然后单击【添加】按钮添加 IP 地址或者地址段。如果选择授权访问,则只有添加的 IP 地址才能访问 FTP 站点。如果选择拒绝访问,则只有添加的 IP 地址不能访问站点。如图 9.17 和 9.18 所示。

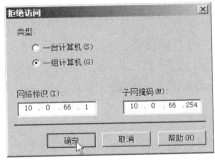

图 9.17　添加拒绝访问 IP 地址段

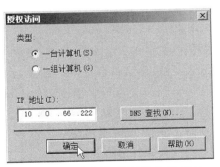

图 9.18　添加授权访问单个 IP 地址

9.4　任务 3　创建新的 FTP 站点

9.4.1　任务描述

一般情况下,一台服务器上可能会提供多个 FTP 站点服务,这些站点通过 IP 地址和端口号进行区分。另外为了方便管理用户,IIS6.0 中可以创建三种不同类型的 FTP 站点。

9.4.2　任务分析

创建三种不同类型的 FTP 站点,并了解它们的适用环境。不管以哪种方式创建 FTP 站点,都需要在系统中先创建合适的用户账户。如果使用用户隔离模式,还需要在 FTP 站点主目录中创建名为 localuser 的子目录并在该目录中创建与用户账户相对应的下级目录,而且在这种情况下如果还要使用匿名账户,必须在 localuser 目录中创建一个名为 public 的目录。应该逐步实现如下的任务环节。

(1)新建隔离用户 FTP 站点。

(2)新建活动目录隔离用户 FTP 站点。

(3)新建不隔离用户 FTP 站点。

(4)设置 FTP 站点的 IP 地址和端口号。

9.4.3　创建隔离用户的 FTP 站点

该模式在用户访问与其用户名匹配的主目录前,根据本机或域账户验证用户。所有用户的主目录都在单一 FTP 主目录下,但每个用户均被限制在自己的主目录中,不允许用户浏览自己主目录外的内容。如果用户需要访问特定的共享文件夹,可以再建立一个虚拟根目录,该模式不使用 Active Directory 目录服务进行验证。

FTP 用户隔离为 Internet 服务提供商(ISP)和应用服务提供商提供了解决方案,使他们可以为客户提供上载文件和 Web 内容的个人 FTP 服务。FTP 用户隔离通过将用户限制在自己的目录中,来防止用户查看或覆盖其他用户的 Web 内容。因为顶层目录就是 FTP 服务的根目录,用户无法浏览目录树的上一层。在特定的站点内,用户能创建、修改或删除文件或文件夹。

请操作前在系统中添加账户 user1 和 user2。本任务将以 C:\ftproot 作为站点主目录,在 C:\ftproot\localuser\ 目录下创建 user1、user2、public 三个目录,并在 user1 目录中创建文件 user1.txt、user2 目录中创建文件 user2.txt、public 目录中创建文件 public.txt,用于检测 FTP 站点是否配置成功。

1. 打开 FTP 站点创建向导

在 IIS6.0 管理器展开 FTP 站点,在 FTP 站点上单击鼠标右键,选择【新建】|【FTP 站点】命令来启动 FTP 创建向导,在弹出的警告窗口中单击【下一步】按钮。如图 9.19 所示。

2．输入 FTP 站点描述

在【描述】对话框中输入该 FTP 的描述信息，如图 9.20 所示。

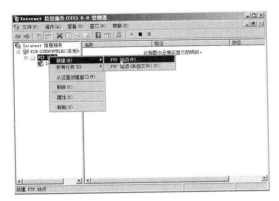

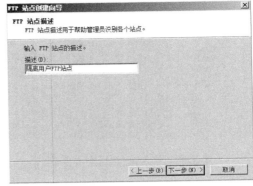

图 9.19　打开 FTP 站点创建向导　　　　　　图 9.20　FTP 站点描述

3．设置 FTP 站点的 IP 地址和 TCP 端口

单击【下一步】按钮，在【输入此 FTP 站点使用的 IP 地址】下拉列表中选站点的 IP 地址，全部未分配，表示启用 FTP 站点的主机的所有 IP 地址。端口号默认为 21，不建议修改。否则只有客户知道该 FTP 站点的端口号才能访问站点。如图 9.21 所示。

4．选择 FTP 用户隔离方式

单击【下一步】按钮，在【FTP 用户隔离】窗口中选中【隔离用户】单选框，如图 9.22 所示。

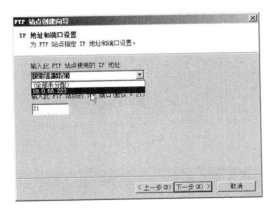

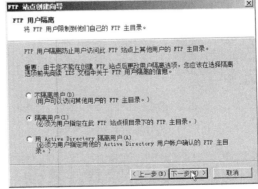

图 9.21　设置 IP 地址和 TCP 端口　　　　　　图 9.22　选择隔离用户

5．指定 FTP 站点主目录

单击【下一步】按钮，在【路径】文本框中输入主目录路径，或者单击【浏览】按钮选择一个目录作为主目录，如图 9.23 所示。

6．设置 FTP 站点访问权限

单击【下一步】按钮，在【允许下列权限】复选框中选择合适的权限，默认不允许写入。弹出如图 9.24 所示窗口。

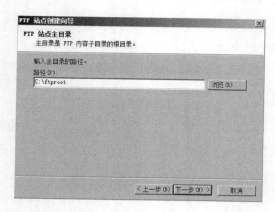 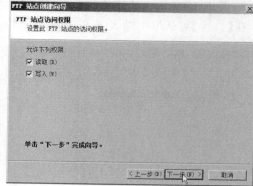

图 9.23　指定 FTP 站点主目录　　　　图 9.24　设置 FTP 站点访问权限

7. 完成 FTP 站点创建

单击【下一步】按钮，单击【完成】按钮完成 FTP 站点的创建，如图 9.25 所示。

8. 测试 FTP 站点

分别使用账户 user1、user2、anonymous 检查用户在登录 FTP 站点时是否被成功隔离。可见用户 user1 只能看见文件 user1.txt，如图 9.26 所示；用户 user2 只能看见文件 user2.txt，如图 9.27 所示；匿名用户只能看见文件 public.txt，如图 9.28 所示。

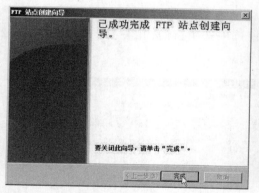

图 9.25　完成 FTP 站点创建　　　　图 9.26　user1 的目录

图 9.27　user2 的目录　　　　　　图 9.28　匿名用户目录

9.4.4　创建用 Active Directory 隔离用户的 FTP 站点

该模式根据相应的 Active Directory 容器验证用户凭据,而不是搜索整个 Active Directory,因为那样做会需要大量的处理时间。该模式为每个客户指定特定的 FTP 服务器实例,以确保数据完整性及隔离性。当用户对象在 Active Directory 容器内时,可以将用户的 FTPRoot、FTPDir 属性提取出来,为用户主目录提供完整路径。如果 FTP 服务能成功地访问该路径,则用户被放在代表 FTP 根位置的该主目录中。用户只能看见自己的 FTP 根位置,因此受限制而无法向上浏览目录树。如果 FTPRoot 或 FTPDir 属性不存在,或它们无法共同构成有效、可访问的路径,用户将无法访问。在 FTP 服务器上用 Active Directory 隔离用户时,每个用户的主目录均可放置在任意的网络路径上。在此模式中,可以根据网络配置情况,灵活地将用户主目录分布在多台服务器、多个卷和多个目录中。

1. 创建域用户主目录

本例将域用户的主目录设置为 c:\ftproot,然后在该文件夹内创建目录 user1、user2 分别用做用户 user1 和 user2 的主目录。

2. 创建 OU

为方便管理,创建名为 ftp 的 OU。然后在 OU 中新建用户 ftpuser、user1、user2,其中 ftpuser 用于读取 FTP 站点用户属性。

3. 配置 OU 的委派控制

FTP 站点必须成功读取位于 Active Directory 内的域用户账户的 FTPRoot 和 FTPDir 属性,才能够得知用户主目录的位置。在【Active Directory 用户和计算机】界面中右击 OU ftp,选择【委派控制】命令,如图 9.29 所示。在打开的【控制委派向导】对话框中单击【下一步】按钮,单击【添加】按钮,选定用户 ftpuser。单击【下一步】按钮,在【委派下列常见任务】中选择【读取所有用户信息】,如图 9.30 所示。单击【下一步】按钮,在【完成控制委派向导】窗口中检查结果,如果正确,单击【完成】按钮完成控制委派。

图 9.29　指定委派控制

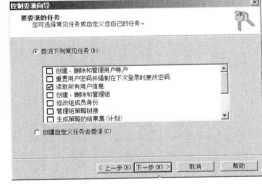

图 9.30　选择委派任务

4. 为用户指定 FTPRoot 和 FTPDir 属性

打开【Active Directory 用户和计算机】界面,单击【查看】菜单选中【高级功能】选项,如

图 9.31 所示。在 OU ftp 中右击用户 user1,选择【属性】命令,在【属性编辑器】对话框中找到 msIIS-FTPDir 修改为 user1,找到 msIIS-FTPRoot 修改为 c:\ftproot。对 user2 用户进行类似操作。如图 9.32 所示。

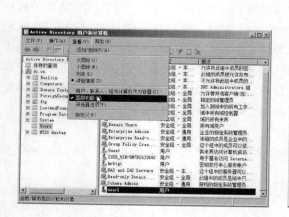

图 9.31　打开高级功能界面

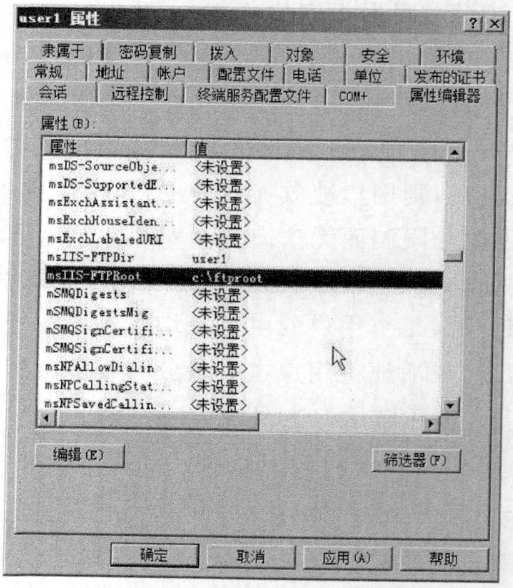

图 9.32　设置用户属性

5. 创建 AD 隔离用户 FTP 站点

前三个步骤类似于创建隔离用户 FTP 站点,此处不再累述。在选择用户隔离方式时选择【用 Active Directory 隔离用户】,如图 9.33 所示。

6. 指定账户访问 AD

单击【下一步】按钮,在【用户名】框中选择用户 ftpuser,【密码】文本框中输入密码,在【输入默认的 Active Directory 域】文本框中指定域名或单击【浏览】按钮选择一个域。单击【下一步】按钮,重新输入一次密码。如图 9.34 所示。

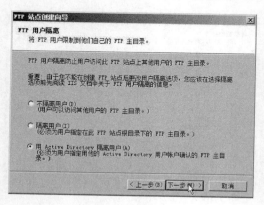

图 9.33　用 AD 隔离用户

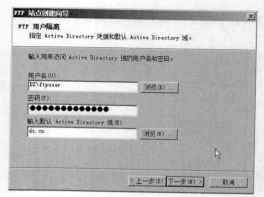

图 9.34　指定有权限的账户

7. 为 FTP 站点设置访问权限

单击【下一步】按钮,根据 FTP 服务需求选中【读取】和【写入】复选框。然后单击【下一步】按钮完成 FTP 站点的创建。如图 9.35 所示。

8. 测试 FTP 站点

分别使用账户 user1、user2 检查用户在登录 FTP 站点时是否被成功隔离。可见用户 user1 只能看见自己目录内的文件 user1.txt,如图 9.36 所示。

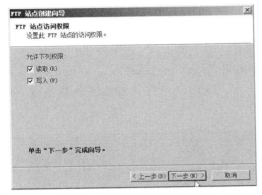

图 9.35　为 FTP 站点指定访问权限

图 9.36　使用账户 user1 访问

9.4.5　创建不隔离用户的 FTP 站点

该模式不启用 FTP 用户隔离功能,其工作方式与早期版本的 IIS 类似。因为 FTP 站点不能区分访问用户的目录,该模式只适用于提供共享内容下载功能或不需要在用户间进行数据访问保护的站点。

创建不隔离用户的 FTP 站点的步骤与前面介绍的"创建隔离用户的 FTP 站点"相类似,只是在图 9.22 中选择"不隔离用户"单选按钮即可。此处不再累述。

9.5　任务 4　常见 FTP 客户端软件的使用

9.5.1　任务描述

FTP 服务器安装成功后,需要测试 FTP 站点是否正常运行。可以使用各种不同的 FTP 客户端软件来对 FTP 站点进行测试。

9.5.2　任务分析

在正常情况下,用户登录 FTP 站点需要使用支持 FTP 协议的客户端软件。常用的客户端软件有 FTP 程序、IE 浏览器、CuteFTP、LeapFTP 等。应该逐步实现如下的任务环节。

(1) 使用 FTP 程序访问 FTP 站点。

(2) 使用 IE 访问 FTP 站点。

(3) 使用第三方 FTP 客户端访问 FTP 站点。

9.5.3 常见 FTP 客户端软件的使用

1. 使用 FTP 程序

打开 Windows 命令提示符窗口，输入命令 ftp ftp.dz.cn。然后根据提示信息，在"用户<ftp.dz.cn:<none>>:"后输入账户名，如果是匿名登录，输入"anonymous"，在"密码："后输入账户密码。常用的 FTP 命令包括 put（上传）、get（下载）、dir（目录列表）、mput（批量上传）、mget（批量下载）、mkdir（创建目录）、rename（更名）、delete（删除）、quit（退出）等。可以使用"?"查看可供使用的命令，如图 9.37 所示。使用 dir 命令查看当前服务器目录下的列表，如图 9.38 所示。

图 9.37 查看可使用的命令　　图 9.38 dir 命令回显

2. 使用 IE8 浏览器访问 FTP 站点

微软的 IE 浏览器集成了 FTP 客户端功能，可以以可视化的方式完成 FTP 站点访问功能。在浏览器地址栏中输入 FTP 地址（如 ftp://ftp.dz.cn）即可进行匿名登录。但是 IE7 与 IE8 为了系统安全性考虑默认以浏览的方式打开 FTP 站点，如图 9.39 所示。如果需要管理文件，则要选择【页面】|【在 Windows 浏览器中打开 FTP】命令，如图 9.40 所示。如果不使用匿名用户登录，右击窗口空白处选择【登录】命令，如图 9.41 所示。之后在【登录身份】对话框中输入用户名和密码，单击【登录】按钮即可，如图 9.42 所示。上传、下载文件的方式类似于 Windows 操作系统中的复制和粘贴。

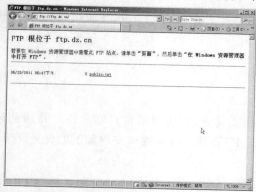 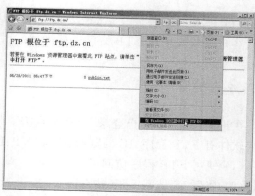

图 9.39 IE8 默认 FTP 浏览方式　　图 9.40 选择以 Windows 浏览器打开

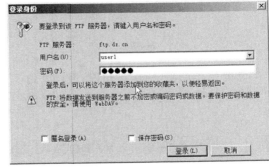

图 9.41 切换登录账户   图 9.42 输入账户信息

3. 使用 LeapFTP 客户端登录 FTP

打开 LeapFTP 软件窗口,根据界面提示输入 FTP 服务器的 IP 地址或域名、用户名、密码和端口(默认为 21),回车即可登录。窗口左上侧为本地磁盘目录;右上侧为 FTP 站点目录;左下侧显示队列里的文件;右下侧显示 FTP 操作回显信息。如图 9.43 所示。上传操作需要先在本地目录中选中要上传文件或目录(可以多选),右键单击选择【上传】菜单即可。如图 9.44 所示。下载操作需要在 FTP 站点目录中选中要下载文件或目录(可以多选),右键单击选择【下载】命令即可。如图 9.45 所示。如果需要细调文件或目录的传输顺序,可以选中文件或目录后右击选择【队列】命令,然后右键选择【传输】命令即可。如图 9.46 所示。

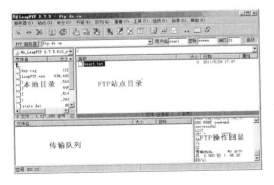

图 9.43 LeapFTP 主界面   图 9.44 LeapFTP 上传操作

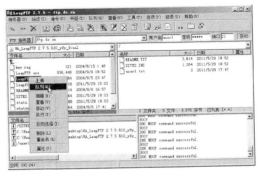

图 9.45 LeapFTP 下载操作   图 9.46 加入队列

9.6 小 结

本章介绍了 FTP 的相关知识,重点介绍了使用 IIS 服务器来构建管理 FTP 站点,如添加 FTP 服务、管理 FTP 站点属性、创建隔离用户或 AD 隔离用户的 FTP 站点等。

9.7 项目实训 Windows Server 2008 FTP 服务器配置

1. 实训目标
(1) 掌握 Windows Server 2008 FTP 服务器的安装。
(2) 掌握 Windows Server 2008 FTP 服务器的配置管理。
(3) 掌握 Windows Server 2008 FTP 服务器不同类型站点的创建与管理。
(4) 掌握常见 FTP 客户端软件的使用方法。

2. 实训环境
1) 硬件和网络

已经建好的 100 M 网络,要求交换机 1 台、五类 UTP 直通线多条、计算机 2 台(计算机配置要求 CPU 单核 2.0 GHz 以上、内存 1 G 以上、20 G 硬盘剩余空间、光驱和网卡)。

2) 软件

Windows Server 2008 安装光盘,根据计算机的要求选择 32 或 64 位版本。如果使用虚拟机的话,还需要 VMWARE Workstation 6.5 以上版本。

3. 实训要求
(1) 为 IIS 添加 FTP 服务。
(2) 创建隔离用户站点 testftp。其主目录位于 D:\ftproot,目录列表类型为 UNIX,允许用户读取和写入,连接数限制为 200。
(3) 创建用户 ftpuser1 和 frpuser2。
(4) 使用 IE 浏览器访问 FTP 站点,使用 ftpuser1 账户登录并上传一个文件。
(5) 使用 LeapFTP 软件访问 FTP 站点,在 ftpuser2 账户登录并上传一个文件。

4. 实训评价

实训评价表					
	内　　　容		评　　价		
	学习目标	评价项目	3	2	1
职业能力	能熟练正确安装 Windows Server 2008 FTP 服务器	安装 Windows Server 2008 FTP 服务器			
	能熟练正确进行 Windows Server 2008 FTP 服务器的站点管理	管理 Windows Server 2008 FTP 服务器的站点			
	能正确创建 Windows Server 2008 FTP 的隔离用户站点	创建 Windows Server 2008 Internet FTP 隔离用户站点			

续 表

通用能力	交流表达能力			
	与人合作能力			
	沟通能力			
	组织能力			
	活动能力			
	解决问题的能力			
	自我提高的能力			
	革新、创新的能力			
综合评价				

9.8 习 题

1. 填空题

(1) FTP 默认使用_____协议、_____端口。

(2) IIS 提供的 FTP 服务,提供_____和_____两种目录列表样式。

(3) 打开 Windows 命令行窗口,输入命令"ftp ftp. dz. cn",在"＜ftp. dz. cn:＜none:＞＞:"后输入匿名账户名_____,"密码:",输入_____或直接回车登录 FTP 站点。

(4) FTP 身份验证的方法有两种:_____和_____。

(5) 目前常用的 FTP 第三方客户端软件有_____、_____、_____。

2. 选择题

(1) 在 Internet 上获得软件最常用的方法是(　　)。

A. www　　　　　B. Telnet　　　　　C. FTP　　　　　　　　　D. DNS

(2) 下面(　　)软件不能用做 FTP 客户端。

A. Netscape Navigator　　　　　B. Telnet

C. IE6.0　　　　　　　　　　　D. CuteFTP

(3) 以下有关 FTP 的说法正确的是(　　)。

A. 只能传输文本文件　　　　　B. 不能传输图形文件

C. 能传输所有类型文件　　　　D. 只能传输固定类型的文件

(4) FTP 协议是(　　)上的协议。

A. 网络层　　　　B. 传输层　　　　C. 物理层　　　　　　D. 应用层

(5) FTP 站点标识包括以下(　　)。

A. DNS 记录　　　B. TCP 端口号　　C. 网络协议　　　　D. PTR 记录

3. 简答题

(1) FTP 的功能是什么?

(2) 可以通过哪几种方式来连接 FTP 站点?

(3) FTP 站点消息有哪几类? 如何进行设置?

(4) 隔离用户 FTP 的优点是什么?

第 10 章　管理与配置电子邮件服务

1. 教学目标

（1）掌握电子邮件系统的基本概念和协议。

（2）掌握 Windows Server 2008 SMTP 服务的安装与配置。

（3）掌握 Exchange Server 2007 SP3 的安装与配置。

（4）熟悉常见电子邮件客户端软件的使用。

2. 教学要求

知识要点	能力要求	关联知识
SMTP 服务器	安装 SMTP 服务器功能	服务器管理
管理 SMTP 区域	创建、删除 SMTP 区域	IIS6.0 管理器
配置 SMTP 参数	身份验证、访问控制、中继限制	SMTP 原理
安装 Exchange Server 2007	安装前的准备及安装步骤	PowerShell、IIS
Exchange Server 2007 配置	组织配置、服务器配置、收件人配置	Exchange 工作流程
电子邮件客户端软件的使用	Outlook Express 的使用	电子邮件客户端使用

3. 重点难点

（1）SMTP 域的创建与配置。

（2）安装 Exchange Server 2007 的系统要求。

（3）安装 Exchange Server 2007 的步骤。

（4）Exchange Server 2007 的基本配置。

（5）常见电子邮件客户端软件的使用。

电子邮件是网络中最主要的一种服务，能够有效地实现用户之间的资源交流。通过电子邮件系统，用户可以传输图片、视频、二进制程序等各种文件。因此，构架邮件服务器可以大大提高企事业用户的工作效率。微软公司的 Exchange Server 2007 是一款强大的消息与协作系统，它能提供全面、集成、灵活的电子邮件解决方案。通过部署，整个组织的用户可以通过各种方式，在任何位置访问电子邮件、语音邮件、日历和联系人。

10.1　电子邮件的基本原理与概念

10.1.1　电子邮件概述

电子邮件（Electronic mail，E-mail）是指利用计算机通信网络提供信息交换的一种通信方式，是 Internet 上应用最广的网络服务。电子邮件可以包含文本、数据、声音、图像、语言视频等不同格式的内容。电子邮件具有传输速度快、费用低、高效率、全天候全自动服务等优点,同时电子邮件的传送不受时间、地点、位置的限制,发送者和接收者可以随时进行信件交换,这使得电子邮件迅速普及。

电子邮件的地址由三部分构成,第一部分标识用户账号,对于同一个邮件接收服务器来说,这个账号必须是唯一的;第二部分"@"是分隔符;第三部分是用户邮箱的邮件接收服务器域名,用以标识其所在的位置。例如,test@dz.cn,其中 test 标识用户账号,dz.cn 标识其邮件接收服务器的域名。

一封完整的电子邮件由三部分构成,即收件人的姓名与地址、信件的正文和签名。在电子邮件中,姓名和地址信息称为信头(header),邮件的内容称为正文(body)。在邮件的末尾还有一个可选的部分,即用于进一步注明发件人身份的签名(signature)。

信头由文字组成,一般包含下列几行内容(具体情况可能随有关邮件程序不同而有所不同)。

- 收件人(To):即收信人的电子邮件地址,可以有多个收件人,可用";"或","分隔。
- 抄送(CC):即抄送者的电子邮件地址。
- 主题(Subject):即邮件的主题,由发信人填写。
- 发信日期(Date):由电子邮件程序自动添加。
- 发信人地址(From):由电子邮件程序自动填写。
- 抄送地址(CC):可以有多个,用";"或","分隔。
- 密送地址(BCC):可以有多个,用";"或","分隔。

其中,抄送会使得所有用户都了解这封电子邮件发送给了哪些用户,而密送则不会。

10.1.2　电子邮件相关协议

在配置电子邮件服务过程中,还需要熟悉以下相关协议。

1. SMTP

SMTP(Simple Mail Transfer Protocol)即简单邮件传输协议,是一组用于由源地址到目的地址传送邮件的规则,由它来决定电子邮件的中继。SMTP 使用 TCP 协议,默认端口为 25。它帮助每台计算机在发送或中继电子邮件时找到下一个电子邮件服务器。通过 SMTP 协议所指定的电子邮件服务器,就可以把电子邮件转发到收件人的电子邮件服务器上了。SMTP 服务器指遵循 SMTP 协议的发送邮件服务器,用来发送或中转电子邮件。

2. POP3

POP3(Post Office Protocol 3)即邮局协议的第 3 版,它是规定本地计算机如何连接到 Internet 上的电子邮件服务器接收电子邮件的协议。POP3 使用 TCP 协议,默认端口为 110。它是 Internet 上电子邮件的第一个离线协议标准,POP3 协议允许用户从电子邮件服务器上把电子邮件存储到本地计算机上,同时根据客户端的操作删除或保存在邮件服务器上的电子邮件。POP3 服务器是指遵循 POP3 协议的接收邮件服务器,用来接收并存储电子邮件。

3. IMAP4

IMAP4(Internet Message Access Protocol 4)即网际消息访问协议的第 4 版。IMAP4

使用 TCP 协议,默认端口为 143。IMAP4 协议与 POP3 协议一样也是规定本地计算机如何访问互联网上的邮件服务器进行收发邮件的协议,但是 IMAP4 协议同 POP3 协议相比更高级。IMAP4 协议支持本地计算机在线或者离线访问并阅读服务器上的邮件,还能交互式地操作服务器上的邮件。IMAP4 协议更人性化的地方是不需要像 POP3 协议那样把电子邮件下载到本地计算机,用户不但可以通过客户端直接对服务器上的电子邮件进行操作,而且可以在服务器上维护自己的电子邮件目录。

4. MIME

MIME(Multipurpose Internet Mail Extensions)即多功能 Internet 邮件扩充服务。它是一种多用途网际邮件扩充协议,既应用于电子邮件系统,也应用于 Web 服务。由于 SMTP 协议使用 7 位二进制 ASCII 编码,不适用于其他编码文件传输。MIME 能够支持传输非 ASCII 编码、二进制附件等多种格式的邮件消息。

10.1.3 电子邮件发送过程

要在一台计算机或其他终端设备上收发电子邮件,需要一些专用的应用程序和服务。如图 10.1 所示,电子邮件服务中最常见的两种应用层协议是 POP3 和 SMTP。

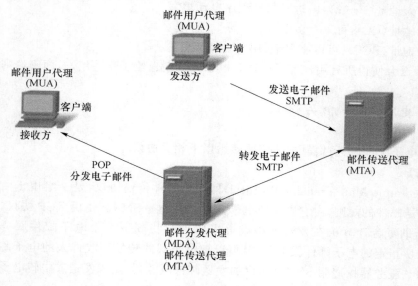

图 10.1   电子邮件收发过程

电子邮件客户端可以使用 POP3 协议从电子邮件服务器接收电子邮件消息。从客户端或者从服务器中发送的电子邮件消息格式以及命令字符串必须符合 SMTP 协议的要求。通常,电子邮件客户端程序可同时支持上述两种协议。

当撰写一封电子邮件信息时,往往使用一种称为邮件用户代理 (MUA)的应用程序,或者电子邮件客户端程序。通过 MUA 程序,可以发送邮件,也可以把接收到的邮件保存在客户端的邮箱中。这两种操作属于不同的两个进程:邮件传送代理 (MTA)和邮件分发代理(MDA)。

MTA 进程用于发送电子邮件。如图 10.1 所示,MTA 从 MUA 处或者另一台电子邮件服务器上的 MTA 处接收信息。根据消息标题的内容,MTA 决定如何将该消息发送到目的地。如果邮件的目的地址位于本地服务器上,则该邮件将转给 MDA。如果邮件的目的地址不在本地服务器上,则 MTA 将电子邮件发送到相应服务器上的 MTA 上。从图 10.1 中可以看到,MDA 从 MTA 中接收了一封邮件,并执行了分发操作。MDA 从 MTA 处接收所有的邮件,并放到相应的用户邮箱中。MDA 还可以解决最终发送问题,如病毒扫描、垃圾邮件过滤以及送达回执处理。大多数的电子邮件通信都采用 MUA、MTA 及 MDA 应用程序。

客户端可以连接到公司邮件系统(常用的有 IBM Lotus Notes、Novell Groupwise 或 Microsoft Exchange)。这些系统通常有其内部的电子邮件格式,因此它们的客户端可以通过私有协议与电子邮件服务器通信。上述邮件系统的服务器通过其 Internet 邮件网关对邮件格式进行重组,使服务器可以通过 Internet 收发电子邮件。

10.2　任务 1　安装配置 SMTP 服务器

10.2.1　任务描述

SMTP 服务虽然是 Windows Server 2008 操作系统自带的组件,但是在系统默认安装的过程中并没有安装。而且由于 SMTP 服务由 IIS6.0 而不是 IIS7.0 提供,因此需要系统管理员手动安装。

10.2.2　任务分析

在 Windows Server 2008 中要为服务器添加 SMTP 功能并配置 SMTP 服务器,应该逐步实现如下的任务环节。

(1) 添加 SMTP 服务器功能。

(2) 配置 SMTP 域。

(3) 新建并配置 SMTP 域。

(4) 新建并配置 SMTP 虚拟服务器。

10.2.3　添加 SMTP 服务器功能

1. 打开服务器管理器窗口

在 Windows Server 2008 服务器上,执行【开始】|【管理工具】|【服务器管理器】命令,打开服务器管理器窗口,单击右侧【功能】窗格的【添加功能】命令,显示角色管理和配置窗口,如图 10.2 所示。

2. 添加 SMTP 服务器功能

在【选择】对话框中选中【SMTP 服务器】复选框,在随后弹出的窗口中单击【添加必需的角色服务】按钮。如图 10.3 所示。

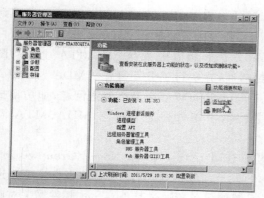

图 10.2　添加角色命令

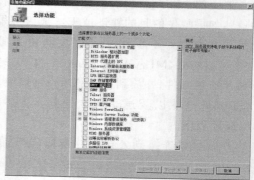

图 10.3　选择 SMTP 服务器功能

3. 检查并确认安装 SMTP 服务器

单击【下一步】按钮弹出确认安装选择窗口,单击【安装】按钮进行安装。SMTP 服务依附于 IIS,如果没有先行安装 IIS,则需要添加 IIS 服务器。如果没有错误,单击【关闭】按钮结束安装。如图 10.4 所示。

4. 打开 Internet 信息服务(IIS)6.0 管理器

Windows Server 2008 的 SMTP 服务是由 IIS6.0 提供的。执行【开始】|【管理工具】|【服务器管理器】|【Internet 信息服务(IIS)6.0 管理器】命令,打开【Internet 信息服务(IIS)6.0 管理器】窗口。系统会自动生成默认 SMTP 服务器【SMTP Virtual Server ♯1】,如图 10.5 所示。

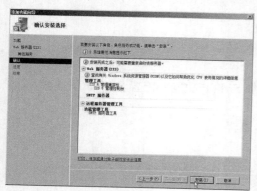

图 10.4　确认安装选择

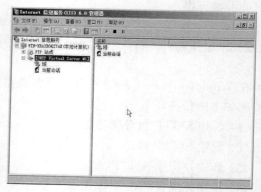

图 10.5　IIS6.0 管理器界面

10.2.4　配置 SMTP 服务器的基本属性

1. 打开服务器【SMTP Virtual Server ♯1】属性

在服务器【SMTP Virtual Server ♯1】上右击选择【属性】命令,打开属性窗口。如图 10.6 所示。

2. 配置 SMTP 服务器常规属性

在【常规】选项卡中的【IP 地址】下拉列表中选择 SMTP 服务使用的 IP 地址。单击【高级】按钮可以添加多个 IP 地址和修改 SMTP 服务端口号。选中【限制连接数不超过】复选框可以配置最大用户连接数限制。【连接超时】文本框中输入用户连接的最长限制时间,以分钟计算。选中【启用日志记录】复选框可以记录 SMTP 服务器的使用情况,具体的设置和 IIS 网站的设置类似,此处不再累述。如图 10.7 所示。

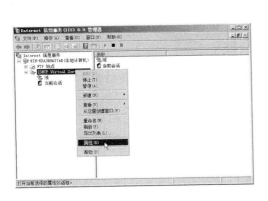

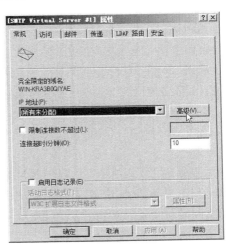

图 10.6　打开站点属性窗口　　　　　图 10.7　SMTP 服务器常规属性

3. 配置 SMTP 服务器访问控制属性

在【访问】选项卡中,单击【身份验证】按钮,打开【身份验证】对话框。默认选中【匿名访问】复选框。选中【基本身份验证】复选框要求用户提供账户才能使用 SMTP 服务,但是由于基本身份验证在网络上明文传输账户信息,容易造成安全问题。可以同时选中【要求 TLS 加密】复选框对数据进行加密以加强安全性,但是使用 TLS 加密,则必须创建密钥对,并配置密钥证书。选中【集成 Windows 身份验证】复选框可以将用户提供的账户信息在进行哈希计算后再在网络上传输,避免数据被窃听破解。如图 10.8 所示。

4. 配置连接控制属性

在【访问】选项卡中,单击【连接】按钮打开【连接】对话框,默认情况下 SMTP 服务器允许所有 IP 地址连接。在这里可以根据客户端的 IP 地址来限制是否允许对 SMTP 服务器进行访问。具体的设置和 IIS 网站的设置类似,此处不再累述。如图 10.9 所示。

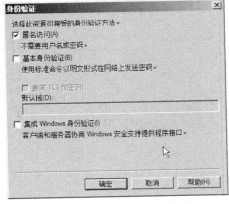

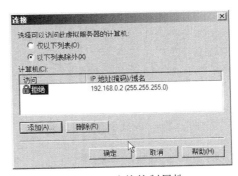

图 10.8　选择身份验证方式　　　　　图 10.9　连接控制属性

5．配置中继限制属性

在【访问】选项卡中，单击【中继】按钮打开【中继限制】对话框，默认情况下 SMTP 服务器不中继不属于本地域的邮件。例如，SMTP 服务器所负责的域为 dz.cn，则当它收到收件地址为 user1@dz.cn 的邮件时，它会接收且将该邮件存放于邮件存储区内；但是收到收件地址为 test@test.com 的邮件时，因为 abc.com 不是它所负责的域，它将拒绝接收和转发此邮件。如果想让自己的 SMTP 服务器可以替客户端转发远程邮件，需要选中【不管上表中如何设置，所有通过身份验证的计算机都可以进行中继】复选框。服务器访问列表的具体的设置和 IIS 网站的设置类似，此处不再累述。如图 10.10 所示。

6．配置邮件传递属性

在【邮件】选项卡中，可以配置邮件传递限制，提高 SMTP 服务器的性能。各选项功能如下。

（1）限制邮件大小不超过：限制每件邮件的最大容量，默认为 2 MB。

（2）限制会话大小不超过：限制系统中可以进行会话用户的最大容量，默认为 10 MB。

（3）限制每个连接的邮件数不超过：限制了一次连接可以发送邮件的最大数，默认为 20 封。

（4）限制每封邮件的收件人数不超过：限制了同一封邮件能抄送的最大用户数，默认为 100 人。

（5）将未送达报告的副本发送到：该处一般填写系统管理员邮件地址，如果邮件发送不成功，则会发送通知到该邮件地址。

（6）死信目录：当邮件发送失败后，SMTP 服务器将该邮件和未送达报告一起发送给发件人，如果该次发送也失败，则将邮件存放于死信目录。放入死信目录中的邮件无法传递或返回。如图 10.11 所示。

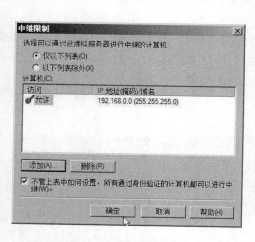

图 10.10　配置中继限制属性

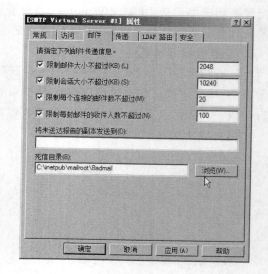

图 10.11　邮件选项卡

7．配置邮件出站和本地属性

在【传递】选项卡中，可以在出站区域中配置发送邮件失败后重试发送的策略，包括重试次数和重试间隔。在本地区域中可以配置本地延时和超时时间,主要参数如下。

(1)延迟通知:由于本地和远程邮件系统之间传输有时间延迟,需要设置一个默认的网络延迟时间,SMTP 服务器在发送如邮件未送达报告时,会考虑到这一延迟时间。该值默认为 12 小时,我们可以以分钟、小时、天为单位设置延迟时间,最大值为 9 999 天。

(2)过期超时:邮件最大重传次数并不是限制邮件重传的唯一标准,这里指定的过期超时就是在一定时间之后,SMTP 服务器自动放弃邮件的发送,而不考虑重传的次数。默认的过期超时是 2 天,与延迟通知一样,我们可以在 1 分钟和 9 999 天之间指定该值。如图 10.12 所示。

8. 配置出站安全属性

在【传递】选项卡中单击【出站安全】按钮打开【出站安全】对话框,可以选择使用何种方式对用户身份进行确认,默认允许匿名访问。配置类似 SMTP 服务器的访问控制,此处不再累述。如图 10.13 所示。

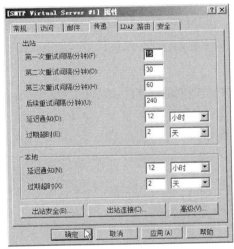

图 10.12　出站和本地配置

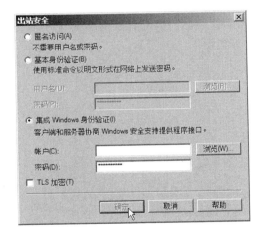

图 10.13　出站安全对话框

9. 配置出站连接属性

在【传递】选项卡中单击【出站连接】按钮打开【出站连接】对话框,可以配置连接数限制、超时、端口。如图 10.14 所示。

10. 配置高级传递属性

在【传递】选项卡中单击【高级】按钮打开【高级传递】对话框,可配置参数如下。

(1)最大跃点计数。传递邮件时,邮件在到达其最终目标之前可能被路由经过多台服务器。可以指定允许邮件通过的服务器数目,这称为跃点计数。默认值为 15,超过此值将视为邮件不可达。

(2)虚拟域。虚拟域可替换发件人使用的本地域名称。例如,虚拟域设为 test.cn,SMTP 服务器在转发来自发件地址 user1@dz.cn 的邮件时,会将发件人地址修改为 user1@test.cn,这样可以掩饰真正的发件人地址。

(3)完全限定的域名。在 DNS 服务器上有两种记录可以对邮件服务器的域名进行解析：MX 记录和 A 记录。MX 记录用于在邮件服务器的完全限定的域名（FQDN）和 IP 地址之间作出映射；A 记录用于映射主机名和 IP 地址。两种记录在 DNS 服务器上共同使用时可以有效地解决解析问题。输入域名后可以单击【检查 DNS】按钮，检查该域名能否正确解析。

（4）智能主机。通过智能主机可以将待发邮件交给另一台服务器上的 SMTP 远程域来进行实际发送。这样可以选择更合适的连接（如更便宜或更高速的线路）来中继转发邮件。如果想让 SMTP 服务在将远程邮件转发给智能主机服务器之前尝试直接传递这些远程邮件，请选中【发送到智能主机之前尝试直接进行传递】复选框。可以通过 FQDN 或 IP 地址来标识智能主机。为了提高 SMTP 服务器性能，尽可能使用 IP 地址，使用 IP 地址必须在每台虚拟服务器上分别进行更改并且其括在方括号"[ ]"中。SMTP 服务首先检查服务器名称，然后检查 IP 地址。括号将值标识为 IP 地址，因此会跳过 DNS 查找。

（5）对传入邮件执行反向 DNS 查找。如果选择此复选框，SMTP 服务将验证客户机的 IP 地址与 EHLO 或 HELO 中提交的主机名或域名是否匹配。如果反向 DNS 查询验证成功，则邮件的已收到标题将完整保留。如果验证失败，添加未验证的字样到邮件已收到标题中的 IP 地址后面。因为此功能会验证所有传入邮件的地址，所以使用它会影响 SMTP 服务性能。如图 10.15 所示。

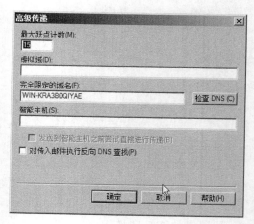

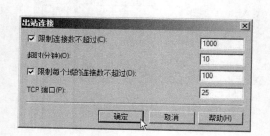

图 10.14   出站连接对话框   图 10.15   高级传递对话框

11. 配置 LDAP 路由属性

在【LDAP】选项卡中选中【启用 LDAP 路由】复选框可以启用 LDAP 路由功能。LDAP（Light weight Directory Access Protocol）是指轻型目录访问协议，可用来访问 LDAP 服务器中的目录信息。

（1）服务器：键入运行 LDAP 目录的计算机的名称。当使用 Exchange LDAP 服务架构类型时，该字段不适用，因为服务将找到附近的服务器并自动使用该服务器。

（2）架构：选择架构类型，类型包括 Active Directory、Site Server 成员目录和 Exchange LDA 服务。

（3）绑定：选择绑定到 LDAP 服务器时要使用的身份验证方法。纯文本以纯文本形式传输密码。要使用适用于 SMTP 虚拟服务器的最强的身份验证方法，请选择【Windows

SSPI】。如果不需要进行身份验证,则使用默认值【匿名】,服务账户将使用尝试绑定到 LDAP 服务器的账户信息。如果选择【纯文本】或【Windows SSPI】绑定类型,则需要指定域、用户名、密码。

(4) 域:键入想要用于绑定到 LDAP 目录的账户的域。

(5) 用户名:键入想要用于绑定到 LDAP 目录的账户的可分辨名称。例如,cn=user1、ou=users 和 o=company。

(6) 密码:键入用于登录目录服务的密码。

(7) 基本:键入您正在访问的目录服务中的容器的可分辨名称。此设置指定您希望 SMTP 服务在 LDAP 目录中开始搜索的位置。系统将开始搜索容器,如有必要,将继续搜索子容器。如图 10.16 所示。

12. 配置安全属性

在【传递】选项卡中可以指派哪些用户账户具有简单邮件传输协议虚拟服务器的操作员权限,默认情况下有三个用户具有操作员权限。可以单击【添加】按钮添加操作员,也可以先选中操作员再单击【删除】按钮删除。如图 10.17 所示。

图 10.16　LDAP 路由对话框

图 10.17　安全对话框

10.2.5　新建并配置 SMTP 域

1. 打开新建 SMTP 域向导

展开服务器【SMTP Virtual Server ♯1】,右击【域】并选择【新建】|【域】命令,打开新建 SMTP 域向导。如图 10.18 所示。

2. 指定新建 SMTP 域类型

在打开的【新建 SMTP 域向导】对话框中选定指定域的类型,选择【远程】单选框,如图 10.19 所示。

(1) 远程:可以将经常对其发送消息的域设置为远程域。对于每个远程域,可以预先确定一个传递路由,而且可以要求对该域的所有会话都使用传输层安全(TLS)加密。还可以在名称中使用通配符,这样创建的所有包含在内的域能够使用相同的设置。使用星号(＊)作为第一个字符,后面跟一个句点(.)。

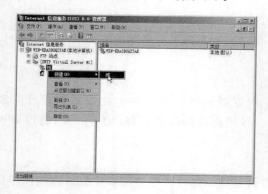

图 10.18　新建域菜单

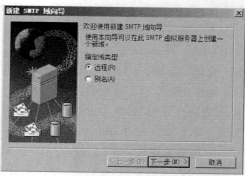

图 10.19　指定 SMTP 域类型

(2)别名:利用别名域可以创建指向默认域并使用其设置(包括 Drop 文件夹)的次域。发往别名域的任何消息都将标记有默认域的名称。

3. 设置新建 SMTP 域名

单击【下一步】按钮,在【名称】文本框中输入新建 SMTP 域的域名,如图 10.20 所示。

4. 打开新建域属性对话框

在刚创建的域上右击选择【属性】命令,打开域属性对话框,如图 10.21 所示。

图 10.20　指定新建 SMTP 域名

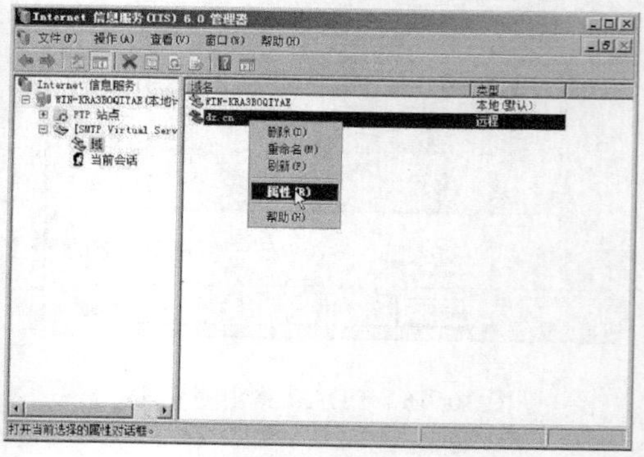

图 10.21　域属性菜单

5. 配置域的常规属性

在【常规】选项卡,选中【允许将传入邮件中继到此域】复选框允许 SMTP 服务器作为邮件中继;选中【发送 HELO,而不是 EHLO】复选框可以关闭发送用户身份验证。选中【使用 DNS 路由到此域】单选框选择 DNS 解析到的 MX 服务器来发送邮件;选中【将所有邮件转发到中继主机】单选框则需要输入内部网络公司邮件服务器的完全限定域名或 IP 地址,以便通过它传递该远程域的邮件,如果使用 IP 地址,将 IP 地址用方括号括起来。有关出站安全的配置与配置 SMTP 服务器访问控制属性类似,此处不再累述。如图 10.22 所示。

6. 配置域的高级属性

在【高级】选项卡,选中【排列邮件以便进行远程触发传递】复选框可以保留电子邮件,直到远程服务器触发传递。单击【添加】按钮可以添加具有触发远程传递权限的账户。如图 10.23 所示。

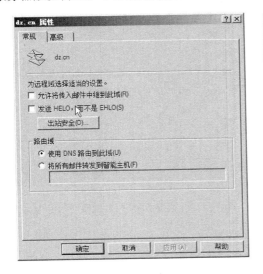
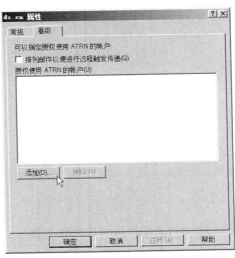

图 10.22　配置域的常规属性　　　　图 10.23　配置域的高级属性

10.2.6　新建并配置 SMTP 虚拟服务器

1. 打开新建 SMTP 虚拟服务器向导

右击服务器【SMTP Virtual Server ♯1】,选择【新建】|【虚拟服务器】命令,打开新建 SMTP 虚拟服务器向导,如图 10.24 所示。

2. 指定 SMTP 虚拟服务器名称

在【名称】文本框中输入 SMTP 虚拟服务器的名称,如图 10.25 所示。

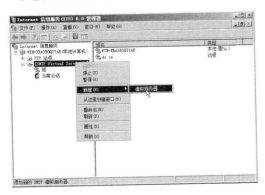

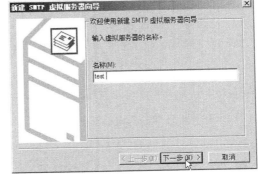

图 10.24　新建 SMTP 虚拟服务器菜单　　图 10.25　指定 SMTP 虚拟服务器名称

3. 选择 SMTP 虚拟服务器 IP 地址

单击【下一步】按钮,在【选择此 SMTP 虚拟服务器的 IP 地址】下拉列表中选择合适的 IP 地址,如图 10.26 所示。

4. 选择 SMTP 虚拟服务器主目录

单击【下一步】按钮，在【主目录】文本框中输入路径或者单击【浏览】按钮选择路径。如图 10.27 所示。

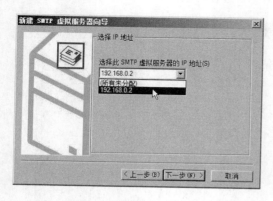 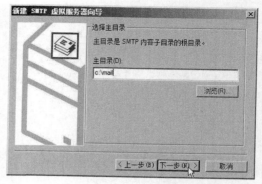

图 10.26　选择 SMTP 虚拟服务器 IP 地址　　　图 10.27　选择 SMTP 虚拟服务器主目录

5. 指定 SMTP 虚拟服务器的默认域

单击【下一步】按钮，在【域】文本框中输入 SMTP 虚拟服务器的域名。单击【完成】按钮完成虚拟服务器的创建。如图 10.28 所示。

6. 检查新建的 SMTP 虚拟服务器

打开【Internet 信息服务（IIS）6.0 管理器】窗口，可以看到新建的 SMTP 虚拟服务器 test。如果有多个 SMTP 服务器，需要保证其 IP 地址和端口号不重复，否则不能同时全部启动。如图 10.29 所示。

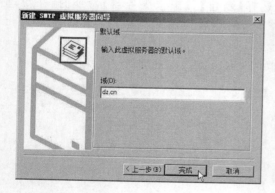 

图 10.28　指定 SMTP 虚拟服务器默认域　　　图 10.29　Internet 信息服务（IIS）6.0 管理器

10.3　任务 2　安装配置 Exchange Server 2007 服务器

10.3.1　任务描述

Windows 2008 Server 所集成的邮件服务功能薄弱，而且不具备与其他办公软件集成的能力。由于其仅具备 SMTP 功能,对于 POP3、IMAP4 和邮件安全等必须功能都不支持,使其不能在大中型应用中使用。Exchange Server 2007 是微软出品的消息与协作管理系统,它可以用来构架应用于企业、学校的邮件系统,甚至于像大型服务提供商如搜狐、新浪那样的免费邮件系统。也就是说 Exchange server 2007 并不仅仅是一种电子邮件服务软件,更重要的是它可以作为一个信息管理和协作平台。作为网络管理人员,可以先用 Windows Server 2008 架设企业内部网络,然后架设 Exchange Server 2007 服务器,来达到组织管理及通信的目的。

10.3.2　任务分析

通过任务熟悉安装 Exchange Server 2007 服务器,创建电子邮箱,收发电子邮件,以及 SMTP、POP3、IMAP4 协议的相关基本设置。应该逐步实现如下的任务环节。

(1) 检查系统配置是否符合 Exchange Server 2007 的要求。

(2) 安装 Exchange Server 2007。

(3) 简单配置 Exchange Server 2007。

10.3.3　安装 Exchange Server 2007 的系统要求

1. 系统要求

Exchange Server 2007 有 32 位和 64 位两个版本,其中 32 位版不能用于实时生产环境。其具体的系统要求如下。

- 硬件:X86-64 指令集的 CPU、2 GB 内存、1.2 GB 剩余磁盘空间。
- 软件:Windows Server 2003 SP1 以上或 Windows Server 2008。
- 域环境:DC/成员服务器、配置好的 DNS。
- 安装权限:企业管理员、架构管理员、域管理员。
- 文件系统:NTFS。

2. 安装前准备

根据操作系统不同,可能需要以下配置。

- 删除 Windows Server 集成的 SMTP 功能。
- 安装 IIS7.0,根据 Exchange Server 2007 安装角色不同需要添加相关组件。
- 安装 .NET Framework 2.0 或者 3.0。
- 安装 Microsoft 管理控制台 MMC3.0。
- 安装 Microsoft Windows PowerShell。
- 安装 Windows Windows Installer 4.5。

如果确认系统不需支持 IPv6,通过注册表卸载 IPv6 协议,否则在本地连接属性中选中 IPv6 并配置固定的 IPv6 地址;其次确定 IIS7.0 安装后默认的网站 Default Web Site 没有被删除或改名,否则会造成安装 Exchange Server 2007 失败。如果需要在 Windows Server 2008 上安装,请安装 Exchange Server 2007 SP1 及以上版本。

3. 系统特性

与之前的版本相比,Exchange Server 2007 取消了很多不适合新型网络环境和需求的功能,并增加了很多新功能,其中包括如下 5 个服务器角色。

(1)邮箱服务器角色:经过扩展的存储角色,需要的 I/O 吞吐量比 Exchange Server 2003 减少 70%,并包含对连续复制的内置支持,以实现高可用性和电子邮件保留策略。

(2)客户端访问服务器角色:向 Internet 发布的中间层角色,它提供了新的 Outlook Web Access、Outlook 移动同步、Outlook Anywhere(RPC over HTTP)、Internet 邮件访问协议版本 4(IMAP4)、邮局协议版本 3(POP3)、Outlook 日历 Web 服务及其他可编程 Web 服务。

(3)统一消息服务器角色:可以使 Exchange 连接到电话系统的中间层角色,它为语音邮件和传真提供了通用收件箱支持,并支持通过语音识别技术进行 Outlook 语音访问。

(4)边缘传输服务器角色:外围网络上的网关,具有内置的垃圾邮件和病毒筛选功能,支持安全邮件联盟的技术突破。

(5)中心传输服务器角色:在整个企业内路由邮件,预先许可信息权管理(IRM)邮件,并在每个阶段强制执行遵从性。

10.3.4 安装 Exchange Server 2007

1. 启动安装

请确认系统符合 Exchange Server 2007 安装的要求,运行安装程序 Setup.exe 进行安装。如图 10.30 所示。

2. Exchange Server 2007 SP3 简介

请根据情况安装步骤 1~4,此处不再累述。单击【步骤 5:安装 Exchange Server 2007 SP3】进行安装,进入 Exchange Server 2007 SP3 的【简介】对话框。如图 10.31 所示。

图 10.30　Exchange Server 2007 安装界面　　　　　图 10.31　简介对话框

3. 接收许可协议

单击【下一步】按钮,进入【许可协议】对话框,选中【我接受许可协议中的条款】单选框,如图 10.32 所示。

4．提交错误报告

单击【下一步】按钮，进入【错误报告】对话框，根据需要选择是否向微软发送错误报告。如图 10.33 所示。

图 10.32　接受许可协议　　　　　　图 10.33　错误报告对话框

5．选择安装类型

单击【下一步】按钮，进入【安装类型】对话框，用户可以选择典型安装或根据需要选择自定义安装，在【指定 Exchange Server 的安装路径】文本框中输入或单击【浏览】按钮选择 Exchange 服务器的安装路径。如图 10.34 所示。

6．指定 Exchange 组织名称

单击【下一步】按钮，进入【Exchange 组织】对话框，在【请指定此 Exchange 组织的名称】文本框中输入 Exchange 组织名称。如图 10.35 所示。

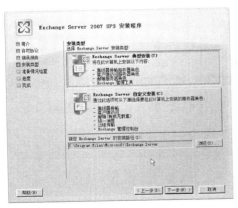

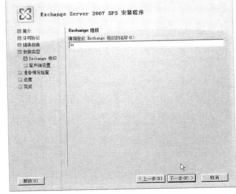

图 10.34　选择安装类型　　　　　　图 10.35　指定 Exchange 组织名称

7．选择客户端设置

单击【下一步】按钮，进入【客户端设置】对话框，用户可以根据需要选择是否支持 Outlook 2003 及以前版本或 Entourage。本任务选中【是】单选框。如图 10.36 所示。

8．准备情况检查

单击【下一步】按钮，进入【准备情况检查】对话框，系统会对当前服务器配置情况进行检查,以确定是否可以安装 Exchange。如果检查结果中出现失败,请用户根据向导给出的具体失败信息和建议进行操作。如图 10.37 所示。

 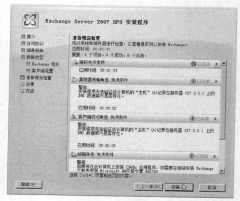

图 10.36　选择客户端设置　　　　　图 10.37　准备情况检查

9. 进行安装

单击【安装】按钮进行功能安装,如果正常,会在每个项目后显示【已完成】。如图 10.38 所示。

10. 完成安装

单击【完成】按钮会弹出警告对话框,系统要求重新启动,单击【确定】按钮重新启动完成安装。如图 10.39 所示。

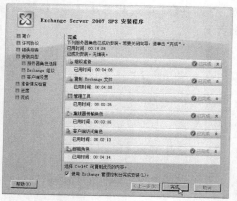

图 10.38　进行安装　　　　　　　　图 10.39　重新启动

10.3.5　Exchange Server 2007 的组织配置

1. 打开 Exchange 管理控制台

单击【开始】|【Exchange 管理控制台】命令打开 Exchange 管理控制台,可见左侧窗格中【组织配置】、【服务器配置】、【收件人配置】和【工具箱】选项。如图 10.40 所示。

2．添加发送连接器

为了安全，Exchange Server 2007 默认只安装接收连接器，发送连接器需要管理员手工创建。展开【组织配置】，选中【集线器传输】，在【集线器传输】窗格中选择【发送连接器】选项卡，在右侧【操作】窗格中选择【新建发送连接器】命令打开【新建 SMTP 发送连接器】向导。如图 10.41 所示。

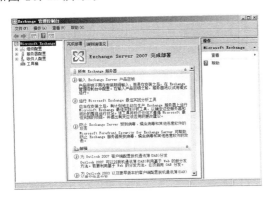
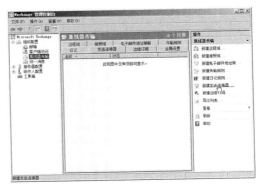

图 10.40　Exchange 管理控制台　　　　图 10.41　添加发送连接器

3．指定发送连接器名称

在【新建 SMTP 发送连接器】对话框的【名称】文本框中指定发送连接器的名称，如图 10.42 所示。

4．添加地址空间

在【地址空间】对话框中单击【添加】按钮添加地址空间，如图 10.43 所示。

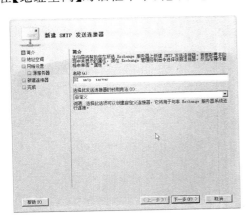
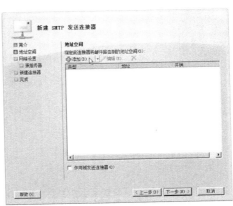

图 10.42　指定发送器名称　　　　图 10.43　添加地址空间

5．指定 SMTP 地址空间地址和开销

在【SMTP 地址空间】对话框的【地址】文本框中输入"＊"代表所有地址，如图 10.44 所示。

6．配置网络设置

单击【下一步】按钮打开【网络设置】对话框，这里保持默认设置即可，如图 10.45 所示。

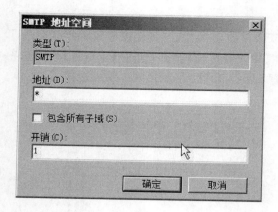

图 10.44　指定 SMTP 地址空间地址　　　　图 10.45　配置网络设置

7. 选择源服务器

单击【下一步】按钮打开【源服务器】对话框，选择本机作为源服务器，如图 10.46 所示。

8. 新建 SMTP 发送连接器并完成安装

单击【下一步】按钮打开【新建连接器】对话框，检查配置摘要。如果一切正确，单击【新建】按钮打开【完成】对话框，并单击【完成】按钮完成安装。如图 10.47 所示。

图 10.46　选择源服务器　　　　　　　　　图 10.47　完成安装

10.3.6　Exchange Server 2007 的服务器配置

1. 打开新建连接器对话框

展开【服务器配置】，选中【集线器传输】，在【集线器传输】窗格中选择【接收连接器】选项卡，可见服务器中已有的接收连接器，命名方式为"Client 计算机名"和"Default 计算机名"。在右侧【操作】窗格中选择【属性】命令或双击【Client】打开属性对话框。如图 10.48 所示。

2. 配置接收连接器身份验证属性

选择【身份验证】选项卡，选中【传输层安全性】、【基本身份验证】|【仅在启动 TLS 之后

提供基本身份验证】、【Exchange Server 身份验证】和【集成 Windows 身份验证】复选框。如
图 10.49 所示。

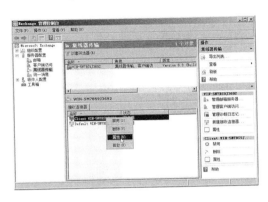

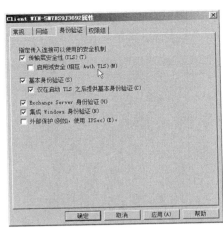

图 10.48　打开接收连接器属性对话框　　　　图 10.49　身份验证选项卡

3. 配置接收连接器权限组属性

选择【权限组】选项卡,选中【Exchange 用户】复选框,如图 10.50 所示。对于 Default 接收
连接器属性,其身份验证选项卡配置同于 Client 接收连接器,在权限组选项卡选中【Exchange
用户】复选框,如果允许匿名用户使用该服务器,则选中【匿名用户】复选框。如图 10.51 所示。

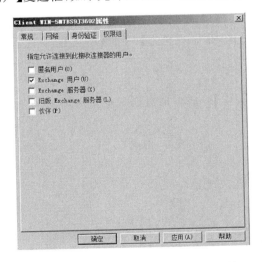

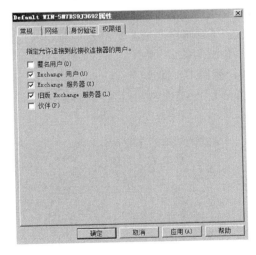

图 10.50　Client 接收连接器权限组属性　　　图 10.51　Default 接收连接器权限组属性

4. 配置客户端访问 IMAP4 属性

展开【服务器配置】,选中【客户端访问】,在【客户端访问】窗格中选择【POP3 和
IMAP4】选项卡,可见协议 POP3 和 IMAP4。选中协议【IMAP4】,在右侧【操作】窗格中选
择【属性】命令或双击打开属性对话框,选中【身份验证】选项卡并选中【安全登录。客户端需
要通过服务器的身份验证,需要 TLS 连接】单选框。如图 10.52 所示。

5. 配置客户端访问 POP3 属性

选中协议【POP3】,在右侧【操作】窗格中选择【属性】命令或双击打开属性对话框,选中【身份验证】选项卡并选中【纯文本登录(基本身份验证)。客户端要通过服务器的身份验证,无须 TLS 连接】单选框。如图 10.53 所示。

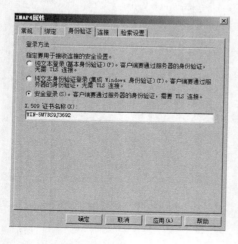 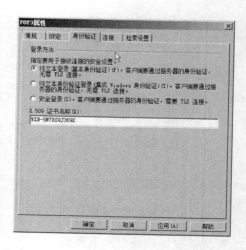

图 10.52　IMAP4 身份验证属性　　　　图 10.53　POP3 身份验证属性

6. 配置客户端访问 OWA 属性

在【客户端访问】窗格中选择【Outlook Web Access】选项卡,选中【owa(Default Web Site)】,在右侧【操作】窗格中选择【属性】命令或双击打开属性对话框,选中【身份验证】选项卡并选中【使用基于表单的身份验证】单选框,然后选中【仅用户名】,单击【浏览】按钮选择一个域。如图 10.54 所示。

7. 重启 IIS 服务

单击【确定】按钮,弹出【Microsoft Exchange 警告】窗口。根据提示重新启动 IIS。如图 10.55 所示。

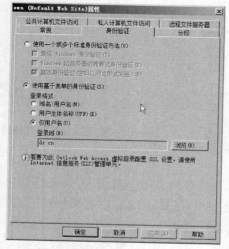 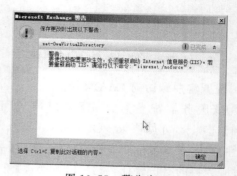

图 10.54　owa 身份验证属性　　　　图 10.55　警告窗口

10.3.7 Exchange Server 2007 的收件人配置

1. 打开新建邮箱向导对话框

展开【收件人配置】,选中【邮箱】,在右侧【操作】窗格中选择【新建邮箱】命令开启【新建邮箱向导】对话框,如图 10.56 所示。

2. 选择邮箱类型

在打开的【新建邮箱】对话框中根据需要选中新建邮箱类型,此处选中【用户邮箱】单选框,如图 10.57 所示。

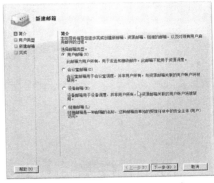

图 10.56　新建邮箱

图 10.57　选择邮箱类型

3. 选择用户类型

单击【下一步】按钮,选择【用户类型】,此处选中【新建用户】单选框。如图 10.58 所示。

4. 输入用户信息

单击【下一步】按钮,输入用户名和账户信息,其中,【名称】、【用户登录名(用户主体名称)】、【密码】和【确认密码】文本框是必填的,如图 10.59 所示。

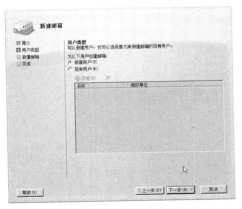

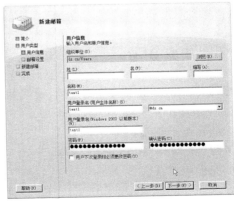

图 10.58　选择用户类型

图 10.59　输入用户信息

5. 设置邮箱

单击【下一步】按钮,打开【邮箱设置】对话框,在【别名】文本框中输入邮箱用户的别名,单击【浏览】按钮为邮箱指定邮箱数据存放位置,如图 10.60 所示。

6. 创建邮箱

单击【下一步】按钮,检查配置摘要。如果正确,单击【新建】按钮进行创建。创建完成后单击【完成】按钮结束邮箱创建过程。如图 10.61 所示。

图 10.60　设置邮箱　　　　　　　　　　图 10.61　完成创建邮箱

10.4　任务 3　常见电子邮件客户端的使用

10.4.1　任务描述

常见的电子邮件客户端软件有 Microsoft Outlook Express、Microsoft Office Outlook、Foxmail 和用于 Linux 的 Evolution。其中,Outlook Express 是微软操作系统内置的电子邮件客户端软件,因此使用率最高。它界面友好,操作简便,可以脱机撰写邮件,能够管理多个账号和多个标识用户,可以设置并添加个性化的签名,能够在邮件及附件中加入文字、图片、声音、Web 网页等,并支持多样式编辑。

10.4.2　任务分析

本任务以 Outlook Express 为例,说明如何添加客户端邮箱,如何配置 POP3 和 SMTP 服务器。应该逐步实现如下的任务环节。

(1) 新建电子邮箱。

(2) 配置 SMTP 和 POP3 服务器。

(3) 配置用户认证。

10.4.3　配置并使用 Outlook Express

1. 打开 Outlook Express

以 Windows XP 操作系统为例,选择【开始】|【程序】|【Outlook Express】启动 Outlook

Express 软件,如图 10.62 所示。

2. 添加邮箱

单击【工具】|【账号】命令,打开【Internet 账户】对话框,选择【邮件】选项卡,然后单击【添加】按钮,选择【邮件】菜单,如图 10.63 所示。

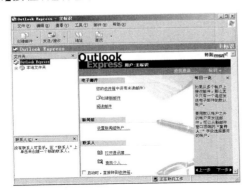

图 10.62　Outlook Express 界面

图 10.63　添加邮箱

3. 输入提示名

在【Internet 连接向导】对话框中的【显示名】文本框中输入名称,如图 10.64 所示。

4. 输入电子邮件地址

单击【下一步】按钮,在【Internet 电子邮件地址】对话框的【电子邮件地址】文本框中输入邮件地址,如图 10.65 所示。

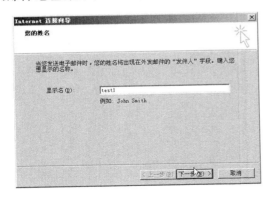

图 10.64　输入提示名

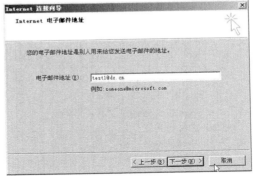

图 10.65　输入邮箱地址

5. 指定发送和接收邮件服务器

单击【下一步】按钮,在【我的邮件接收服务器是】下拉列表中选择【POP3】,在【接收邮件(POP3,IMAP 或 HTTP)服务器】文本框中输入 POP3 服务器的域名,在【发送邮件服务器】文本框中输入 SMTP 服务器的域名。如图 10.66 所示。

6. 输入账户信息并完成操作

单击【下一步】按钮,在【账户名】文本框中输入账户名称,在【密码】文本框中输入密码。如果选取【记住密码】复选框,则 Outlook Express 每次收发邮件时不再提示输入密码。单击【下一步】按钮,在新窗口中单击【完成】按钮完成操作。如图 10.67 所示。

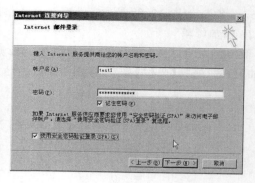

图 10.66 指定发送和接收邮件服务器　　　图 10.67 输入账户信息

7. 配置邮件账户属性

单击【工具】|【账号】命令,打开【Internet 账户】对话框,选择【邮件】选项卡,选中要配置的账户,单击【属性】按钮打开邮箱属性对话框。之后选择【服务器】选项卡,选中【我的服务器要求身份验证】复选框,配合服务器端的身份验证配置要求,还需要选中【使用安全密码验证登录】复选框。如图 10.68 所示。Exchange Server 2007 增强的 POP3 的安全性,要求使用 SSL 协议来接收邮件,需要在【高级】选项卡中选中【此服务器要求安全连接(SSL)】复选框。如图 10.69 所示。

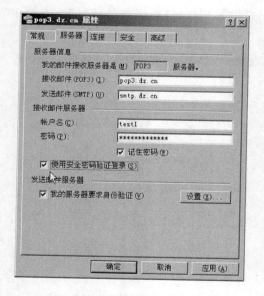

图 10.68 配置发送身份认证

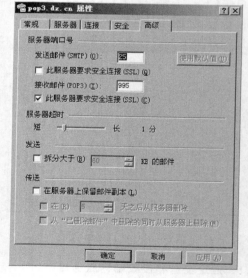

图 10.69 使用 SSL 协议接收邮件

8. 使用 IE 访问 Exchange Server 2007 SP3

在 IE 浏览器的地址栏中输入 https://dz.cn/owa,输入用户名和密码,如图 10.70 所示。单击【登录】按钮即可通过 Web 方式访问 Exchange Server 2007 服务器,如图 10.71 所示。

图 10.70　登录界面　　　　　　　　　　图 10.71　用户界面

10.5　小　结

本章介绍了电子邮件的相关知识,重点介绍了 Windows Server 2008 SMTP 服务器和 Exchange Server 2007 的安装和管理,如安装 SMTP 服务器、配置 SMTP 域参数、创建 SMTP 域、创建 SMTP 虚拟服务器、配置 Exchange Server 2007、配置电子邮件客户端等。

10.6　项目实训　Windows Server 2008 邮件服务器配置

1. 实训目标

(1) 掌握 Windows Server 2008 SMTP 服务器的安装和配置。

(2) 掌握 Exchange Server 2007 的安装和配置。

(3) 掌握常见电子邮件客户端的使用方法。

2. 实训环境

1) 硬件和网络

已经建好的 100M 网络,要求交换机 1 台、五类 UTP 直通线多条、计算机 2 台(计算机配置要求 CPU 单核 2.0 GHz 以上、内存 1 G 以上、20 G 硬盘剩余空间、光驱和网卡)。

2) 软件

Windows Server 2008 安装光盘,根据计算机的要求选择 32 或 64 位版本。如果使用虚拟机的话,还需要 VMWARE Workstation 6.5 以上版本。

3. 实训要求

(1) 在虚拟操作系统 Windows Server 2008 添加 SMTP 功能,属性如下:连接数限制为99;连接超时 30 分钟;启用日志记录;禁止 192.168.1.0 /24 网段使用 SMTP 服务;只转发来自 dz. cn 的邮件;邮件最大 10 MB。

(2) 第 2 台计算机安装 Exchange Server 2007,域为 dz. cn,要求安装全部 5 个角色,组织名为 dzusers,支持 Outlook 2003 及更早版本客户端。

（3）对 Exchange Server 2007 进行组织、服务器配置，创建邮箱 user1@dz. cn 和 user2@dz. cn。

（4）使用 Outlook Express 和 IE 对邮箱 user1@dz. cn 和 user2@dz. cn 进行电子邮件收发测试。

4．实训评价

<table>
<tr><td colspan="5" align="center">实训评价表</td></tr>
<tr><td colspan="2" align="center" rowspan="2">内　　　容</td><td colspan="3" align="center">评　　价</td></tr>
<tr><td align="center">3</td><td align="center">2</td><td align="center">1</td></tr>
<tr><td align="center">学习目标</td><td align="center">评价项目</td><td></td><td></td><td></td></tr>
<tr><td rowspan="3">职业能力</td><td>能熟练正确安装配置 Windows Server 2008 SMTP 服务器</td><td>安装配置 Windows Server 2008 SMTP 服务器</td><td></td><td></td><td></td></tr>
<tr><td>能熟练正确进行 Exchange Server 2007 服务器的安装管理</td><td>Exchange Server 2007 服务器的安装管理</td><td></td><td></td><td></td></tr>
<tr><td>能熟练配置使用 Outlook Express 客户端</td><td>使用 Outlook Express 客户端</td><td></td><td></td><td></td></tr>
<tr><td rowspan="8">通用能力</td><td colspan="2">交流表达能力</td><td></td><td></td><td></td></tr>
<tr><td colspan="2">与人合作能力</td><td></td><td></td><td></td></tr>
<tr><td colspan="2">沟通能力</td><td></td><td></td><td></td></tr>
<tr><td colspan="2">组织能力</td><td></td><td></td><td></td></tr>
<tr><td colspan="2">活动能力</td><td></td><td></td><td></td></tr>
<tr><td colspan="2">解决问题的能力</td><td></td><td></td><td></td></tr>
<tr><td colspan="2">自我提高的能力</td><td></td><td></td><td></td></tr>
<tr><td colspan="2">革新、创新的能力</td><td></td><td></td><td></td></tr>
<tr><td colspan="3" align="center">综合评价</td><td></td><td></td><td></td></tr>
</table>

10.7　习　题

1．填空题

（1）SMTP 协议默认使用的端口号是＿＿＿＿＿。

（2）Windows Server 2008 SMTP 服务器的验证方式包括匿名身份验证、＿＿＿＿和集成 Windows 身份验证。

（3）Exchange Server 2007 服务器包括邮箱服务器角色、＿＿＿＿、统一消息服务器角色、边缘传输服务器角色和＿＿＿＿＿＿。

（4）POP3 协议默认使用的端口号是＿＿＿＿。

（5）IMAP4 协议默认使用的端口号是＿＿＿＿。

2．选择题

（1）下面（　　）组件不是 Exchange Server 2007 安装过程中所必须的。

A．.NET Framework2.0　　　　　　B．MMC3.0

C. DHCP　　　　　　　　　　　D. PowerShell

(2) 邮件发送时使用(　　)协议。

A. SMTP　　　　B. POP3　　　　C. Telnet　　　　　　D. DHCP

(3) 发件人发送邮件后收到了一封 NDR 邮件,这表示(　　)。

A. 报告邮件在缓存队列中,稍后送达

B. 报告邮件有可能带病毒

C. 报告对方当前不能立即查看邮件

D. 报告邮件未送达

(4) 以下(　　)记录可以解析到域内邮件服务器。

A. A　　　　　　B. MX　　　　　C. cname　　　　　　D. PTR

(5) 以下(　　)协议可以用来收发邮件。

A. IMAP4　　　　B. POP3　　　　C. SMTP　　　　　　D. DNS

3. 简答题

(1) 简述 MDA、MUA 和 MTA 的联系和区别。

(2) SMTP 服务器有哪几种方法验证连接到邮件服务器的用户?

(3) 常用的电子邮件客户端有哪些?

(4) 安装 Exchange Server 2007 之前必须做好哪些工作?

参 考 文 献

[1] 莫有权,李庆荣,郭亮等. Windows Server 2008 服务器架设与网络配置. 北京:清华大学出版社,2011.

[2] 尚晓航. 网络系统管理——Windows Server 2008 实用教程. 北京:高等教育出版社,2010.

[3] 戴有炜. Windows Server 2008 R2 Active Directory 配置指南. 北京:清华大学出版社,2011.

[4] 张凤生,宋西军. Windows Server 2008 系统与资源管理. 北京:清华大学出版社,2010.

[5] Morimoto R, Noel M, et al. 深入解析 Windows Server 2008. 王海涛,侯普秀,等,译. 北京:清华大学出版社,2009.

[6] 王小琼. Windows Server 2008 从入门到精通. 北京:电子工业出版社,2009.

[7] 张恒杰,任晓鹏. Windows Server 2008 网络操作系统教程. 北京:中国水利水电出版社,2010.

[8] 恒逸资讯. Windows Server 2008 系统管理员实用全书. 北京:电子工业出版社,2010.

[9] 卢豫开. Windows Server 2008 网络服务. 北京:机械工业出版社,2011.

[10] 王淑红. 精通 Windows Server 2008 活动目录与用户. 北京:中国铁道出版社,2009.

[11] 吕强,富万利. Windows Server 2008 服务器完全技术宝典. 北京:中国铁道出版社,2010.